ハイレベ100 文章題 2年 もくじ

2年の学習

発展的な学習

まとめの学習

テスト 1　標準 レベル 1

① ひょうと　グラフ

じかん 10ぷん　ごうかくてん 80てん　　てん

1　3人が　わなげを　して、つぎのように　言いました。

たけし……『1回目は　5こ、2回目と　3回目は　4こ　入ったよ。』
ひろみ……『1回目も　2回目も　3回目も　6こ　入ったよ。』
めぐみ……『1回目と　2回目は　7こ　入って、3回目は　2こ　入ったよ。』

❶　1回目に　いちばん　たくさん　入ったのは　だれですか。（10点）

答え

❷　下の　ひょうに　数を　書いて、3かい　なげた　合計が、いちばん　多い　人を　答えなさい。（10点）

	1回目	2回目	3回目	合計
たけし	5			
ひろみ	6			
めぐみ				

答え

2　右の　グラフは、ひろしさんの　もって　いる　1円玉　10円玉　50円玉　100円玉の　数を　あらわして　います。ぜんぶで　何円　もって　いますか。
（●1つは　玉1つを　あらわしています。）（10点）

●			
●			
●	●		
●	●	●	●
1円玉	10円玉	50円玉	100円玉

答え

3　まと当てゲームを　グラフに　しました。

（●1つは、当てた　1回を　あらわします。）

			●	
			●	
		●	●	●
		●	●	●
		●	●	●
		●	●	●
	●	●	●	●
●	●	●	●	●
●	●	●	●	●
●	●	●	●	●
さとこ	まなみ	けんじ	たける	とおる

❶　いちばん　たくさん　まとに　当てたのは、だれですか。（10点）

答え

❷　けんじさんは　何回　当てましたか。（15点）

答え

❸　まとに　同じ　数だけ　当てた　人は、だれと　だれですか。その　名前を　書きなさい。（15点）

答え

❹　まなみさんと　さとこさんは、合わせて　何回　当てましたか。（15点）

答え

❺　さとこさんと　とおるさんの　当てた　数は、何回　ちがいますか。（15点）

答え

テスト 2 標準レベル 2 ① ひょうと グラフ

じかん 10ぷん　ごうかくてん 80てん　　てん

1 魚つりに 行って、つった 魚の 数を しらべました。●１つは 魚１ぴきを あらわして います。

たけし	さちこ	たろう	しんじ	ゆかり
			●	
●			●	
●		●	●	
●		●	●	
●		●	●	
●		●	●	
●		●	●	
●		●	●	●
●	●	●	●	●
●	●	●	●	●

❶ いちばん たくさん つったのは だれですか。

（10点）

答え

❷ 男の子の つった 魚は、ぜんぶで 何びきですか。

（10点）

答え

❸ ぜんぶで 何びき つれましたか。ひょうの ㋐～㋕に 数を 書いて 答えなさい。

（1つ5点・30点）

答え

	たけし	さちこ	たろう	しんじ	ゆかり	合　計
つった数	㋐	㋑	㋒	㋓	㋔	㋕

2 お店で 売れた のみものの 数を まとめると、下のように なりました。

日	●	●	◆	◆	◆	◆	◆	◆	★	★	★	
月	●	●	◆	◆	◆	★	●	●	●	★	★	
火	◆	●	◆	●	◆	★	●	◆	●	★	★	
水	●	◆	◆	●	◆	★	●	★	●	★	★	●
木	●	●	◆	◆	◆	★	●	●	●	★	★	
金	●	●	◆	●	★	★	●	●	◆	★	◆	
土	◆	●	◆	◆	◆	●	●	●	●	●	●	●

（●…コーヒー・◆…ジュース・★…コーラ）

❶ 売れた のみものの 数を ひょうに まとめなさい。

（1つ2点・40点）

	日	月	火	水	木	金	土	合計
コーヒー	2	5	4					
ジュース	6	3	4					
コーラ	3	3	3					
合計	11	11	11					

❷ コーヒーが いちばん たくさん 売れたのは、何よう日ですか。

（10点）

テスト 3 ハイレベ ハイレベル ① ひょうと グラフ

じかん 15ふん　ごうかくてん 70てん　　てん

1 つよしさんと ももかさんは、それぞれ 10こずつ おはじきを もって います。じゃんけんで かった 人は、まけた 人から 1こ おはじきを もらう ことに しました。あいこの ときは そのままです。

名前＼回	1	2	3	4	5	6	7	8	9	10
つよし	●	▲	●	▲	■	■	▲	●	■	●
ももか	■	■	●	●	▲	●	▲	▲	■	■

（■…パー・●…グー・▲…チョキ）

❶ どちらの 方が たくさん かちましたか。 (5点)

❷ あいこは 何回 ありましたか。 (5点)

❸ 6回目の じゃんけんが おわった とき、つよしさんは おはじきを 何こ もって いましたか。 (10点)

❹ 10回目の じゃんけんが おわった とき、それぞれ 何この おはじきを もって いましたか。 (10点)

答え　つよし…　　ももか…

2 下の ひょうは、さとみさんと しおりさんが 8月に 水えい教室へ 行く 日と、休む 日を あらわした ものです。○が 行く 日、×が 休む 日です。さとみさんは 2日 行って 1日 休む ことを くりかえし、しおりさんは 4日 行って 1日 休むと いう ことを くりかえします。8月は 31日まで あります。

	1日	2日	3日	4日	5日	6日	7日	8日	9日
さとみ	○	○	×	○	○	×	○	○	×
しおり	○	○	○	○	×	○	○	○	○

❶ 2人とも 休む 日で いちばん 早い 日は、8月何日ですか。下の ひょうに ○や ×を 書いて 答えなさい。

	1	2	3	4	5	6	7	8	9	10	11	12	13	14	15	16
さとみ																
しおり																

	17	18	19	20	21	22	23	24	25	26	27	28	29	30	31
さとみ															
しおり															

(10点) 答え

❷ 2人とも 休む 日は、8月に 何回 ありますか。 (10点)

❸ 2人とも 行く 日は、8月に 何回 ありますか。 (10点) 答え

3 かずおさんと　なおこさんの　クラスの　算数の　テストを　まとめました。ひょうの　中で　④と　あるのは、算数の　テストで　90～99点の　人が　4人　いる　ことを　あらわして　います。

	算数
100点	2
90～99点	④
80～89点	8
70～79点	12
60～69点	9
50～59点	3
0～49点	2

❶ 100点の　人は、何人いますか。　(5点)

答え

❷ 70点から　79点までの　人は、何人　いますか。　(5点)

答え

❸ 0点から　49点までの　人は、何人　いますか。　(10点)

答え

❹ なおこさんの　算数の　点は　89点でした。なおこさんの　算数の　点数の　じゅん番は、たかい　ほうから　数えると　何番目ですか。

答え

(10点)

❺ かずおさんの　算数の　点は　70点でした。かずおさんの　算数の　じゅん番は、点数の　ひくい　人から　数えると　何番目ですか。

答え

(10点)

テスト 4　最レベ　最高レベルにチャレンジ!!　① ひょうと　グラフ

じかん 10ぷん　ごうかくてん 50てん　てん

● 右の　ひょうは、計算テストと　かん字テストを　点数ごとに　人数を　まとめた　ものです。

計算＼かん字	0点	2点	4点	6点	8点	10点
0点						
2点	1	3				
4点		2	1	1	2	
6点			4	2	1	1
8点			3	2	2	
10点			1	1	1	2

❶ かん字の　テストが　6点より　高い　人は、何人ですか。(25点)

答え

❷ 計算テストと　かん字テストの　点数が　同じ　人は、何人ですか。(25点)

答え

❸ 計算テストも　かん字テストも　6点より　高い　人は、何人ですか。(25点)

答え

❹ 計算テストと　かん字テストの　点数が　2点ちがいの　人は、何人ですか。(25点)

答え

テスト5 標準レベル1 ② 時こくと 時間

じかん 10ぷん　ごうかくてん 80てん　てん

1 時計を 見て 答えなさい。

❶ 右の 時計の 時こくから
1時間後の 時こくは、（10点）

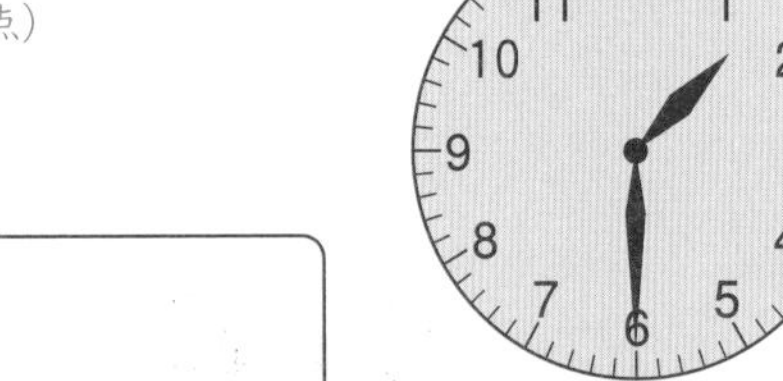

答え

❷ 右の 時計の 時こくから
1時間前の 時こくは、（10点）

答え

❸ 右の 時計の 時こくから
30分前の 時こくは、（10点）

答え

❹ 右の 時計の 時こくから
30分後の 時こくは、（10点）

答え

2 ひろしさんは 8時まえに 学校に つきました。下の 3つの 時計は、学校に ついたとき、夕方に 家に 帰ったとき、家に 帰って 夜 ねたときの 時こくです。

❶ 学校に ついたのは、何時何分ですか。（15点）

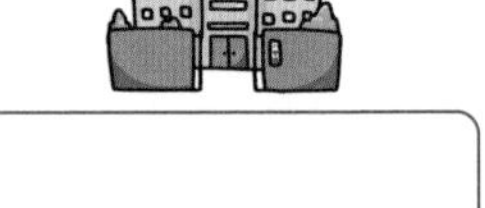

答え

❷ 家に 帰ったのは、何時何分ですか。（15点）

答え

❸ 家に 帰って 夜 ねたのは、何時何分ですか。（15点）

答え

❹ ひろしくんは つぎの 朝、6時30分に おきる つもりです。この日、ひろしくんは 何時間 ねることに なりますか。（15点）

答え

テスト 6 標準 レベル2

② 時こくと 時間

じかん 10ぷん　ごうかくてん 80てん　　てん

1 右の 時計を 見て、答えなさい。

❶ まさるさんは、右の 時計の 時こくに おべんとうを 食べはじめました。何時何分に 食べはじめましたか。（10点）

答え

❷ この後、まさるさんは 30分間で おべんとうを 食べおわりました。食べおわった 時こくは、何時何分ですか。（10点）

答え

❸ おべんとうを 食べてから、まさるさんは 教室で 2時間 勉強しました。そのあと、10分間 あるいて 家に 帰りました。家に 帰ったのは 何時ですか。（10点）

答え

❹ まさるさんは この日の 朝、7時30分に 家を 出ました。家を 出てから 家に 帰るまでの 時間は 何時間何分ですか。（10点）

答え

2 右の 時計の 時こくを 見て、下の もんだいに 答えなさい。

❶ 教室の 時計が 朝の 1時間目の 時こくを あらわして いるとき、何時何分ですか。午前・午後を つけて 答えなさい。（15点）

答え

❷ 夜の ねる 前の 時こくを あらわして いるとき、何時何分ですか。午前・午後を つけて 答えなさい。（15点）

答え

3 みどりさんは 2時から 3時までの 間に プリントを 6まい しました。

❶ 4時から 6時までの 間に 何まいの プリントを しますか。（15点）

答え

❷ 7時から 9時30分までの 間に 何まいの プリントを しますか。（15点）

答え

テスト7 ハイレベル ② 時こくと 時間

じかん 15ふん　ごうかくてん 70てん　　てん

1 たけしさんは 午前9時から 国語の べんきょうを 2時間 しました。その後、1時間45分 休んでから 算数の べんきょうを 3時間 しました。算数の べんきょうは、午後何時何分に 終わりましたか。 (10点)

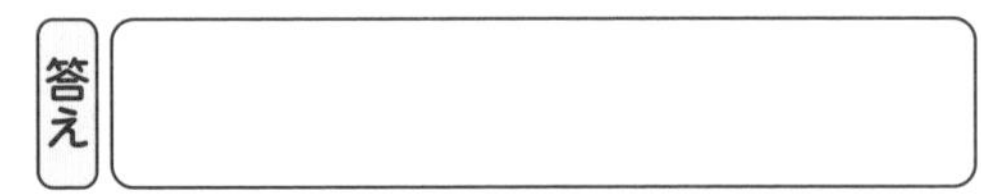

答え

2 ひろみさんは 下の 時計の 時こくから 15分間 ジョギングを して、5分間 休けいを する ことを くりかえします。

❶ 2回目の ジョギングを はじめるのは、何時何分ですか。 (5点)

答え

❷ 3回目の ジョギングを 終える 時こくは、何時何分ですか。 (5点)

答え

3 ゆりさんは、20分間 ジョギングを して、10分間 休むことを くりかえします。ある日、ゆりさんは 午前10時から 1回目の ジョギングを はじめました。3回目の ジョギングが 終わった あとだけ 20分間の 休みを とり、5回目の ジョギングが 終わるまで 走りました。

❶ 休んだ 時間は、ぜんぶで 何分 ですか。 (10点)

しき

答え

❷ 5回目の ジョギングが 終わるまでに 何時間何分 かかりますか。 (10点)

しき

答え

4 1日に 10分ずつ おくれる 時計が あります。

❶ 1週間では、何時間何分 おくれますか。 (10点)

答え

❷ 月曜日の 正午に 時計を 合わせると、3日後の 正午には、何時何分を さしますか。 (10点)

答え

5 下の　時計の　時こくは、午前9時55分です。

❶ 時計の　長い　はりが　1回と　半分　まわると、何時何分に　なりますか。午前か午後を　つけて　答えなさい。（10点）

❷ この　あと　何分で　正午に　なりますか。（10点）

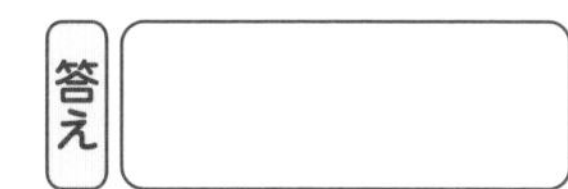

6 下の　時計は、ひるごはんを　食べたあとの　時こくです。あと　何分で　午後2時に　なりますか。（10点）

7 下の　時計の　時こくは、正午に　なる前です。あと　何時間何分で　午後5時に　なりますか。（10点）

1 3つの　時計を　見て、答えなさい。（50点）

ア　イ　ウ

上の　3つの　時計は　正しい　時こくから　8分・7分・2分　おくれたり　すすんだり　して　います。どの　時計が　何分　おくれたり　すすんだり　して　いるかを　うまく　あてはめて、正しい　時こくを　もとめなさい。

答え

2 下の　3つの　時計は　正しい　時こくから　2分・13分・16分　おくれたり　すすんだり　して　います。上の　もんだいと　同じように　して、正しい　時こくを　もとめなさい。（50点）

ア　イ　ウ

答え

テスト 9 標準 レベル1 ③ 2けたの たし算と ひき算(1) (くり上がりや くり下がりの ない 計算)

じかん 10ぷん ごうかくてん 80てん てん

1 やおやに 行きました。きゅうりが 26本、にんじんが 12本 ありました。ぜんぶで 何本ありますか。(15点)

しき

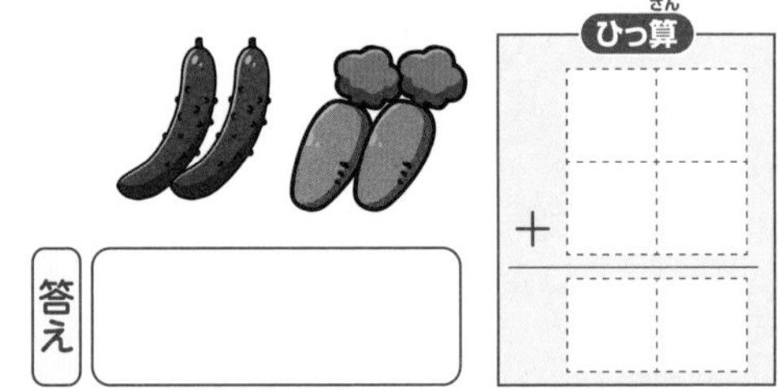

答え

2 いちごがりに 行きました。わたしは 37こ とりました。妹は 13こ とりました。ちがいは 何こですか。(15点)

しき

答え

3 バスで えんそくに 行きました。1ごう車には 32人、2ごう車には 24人 のりました。みんなで 何人のりましたか。(15点)

しき

答え

4 お店に りんごが 22こ、みかんが 65こ あります。ちがいは 何こですか。(15点)

しき

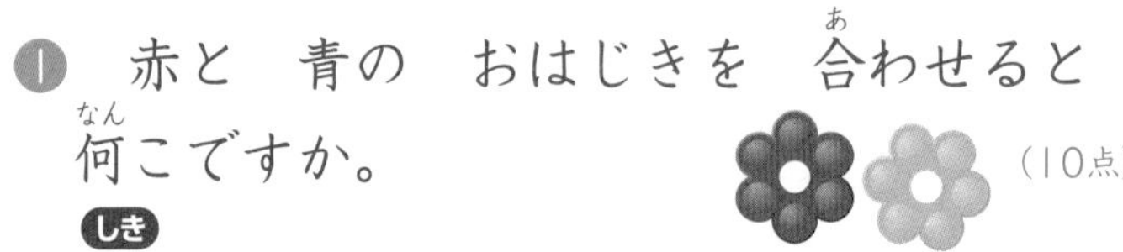

答え

5 赤い おはじきが 74こ、青い おはじきが 13こ、白い おはじきが 12こ あります。

❶ 赤と 青の おはじきを 合わせると 何こですか。(10点)

しき

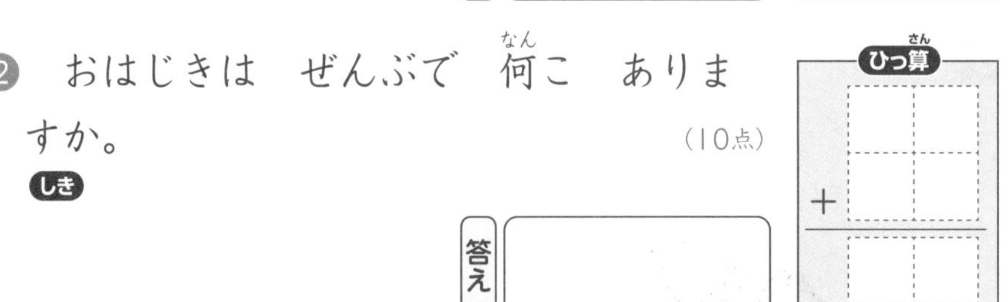

答え

❷ おはじきは ぜんぶで 何こ ありますか。(10点)

しき

答え

6 あめを 47こ もって います。弟と 妹に 13こずつ あげました。あめは なんこに なりましたか。(20点)

しき

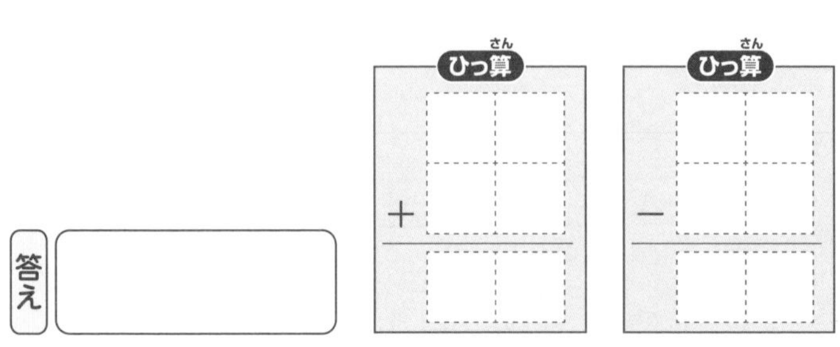

答え

テスト 10 標準レベル 2 ③ 2けたの たし算と ひき算(1)(くり上がりや くり下がりの ない 計算)

じかん 10ぶん　ごうかくてん 80てん　　てん

1 わたしは　どんぐりを　21こ　ひろいました。弟は　16こ　ひろいました。合わせて　何こ　ひろいましたか。(15点)

しき

ひっ算　＋

答え

2 赤い　おはじきが　66こ、青い　おはじきが　34こ　あります。ちがいは　何こ　ですか。(15点)

しき

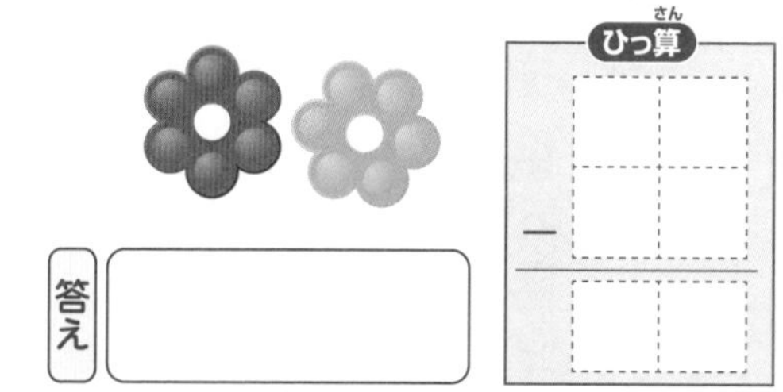

ひっ算　－

答え

3 赤い　色紙が　35まい、青い　色紙が　44まい　あります。色紙は　合わせて　何まい　ありますか。(20点)

しき

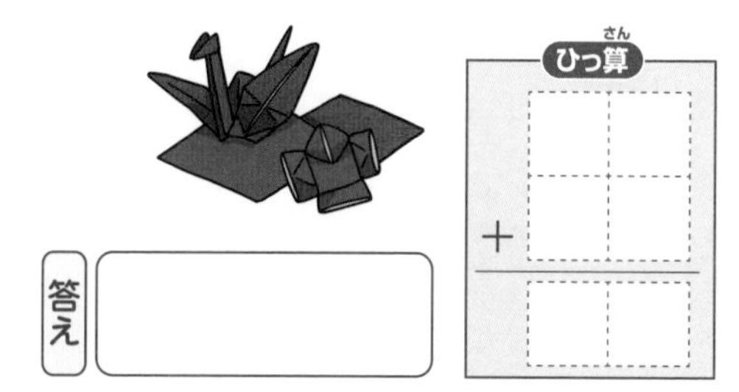

ひっ算　＋

答え

4 買い物を　しました。買った　ものは、52円の　チョコレートと　12円の　あめと　20円の　クッキーと　13円の　キャンディです。

❶ クッキーと　あめを　買うと　いくらですか。(10点)

しき

ひっ算　＋

答え

❷ キャンディと　チョコレートを　買うと　いくらですか。(10点)

しき

ひっ算　＋

答え

❸ ぜんぶで　いくらですか。(10点)

しき

ひっ算　＋

答え

5 赤い　玉が　37こ、白い　玉は　赤い　玉より　15こ少ないです。白い　玉は、何こ　ありますか。(20点)

しき

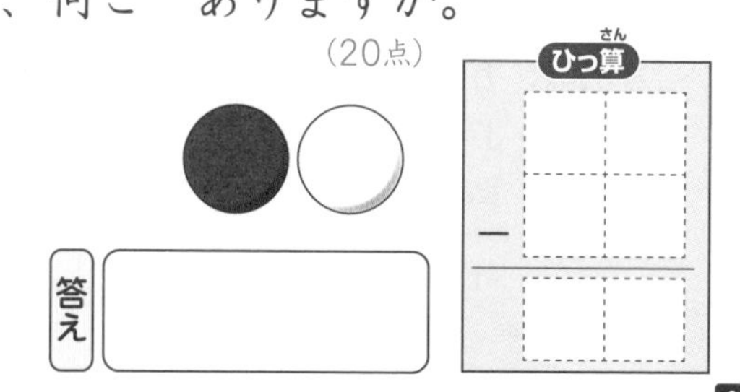

ひっ算　－

答え

テスト11 ハイレベ ハイレベル

③ 2けたの たし算と ひき算(1)
(くり上がりや くり下がりの ない 計算)

じかん 15ふん　ごうかくてん 70てん　　てん

れい

みどりさんの もって いる おはじきは、お母さんより 23こ 少なくて 14こ です。お姉さんは お母さんより 22こ 多く もって います。お姉さんは、おはじきを 何こ もって いますか。

お母さんの おはじきは みどりさんより 23こ 多いから、

14 + 23 = 37

お姉さんの おはじきは お母さんより 22こ 多いから、

37 + 22 = 59

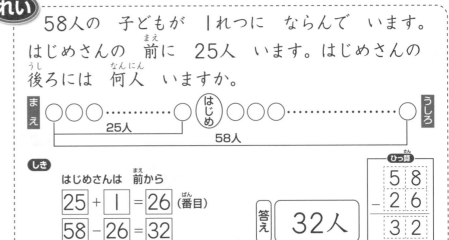

ひっ算

$$\begin{array}{r} 14 \\ +\ 23 \\ \hline 37 \end{array} \qquad \begin{array}{r} 37 \\ +\ 22 \\ \hline 59 \end{array}$$

答え 59こ

1 かきの 数は、りんごより 21こ 少なくて 13こ です。みかんの 数は、りんごより 15こ 多いです。みかんは 何こ ありますか。（20点）

りんごは かきより 21こ 多いから、

□□□=□

みかんは りんごより 15こ 多いから、

□□□=□

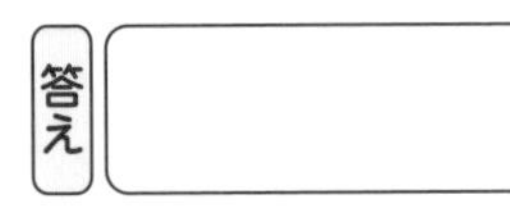

答え

ひっ算　＋　　ひっ算　＋

2 ケーキは パンより 12こ 少なくて 23こ あります。ドーナツは パンより 32こ 多いです。ドーナツは 何こ ありますか。（20点）

しき

答え

ひっ算　＋　　ひっ算　＋

れい

58人の 子どもが 1れつに ならんで います。はじめさんの 前に 25人 います。はじめさんの 後ろには 何人 いますか。

まえ ○○○…………○ はじめ ○○○……………○ うしろ

25人　58人

しき

はじめさんは 前から

25 + 1 = 26（番目）

58 − 26 = 32

答え 32人

ひっ算

$$\begin{array}{r} 58 \\ -\ 26 \\ \hline 32 \end{array}$$

3 98人の 子どもが 1れつに ならんで います。ゆかりさんの 前に 32人 います。ゆかりさんの 後ろには 何人 いますか。（20点）

しき

答え

ひっ算　−

れい

ひろしさんの　クラスの　男の子は　13人です。女の子は　男の子より　3人　多い　そうです。ひろしさんの　クラスは、みんなで　何人　いますか。

★まず　女の子が　何人かを　計算します。

しき　女の子は　男の子より　3人　多いから

13 + 3 = 16

みんなで

13 + 16 = 29

答え　29人

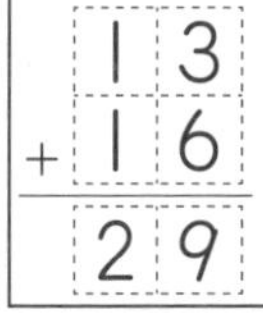

ひっ算

	1	3
+	1	6
	2	9

4　やねに　カラスが　13わ　とまって　います。すずめは　カラスより　21わ　多く　とまって　います。鳥は、ぜんぶで　なんわ　いますか。（20点）

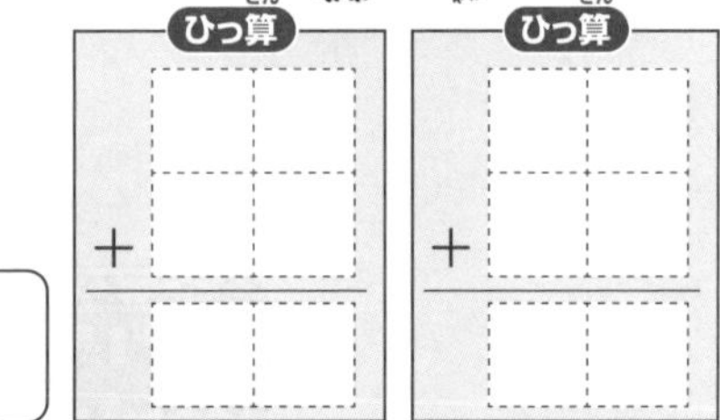

しき

ひっ算　ひっ算

答え

5　バスに　大人が　36人　のって　います。子どもは　大人より　15人　少ないです。みんなで　何人　のって　いますか。（20点）

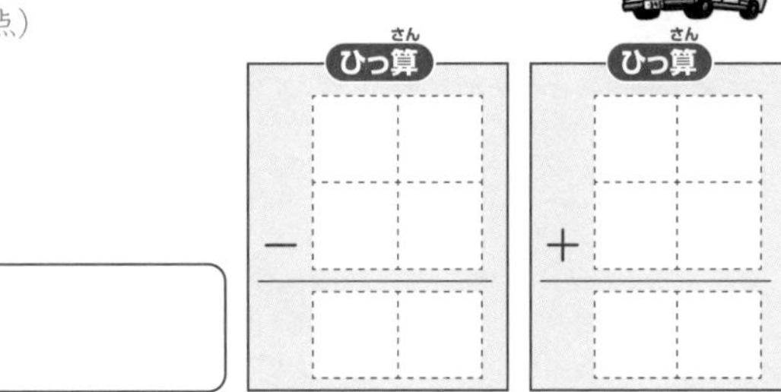

しき

ひっ算　ひっ算

答え

テスト12　最レベ　最高レベルにチャレンジ!!

③ 2けたの　たし算と　ひき算(1)（くり上がりや　くり下がりの　ない　計算）

じかん 10ぷん　ごうかくてん 60てん　てん

● 40人のりの　バスが　しゅっぱつ　したとき、ちょうど　半分の　せきが　あいて　いました。

❶ バスに　おきゃくさんは　何人　のって　いましたか。（30点）

答え

❷ 1番目の　バスていでは、のって　きた　人が　おりた　人より　15人　多かったです。1番目の　バスていを　出たとき、おきゃくさんは　何人　のって　いましたか。（30点）

しき

答え

❸ 2番目の　バスていでは、15人　まって　いましたが、3人　のれませんでした。2番目の　バスていでは、何人　おりましたか。（40点）

しき

答え

テスト13 標準レベル1 ④ 2けたの たし算(2) (くり上がり)(3つの数の計算)

じかん 10ぷん ごうかくてん 80てん ＿＿てん

れい

色紙が 28まい あります。お母さんから 15まい もらいました。色紙は ぜんぶで 何まいに なりましたか。 もっている 28 まいと、もらった 15 まいを たします。

しき 28＋15＝43

ひっ算

	2	8
＋	1	5
	4	3

答え 43まい

1 にわの 花が きのうは 36こ、きょうは 27こ さきました。あわせて 何こ さきましたか。(20点)

しき

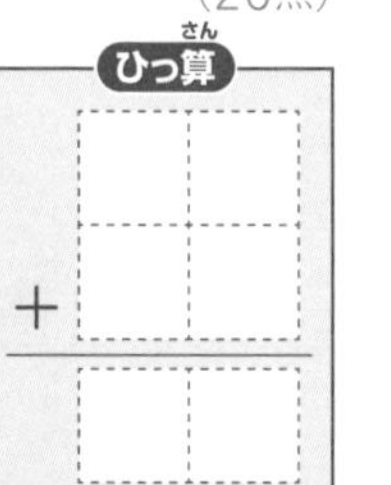

答え

2 シールを あさ お姉さんから 47まい もらい、ひるに お母さんから 35まい もらいました。シールは ぜんぶで 何まいに なりましたか。(20点)

しき

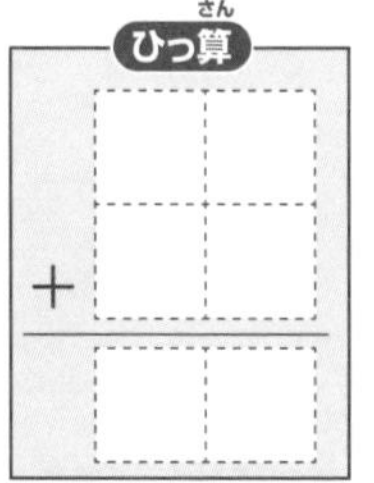

答え

3 くりが 58こ ありました。29こ もらうと、ぜんぶで 何こに なりますか。(20点)

しき

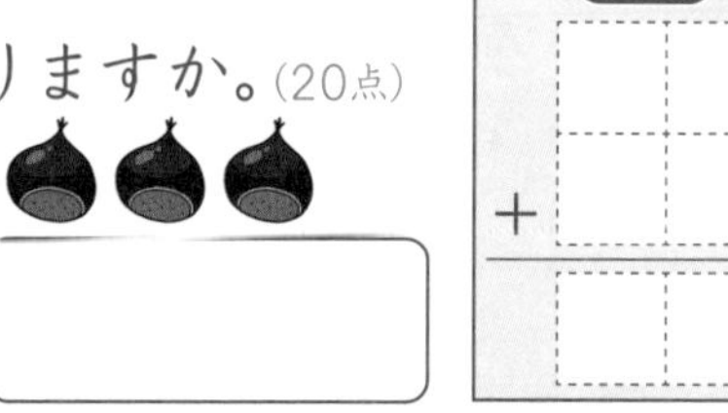

答え

4 ゆりさんは 36円の けしゴムと 47円の じしゃくを 買いました。あわせて 何円に なりますか。(20点)

しき

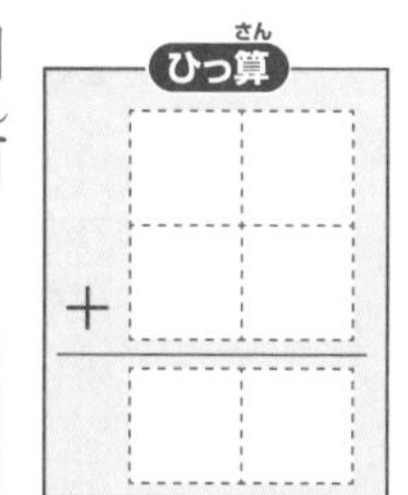

答え

れい

電車に 34人 のって います。つぎの えきで、大人が 18人と 子どもが 25人 のって きました。今、電車に 何人 のって いますか。

しき 34＋18＋25＝77

ひっ算

	3	4
	1	8
＋	2	5
	7	7

答え 77人

5 ももかさんの 小学校の 2年生は、1組が 33人、2組が 28人、3組が 31人です。1組と 2組と 3組を あわせて 何人いますか。(20点)

しき

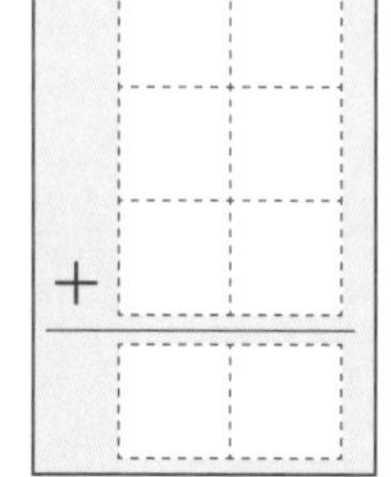

答え

テスト14 標準レベル2

④ 2けたの たし算(2)（くり上がり）（3つの数の計算）

じかん 10ぷん　ごうかくてん 80てん　　てん

れい

みかんが 左の はこに 26こ、右の はこに 38こ 入って います。ぜんぶで 何こ ありますか。

しき 26＋38＝64

ひっ算

	2	6
＋	3	8
	6	4

答え 64こ

1 おはじきを わたしは 69こ、妹は 27こ もって います。おはじきは、あわせて 何こ ありますか。

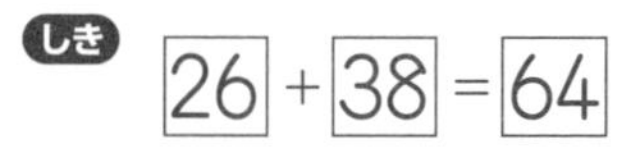

(20点)

しき

答え

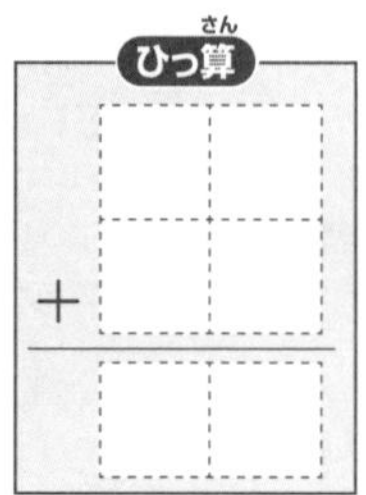

2 赤い ふうせんが 54こ、白い ふうせんが 27こ あります。あわせて なんこ ありますか。

(20点)

しき

答え

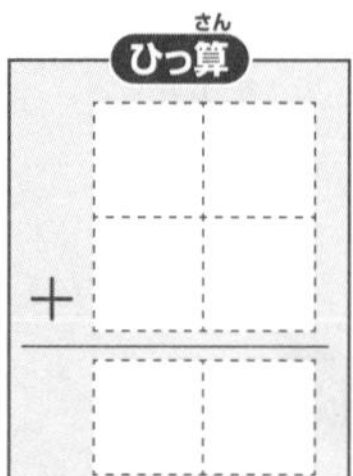

3 えきの 広場に、車が 23台 とまって いました。そのあと 18台が とまりました。とまっている 車は、何台に なりましたか。

(20点)

しき

答え

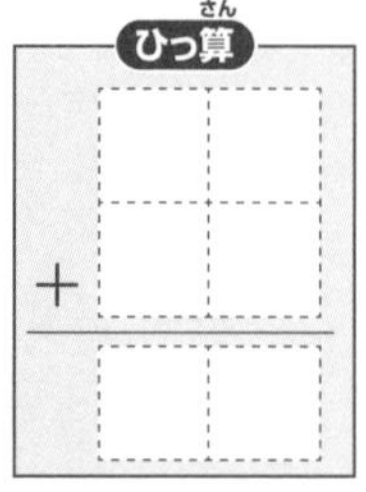

れい

赤い テープが 32本、白い テープが 17本、青い テープが 14本 あります。テープは ぜんぶで 何本 ありますか。

しき 32＋17＋14＝63

ひっ算

	3	2
	1	7
＋	1	4
	6	3

答え 63本

4 お店で 34円の えんぴつと、18円の けしゴムと 25円の ガムを 買いました。ぜんぶで いくらでしたか。

(20点)

しき

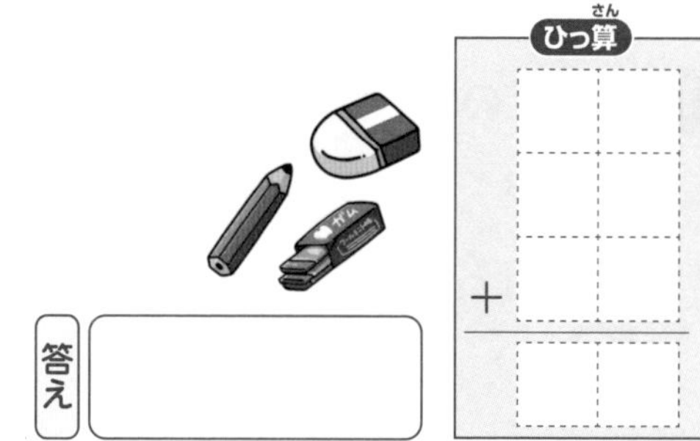

答え

5 公園で 男の子が 27人、女の子が 36人 あそんで いました。そこへ 女の子が 19人 やって きました。みんなで 何人に なりましたか。

(20点)

しき

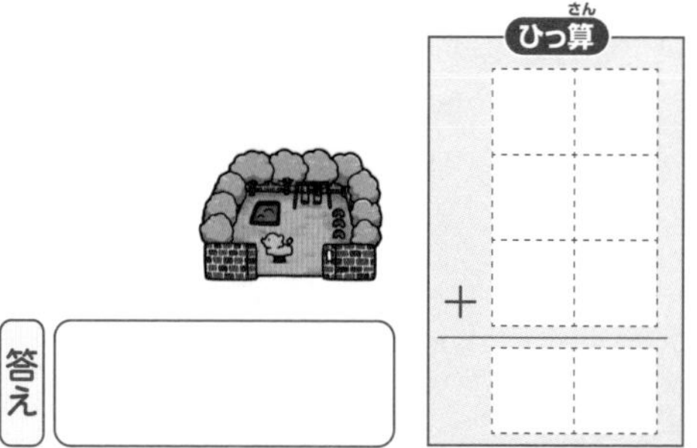

答え

じかん 15ふん　ごうかくてん 70てん　てん

れい

あめを　弟と　妹に　18こずつ　あげると、15こ　のこりました。はじめに　あめは、何こ　ありましたか。

しき

弟と　妹に　18こずつ　あげたから　あげた　数は

18 + 18 = 36

15こ　のこったから

36 + 15 = 51

答え　51こ

ひっ算

```
  1 8
+ 1 8
-----
  3 6
```

ひっ算

```
  3 6
+ 1 5
-----
  5 1
```

1 2人の　友だちに　色紙を　26まいずつ　くばると、19まい　のこりました。はじめに　色紙は、何まい　ありましたか。(15点)

しき

答え

ひっ算　ひっ算

2 お父さんと　お母さんと　弟に　カードを　16まいずつ　くばると、15まい　のこりました。はじめに　カードは　何まい　ありましたか。(15点)

しき

答え

ひっ算　ひっ算

れい

男の子が　かけっこを　して　います。たろうさんの　前には　39人、後ろには　前より　18人　多く　走って　います。みんなで　何人　走って　いますか。

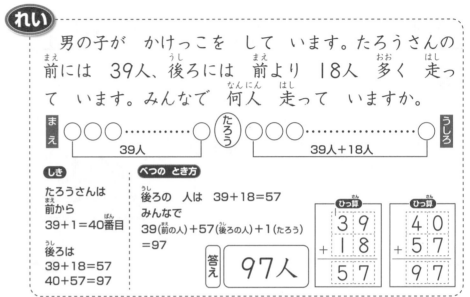

まえ　○○○…………○　(たろう)　○○○……………………○　うしろ
39人　39人+18人

しき

たろうさんは
前から
39+1=40番目

後ろは
39+18=57
40+57=97

べつの　とき方

後ろの　人は　39+18=57
みんなで
39(前の人)+57(後ろの人)+1(たろう)
=97

答え　97人

ひっ算

```
  3 9
+ 1 8
-----
  5 7
```

ひっ算

```
  4 0
+ 5 7
-----
  9 7
```

3 子どもが　1れつに　ならんで　います。まきさんの　左に　18人、右には　左より　15人　多く　ならんで　います。みんなで　何人　ならんで　いますか。(15点)

しき

答え

ひっ算　ひっ算

4 本が　よこに　1れつに　ならんで　います。わたしの　すきな　本の　右に　27さつ、左には　右より　19さつ　多く　ならんで　います。本は　ぜんぶで　何さつ　ならんで　いますか。(15点)

しき

答え

ひっ算　ひっ算

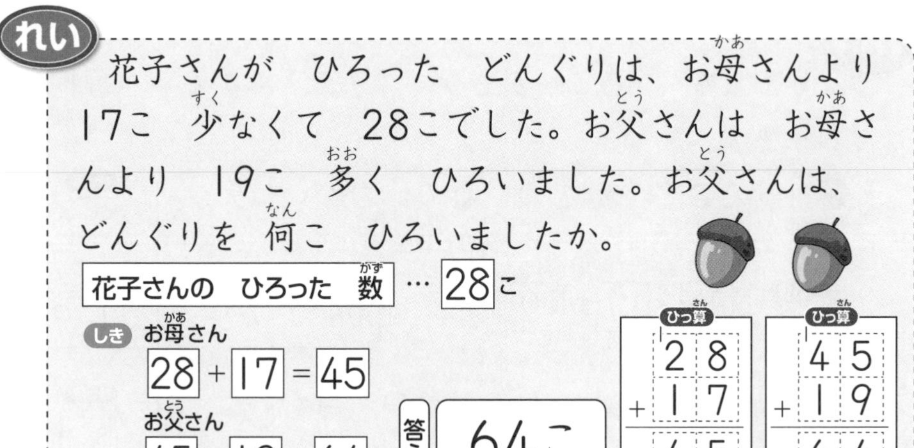

れい

花子さんが　ひろった　どんぐりは、お母さんより　17こ　少なくて　28こでした。お父さんは　お母さんより　19こ　多く　ひろいました。お父さんは、どんぐりを　何こ　ひろいましたか。

花子さんの　ひろった　数 … 28 こ

しき　お母さん　28 + 17 = 45

お父さん　45 + 19 = 64

答え　64こ

ひっ算

$$\begin{array}{r} 28 \\ +\ 17 \\ \hline 45 \end{array} \qquad \begin{array}{r} 45 \\ +\ 19 \\ \hline 64 \end{array}$$

5　わたしは　7才で　お母さんより　26才　年下です。おばあちゃんは　お母さんより　28才　年上です。では、おばあちゃんは　何才ですか。

しき

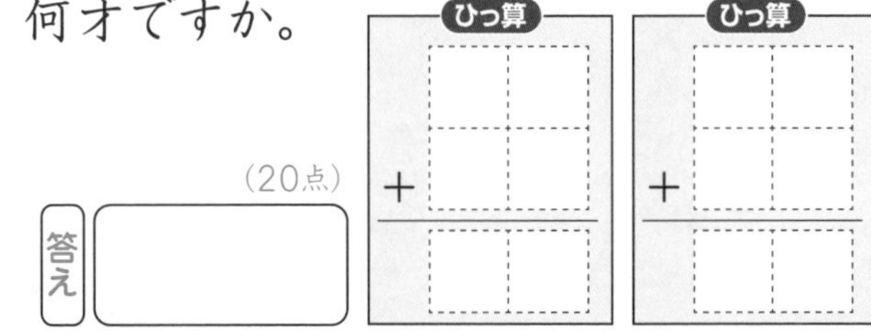

(20点)

答え

6　妹の　もって　いる　おはじきは、わたしより　19こ　少なくて　14こです。お父さんの　おはじきは、わたしより　18こ　多いです。3人の　おはじきを　あわせると　何こですか。

(20点)

しき

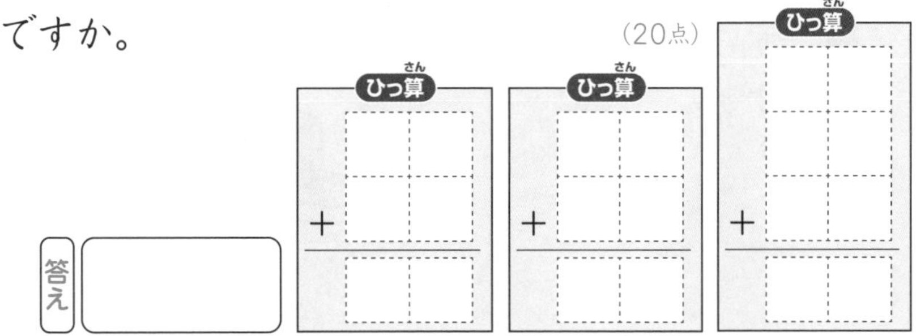

答え

テスト 16

最高レベルにチャレンジ!!

❹ 2けたの　たし算(2)

(くり上がり)(3つの数の計算)

じかん 10ぷん　ごうかくてん 50てん　てん

下の　すべての　数を　やくそく　の　とおりに　3つ　ずつ　つなぎます。

やくそく

たてや　よこの　3つの　数を　せんで　つなぎます。つないだ　3つの　数の　まん中の　数は、りょうはしの　2つの　数を　たした　数に　なります。(ななめの　数を　つないでは　いけません。)

❶　つなぐ　ことが　できなかった　数を　1つ　見つけなさい。(50点)

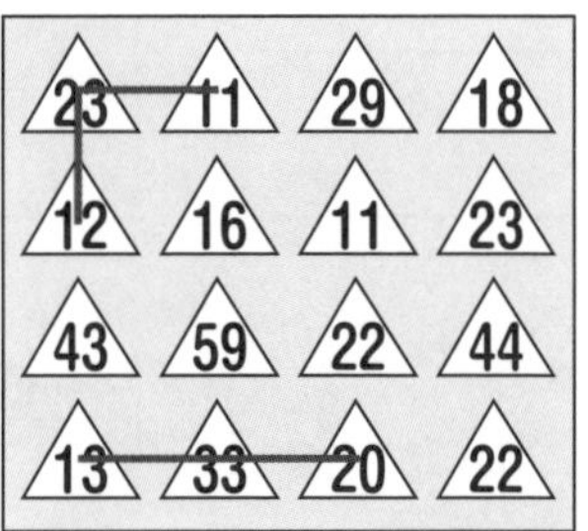

23	11	29	18
12	16	11	23
43	59	22	44
13	33	20	22

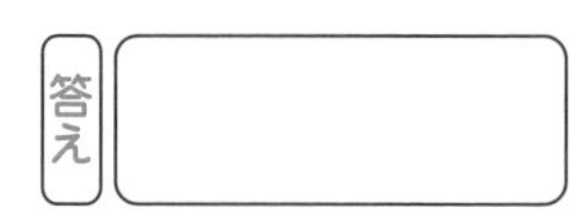

答え

❷　つなぐ　ことが　できなかった　数を　1つ　見つけなさい。(50点)

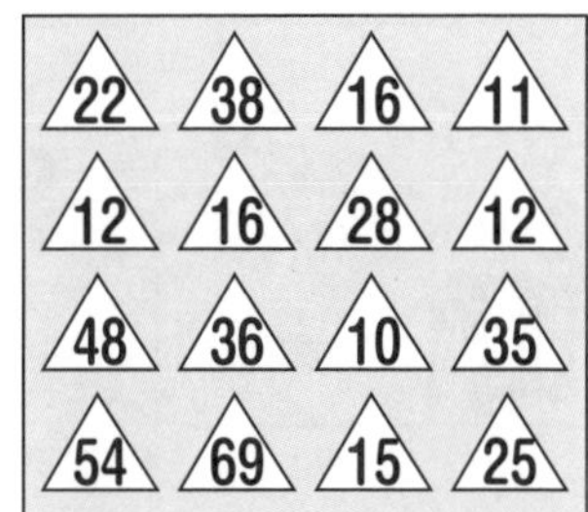

22	38	16	11
12	16	28	12
48	36	10	35
54	69	15	25

答え

テスト17 標準レベル1　⑤ 2けたの　ひき算(2)（くり下がり）（3つの数の計算）

じかん 10ぷん　ごうかくてん 80てん　　てん

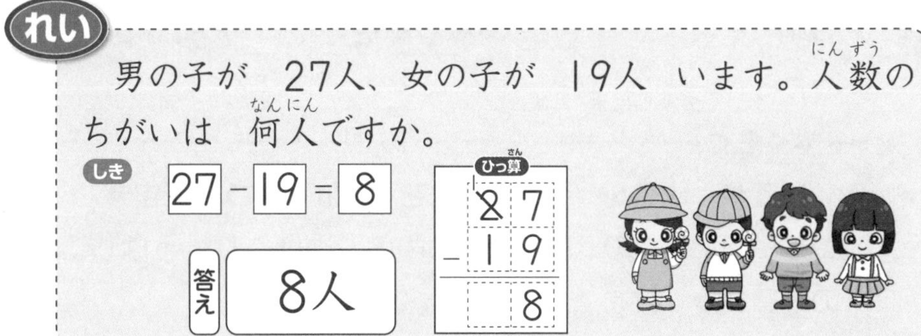

れい

男の子が　27人、女の子が　19人　います。人数の　ちがいは　何人ですか。

しき　27 − 19 = 8

答え　8人

ひっ算

	2	7
−	1	9
		8

1　ひさしさんは　シールを　42まい　もって　います。妹に　27まい　あげました。シールは　何まい　のこって　いますか。（20点）

しき

答え

2　おはじきを　31こ　もって　います。友だちに　15こ　あげると、のこりは　何こに　なりますか。（20点）

しき

答え

3　公園に　男の子が　38人、女の子が　51人　います。女の子は　男の子より　何人　多いですか。（20点）

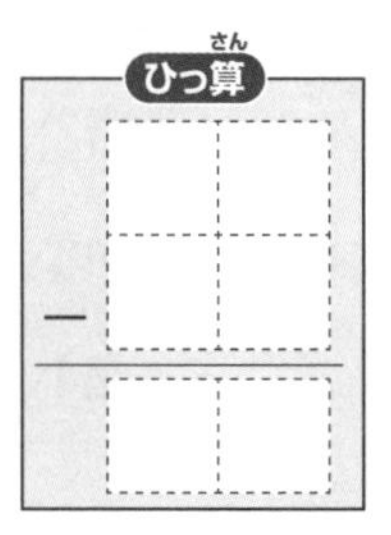

しき

答え

れい

りんごが　36こ、かきが　17こ、みかんが　51こ　あります。

❶　りんごと　かきの　数の　ちがいは　何こですか。　★ひっ算を　しましょう。

しき　36 − 17 = 19

答え　19こ

	3	6
−	1	7
	1	9

❷　りんごと　みかんの　数の　ちがいは　何こですか。　★ひっ算を　しましょう。

しき　51 − 36 = 15

答え　15こ

	5	1
−	3	6
	1	5

4　赤い　紙が　82まい、白い　紙が　53まい、青い　紙が　29まい　あります。

❶　白い　紙と　青い　紙の　数の　ちがいは　何まいですか。（20点）

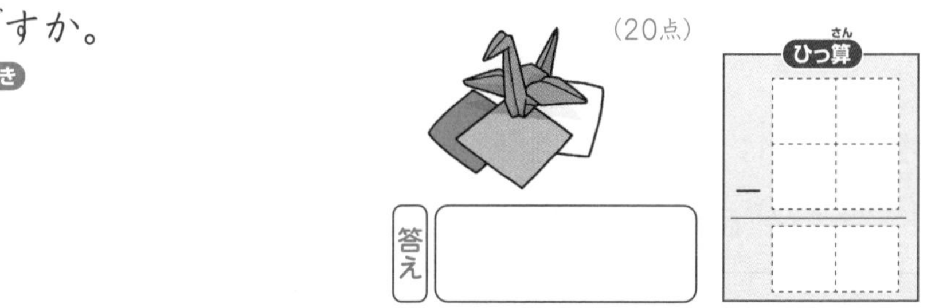

しき

答え

❷　赤い　紙と　青い　紙の　数の　ちがいは　何まいですか。（20点）

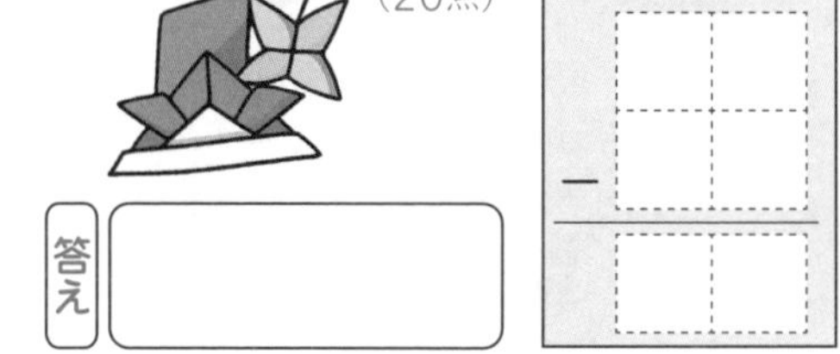

しき

答え

テスト18 標準レベル2 ⑤ 2けたの ひき算(2)（くり下がり）（3つの数の計算）

じかん 10ぷん　ごうかくてん 80てん　　てん

1 どんぐりを 62こ ひろいました。友だちに 23こ あげると、のこりは 何こに なりますか。

しき

（15点）

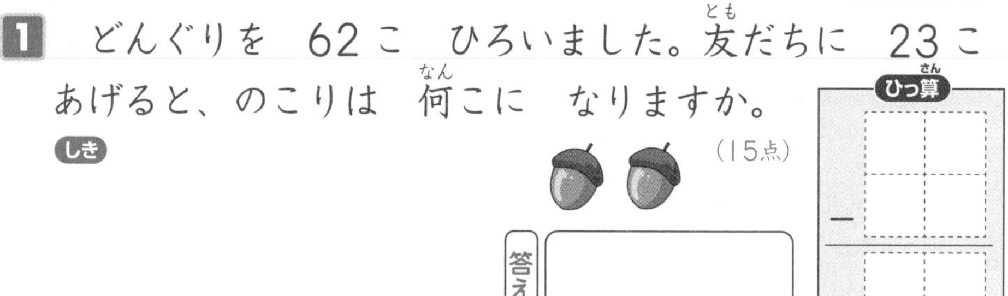

2 あめが 65こ あります。49人の 子どもが 1こずつ 食べると、何こ のこりますか。（15点）

しき

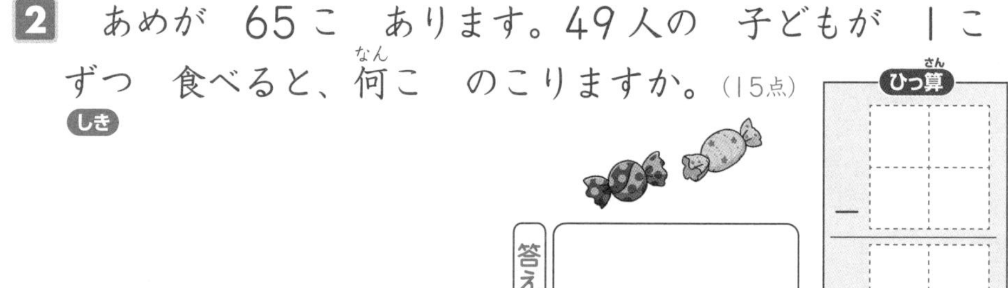

3 さいふに 85円 入って いました。47円 つかいました。あと 何円 のこって いますか。

しき

（15点）

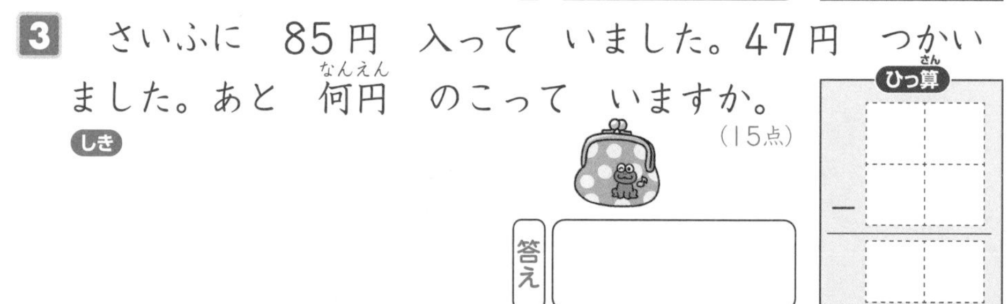

4 すずめが 54わ います。カラスは すずめより 19わ 少ないです。カラスは 何わ いますか。

しき

（15点）

れい

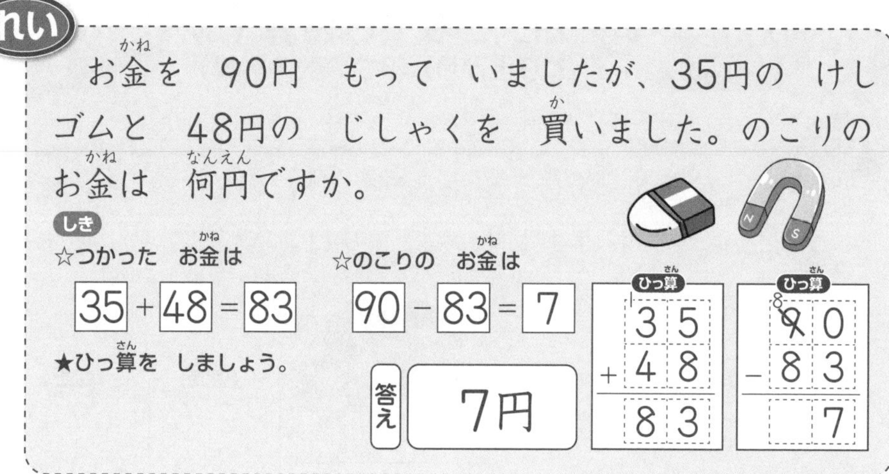

お金を 90円 もって いましたが、35円の けしゴムと 48円の じしゃくを 買いました。のこりの お金は 何円ですか。

しき

☆つかった お金は　35 + 48 = 83

☆のこりの お金は　90 − 83 = 7

★ひっ算を しましょう。

答え　7円

5 たかしさんは 55円の りんごと 28円の みかんを 買って、100円玉で はらいました。おつりは 何円ですか。

（20点）

しき

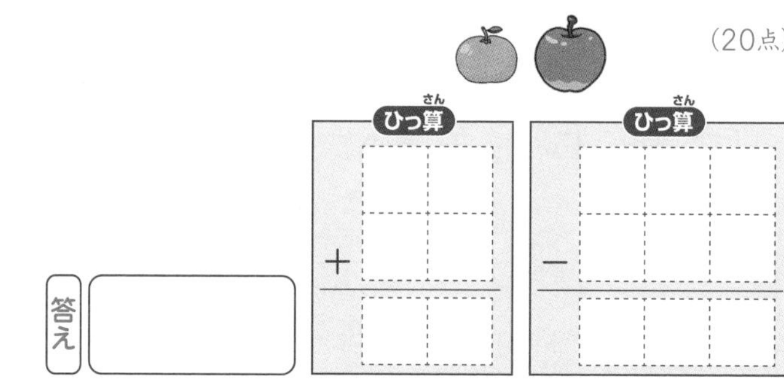

6 みなみさんは シールを 80まい もっていたので、弟に 27まい、妹に 18まい あげました。のこりは 何まいに なりましたか。（20点）

しき

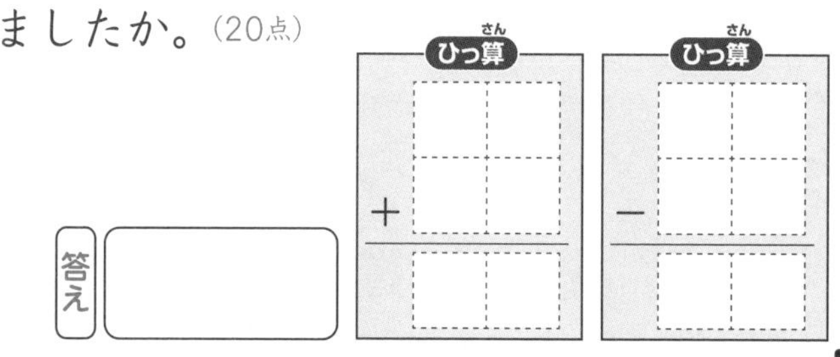

テスト19 ハイレベル ⑤ 2けたの ひき算(2)(くり上がり)(3つの数の計算)

じかん 15ふん ごうかくてん 70てん　　てん

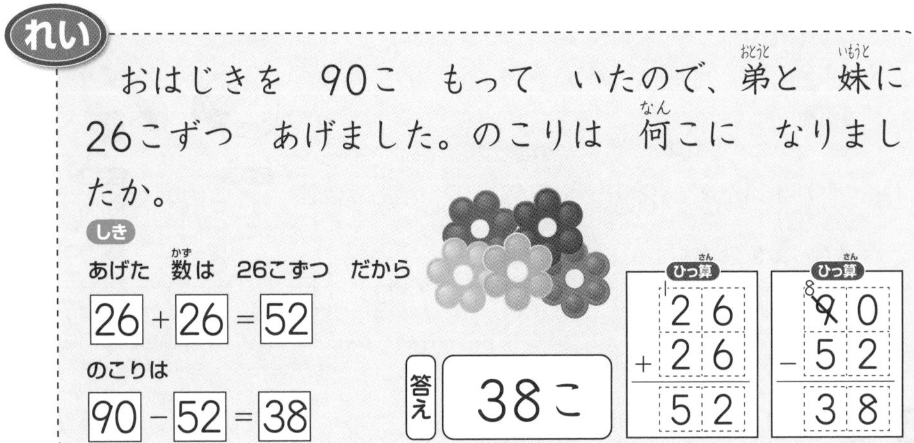

れい

おはじきを　90こ　もって　いたので、弟と　妹に　26こずつ　あげました。のこりは　何こに　なりましたか。

しき

あげた　数は　26こずつ　だから

26 + 26 = 52

のこりは

90 − 52 = 38

答え　38こ

ひっ算

	2	6
+	2	6
	5	2

	9	0
−	5	2
	3	8

1　くりを　53こ　もって　いたので、2人の　友だちに　18こずつ　あげました。のこりは　何こに　なりましたか。(25点)

しき

答え

ひっ算　+　　ひっ算　−

2　色紙を　70まい　もって　いたので、3人の　友だちに　15まいずつ　あげました。のこりは　何まいに　なりましたか。(25点)

しき

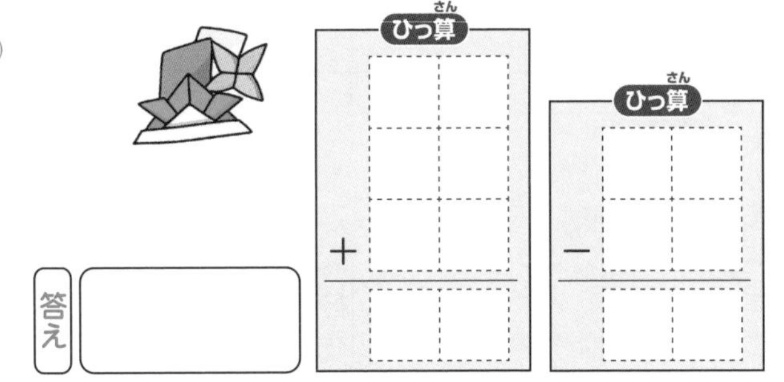

答え

ひっ算　+　　ひっ算　−

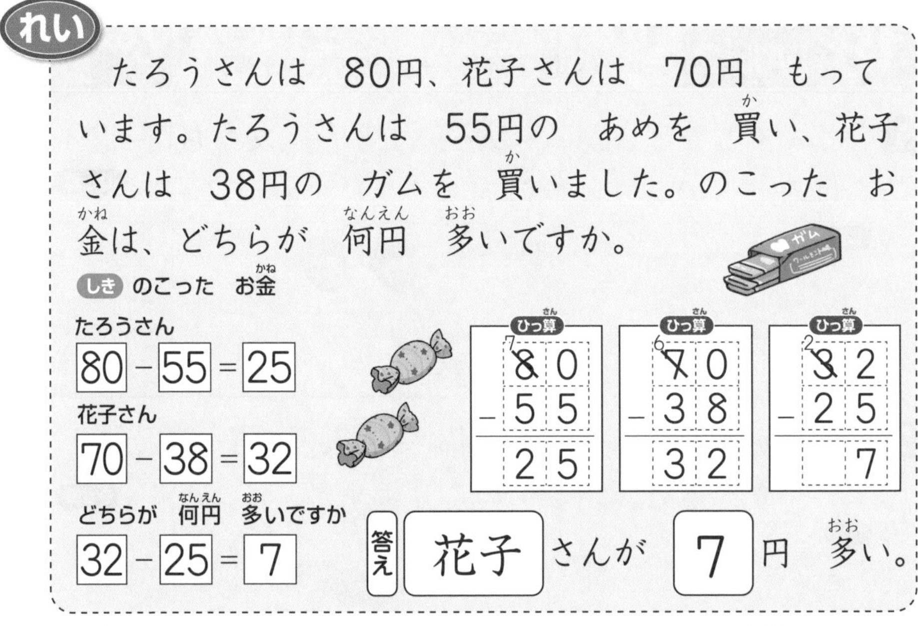

れい

たろうさんは　80円、花子さんは　70円　もって　います。たろうさんは　55円の　あめを　買い、花子さんは　38円の　ガムを　買いました。のこった　お金は、どちらが　何円　多いですか。

しき　のこった　お金

たろうさん

80 − 55 = 25

花子さん

70 − 38 = 32

どちらが　何円　多いですか

32 − 25 = 7

ひっ算

	8	0
−	5	5
	2	5

	7	0
−	3	8
	3	2

	3	2
−	2	5
		7

答え　花子さんが　7円　多い。

3　弟は　82円、妹は　95円　もって　います。弟は　58円の　おかしを　買い、妹は　79円の　色紙を　買いました。のこった　お金は　どちらが　何円　多いですか。(25点)

しき

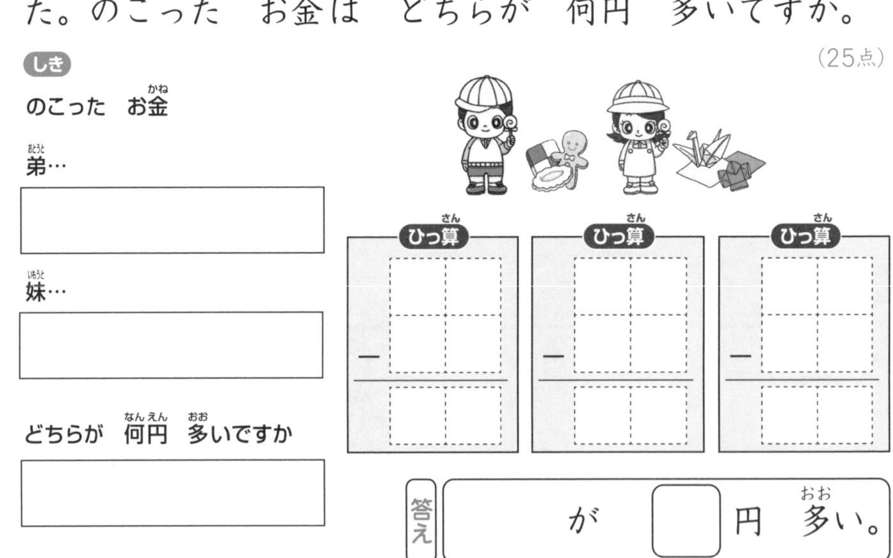

のこった　お金

弟…

妹…

どちらが　何円　多いですか

ひっ算　−　　ひっ算　−　　ひっ算　−

答え　　が　　円　多い。

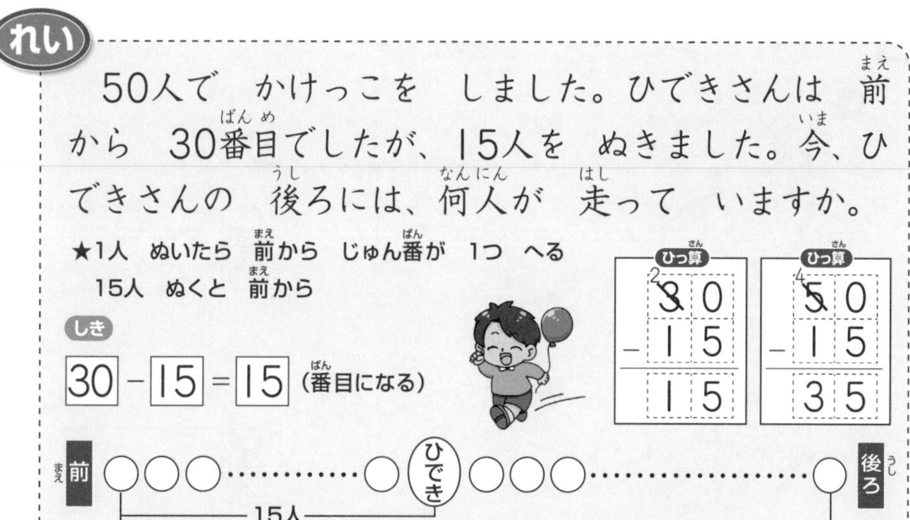

れい
50人で　かけっこを　しました。ひできさんは　前から　30番目でしたが、15人を　ぬきました。今、ひできさんの　後ろには、何人が　走って　いますか。
★1人　ぬいたら　前から　じゅん番が　1つ　へる
15人　ぬくと　前から
しき
30 − 15 = 15（番目になる）
ひっ算
前
ひでき
後ろ
15人
50人
後ろを　走っている　人は
50 − 15 = 35
答え　35人

4　90人で　マラソンを　しました。ひかりさんは　前から　35番目を　走って　いましたが、18人に　ぬかれました。今、ひかりさんの　後ろには　何人が　走って　いますか。（25点）

しき

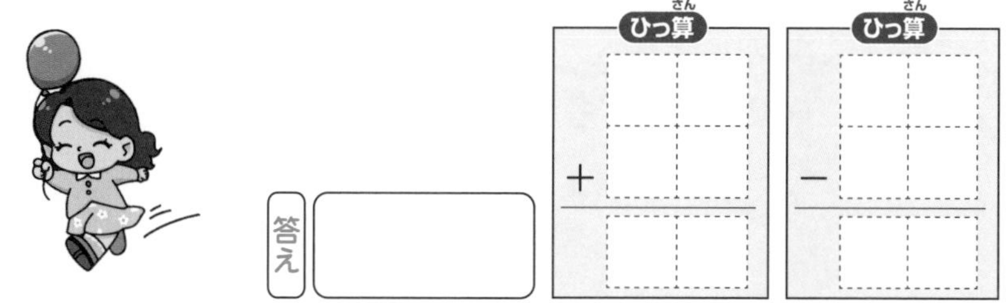

テスト20　最レベ　最高レベルにチャレンジ!!

❺ 2けたの　ひき算(2)（くり上がり）（3つの数の計算）

じかん 10ぷん　ごうかくてん 50てん　　てん

れい　子どもが　33人　1れつに　ならんで　います。ひできさんは　右から　23番目、めぐみさんは　左から　18番目です。ひできさんと　めぐみさんの　間に　何人　いますか。

ず

18人　23人　33人　左　ひでき　めぐみ　右

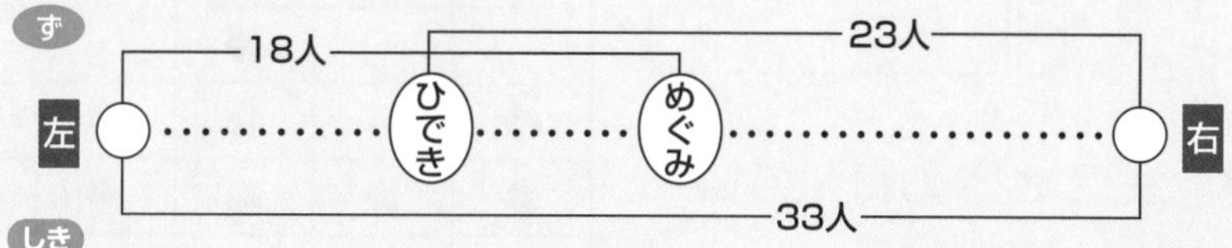

しき

23 + 18 = 41（ひできさんと　めぐみさんが　入って　いる。）

41 − 33 = 8

8 − 2 = 6

ひっ算：23 + 18 = 41　ひっ算：41 − 33 = 8

答え　6人

●　子どもが　78人　1れつに　ならんで　います。さちえさんは　右から　57番目、だいすけさんは　左から　36番目です。さちえさんと　だいすけさんの　間に　何人　いますか。（しき50点・答え50点）

ず

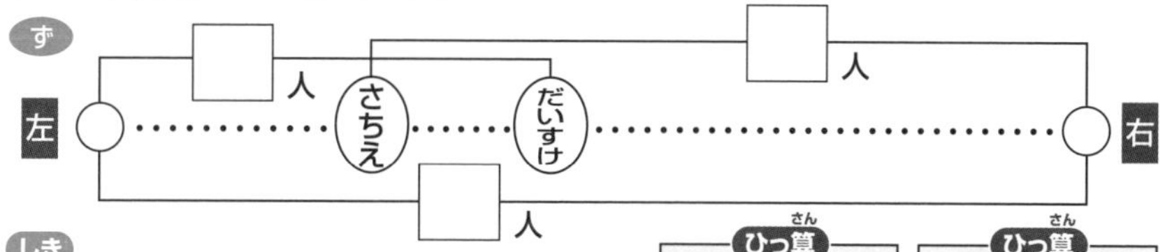

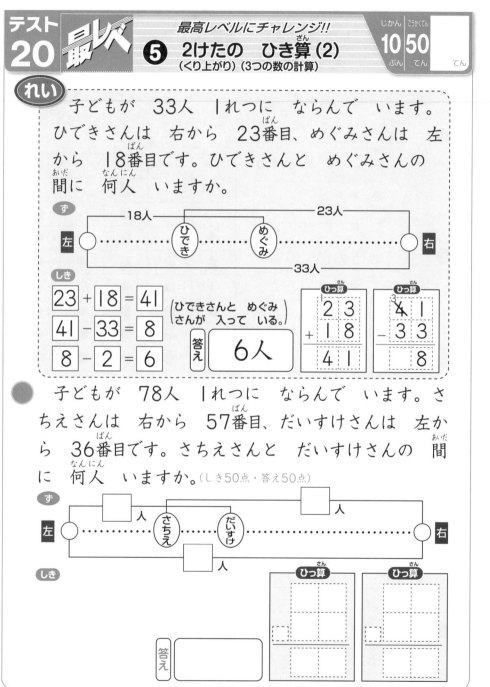

□人　□人　□人　左　さちえ　だいすけ　右

しき

ひっ算　ひっ算

答え

リビューテスト 1-①
（ふくしゅうテスト）

じかん 10ぷん　ごうかくてん 70てん　てん

1 5人の　まと当てゲームを　グラフに　しました。

（1つ10点・50点）

❶ 一番たくさん　まとに当てたのは　だれですか。

答え

❷ まことさんは　何回まとに　当てましたか。

答え

(●は　当てた　数です。)

つよし	のぞみ	かずお	あゆみ	まこと
		●		
		●		●
●		●	●	●
●	●	●	●	●
●	●	●	●	●
●	●	●	●	●
●	●	●	●	●
●	●	●	●	●
●	●	●	●	●

❸ まとに　当てた　数が　同じ　人は、だれと　だれですか。

答え

❹ のぞみさんと　あゆみさんは、合わせて　何回　まとに　当てましたか。

答え

❺ のぞみさんと　かずおさんの　まとに　当てた　数は、何回　ちがいますか。

答え

2 つぎの　時こくを　答えなさい。　（1つ10点・20点）

❶ 

より　5時間前の　時こく

答え

❷ 

より　6時間　たった　時こく

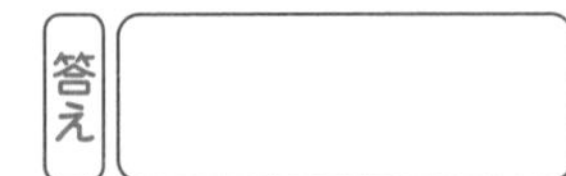

答え

3 こうえんに　男の子が　35人、女の子が　28人　います。子どもは　みんなで　何人いますか。　（10点）

しき

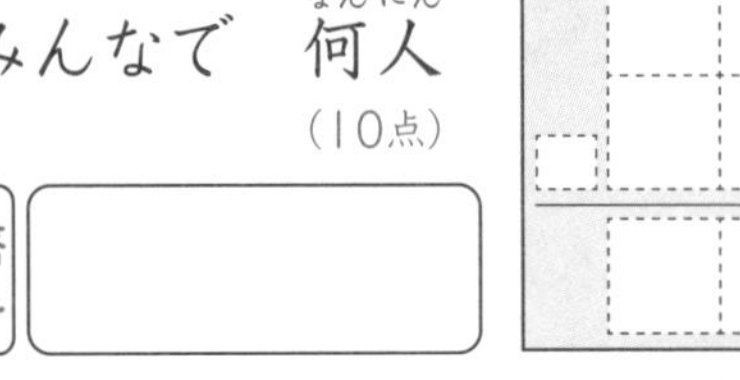

答え

ひっ算

4 赤い　リボンが　37本、白い　リボンが　29本　あります。リボンの　数の　ちがいは　何本ですか。　（10点）

しき

答え

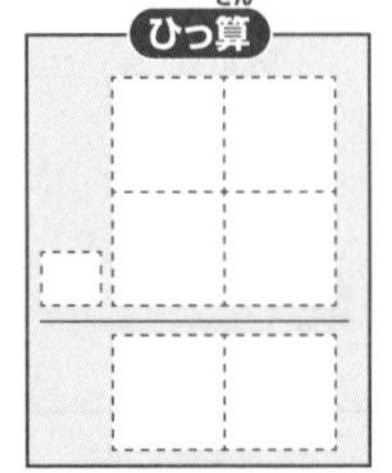

ひっ算

5 赤い　玉が　17こ、白い　玉が　22こ、青い　玉が　24こ　あります。玉は　ぜんぶで　何こ　ありますか。　（10点）

しき

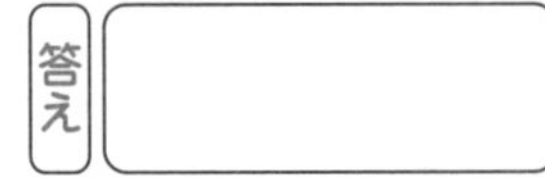

答え

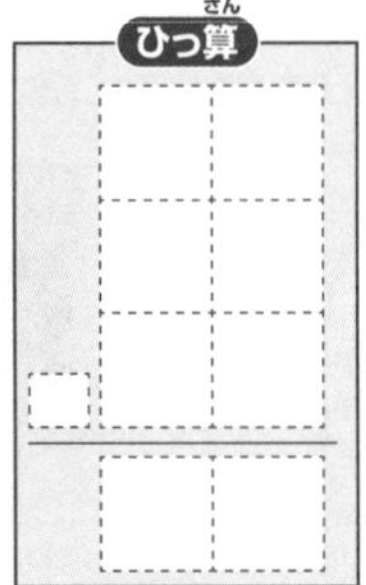

ひっ算

1 つぎの　時こくを、午前・午後を　つけて　答えなさい。

（1つ10点・20点）

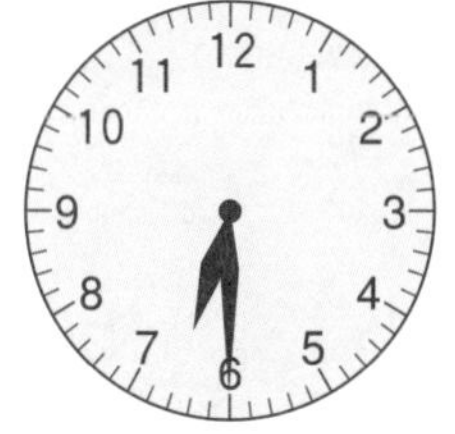

❶ 朝　おきた　時こく

答え

❷ 夕ごはんを　食べおわる　時こく

答え

2 家から　学校まで　40分　かかります。学校に　午前8時に　つくには、家を　何時何分までに　出れば　よいですか。午前・午後を　つけて　答えなさい。

（15点）

答え

3 けんじさんは　午後3時50分から　40分間　友だちと　あそびました。あそびおわった　時こくを　午前・午後を　つけて　答えなさい。

（15点）

答え

4 大きい　はこには　りんごが　46こ、小さい　はこには　りんごが　29こ　入って　います。りんごは　ぜんぶで　何こ　ありますか。

しき

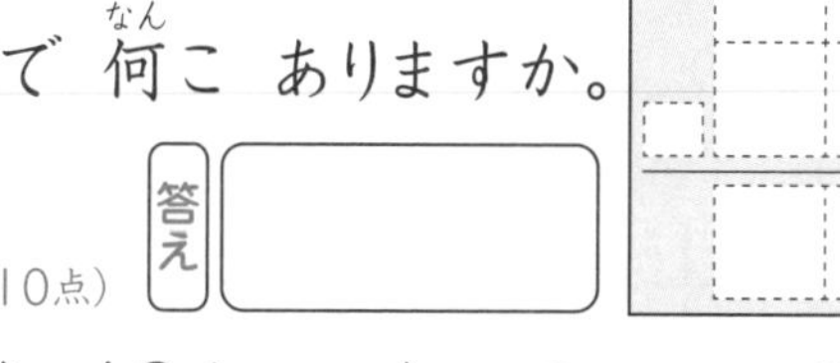

（10点）

答え

ひっ算

5 のぞみさんは　シールを　42まい　もって　いましたが、妹に　18まい　あげました。シールは　何まい　のこっていますか。

しき

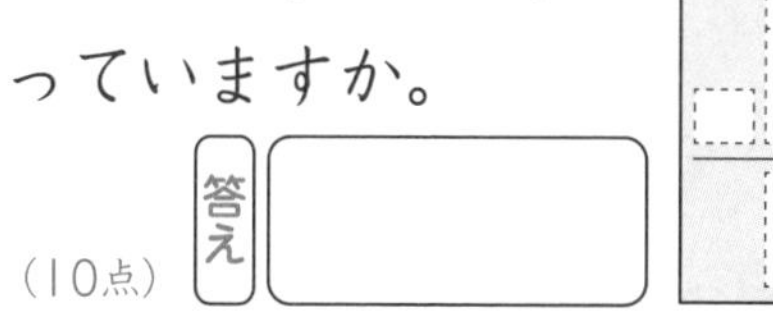

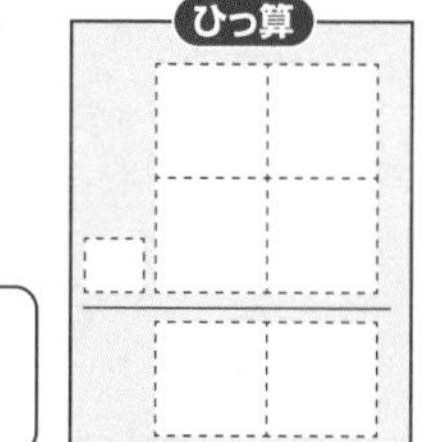

（10点）

答え

ひっ算

6 だいきさんは　色紙を　80まい　もって　いましたが、弟と　妹に　18まいずつ　あげました。だいきさんの　色紙は、何まいに　なりましたか。

しき

（15点）

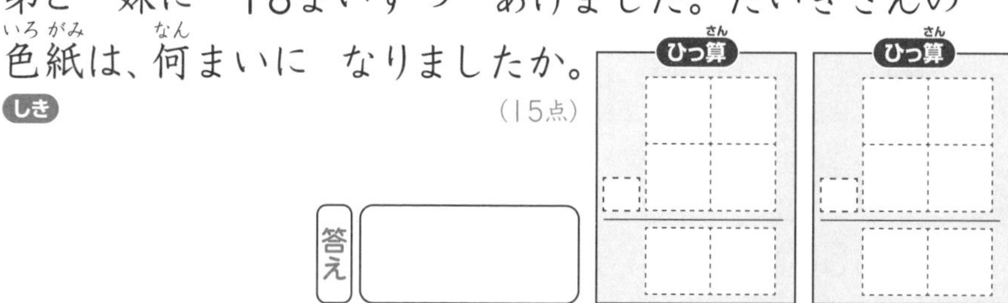

答え

ひっ算　ひっ算

7 お金を　80円　もって　いましたが、26円の　あめと　15円の　あめと　32円の　あめを　買いました。のこりの　お金は　何円ですか。

（15点）

しき

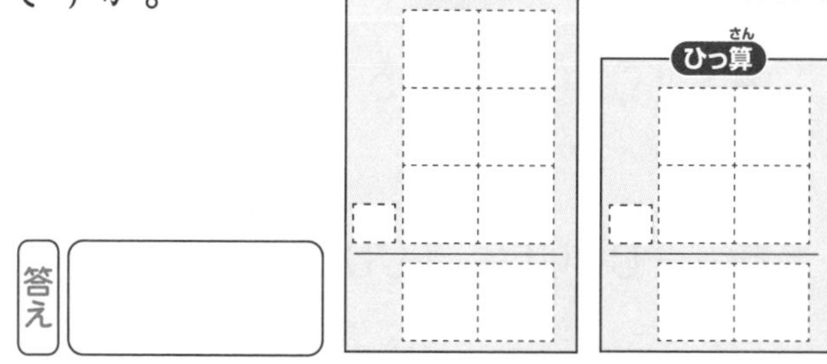

答え

ひっ算　ひっ算

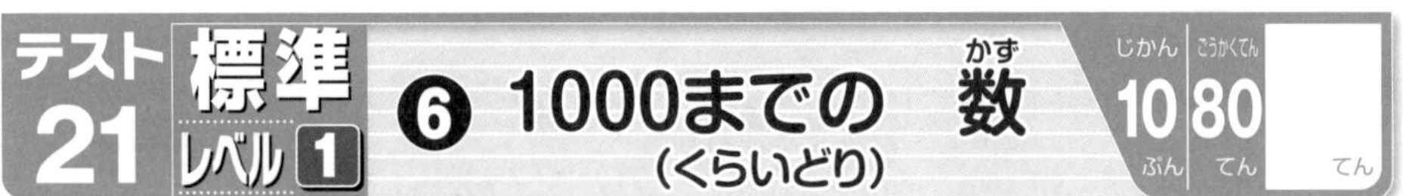

テスト21 標準レベル1 ⑥ 1000までの 数（くらいどり）

じかん 10ぷん　ごうかくてん 80てん　てん

1 下の 数の 線を 見て 答えなさい。（1つ4点・20点）

0　100　200　300　400　500

ア　イ　ウ　エ

❶ いちばん 小さい 1目もりは いくつですか。

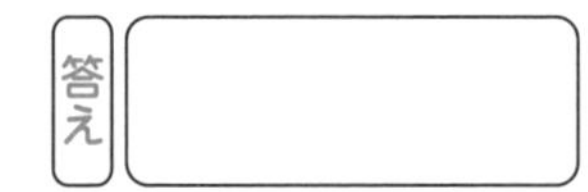

答え

❷ ア～エの 数を 書きなさい。

ア　イ　ウ　エ

2 つぎの もんだいに 答えなさい。（1つ4点・16点）

❶ 800は あと いくつで 1000 に なりますか。　答え

❷ 1000より 300 小さい 数は いくつですか。

答え

❸ 1000より 5 小さい 数は いくつですか。

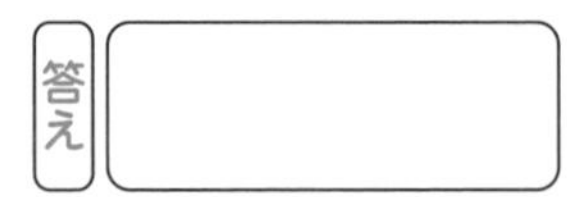

答え

❹ 1000は 100を いくつ あつめた 数ですか。　答え

れい □に あてはまる ＞や ＜を 書きなさい。

100は 200より 小さい　800は 500より 大きい　1000は 900より 大きい

① 100 [<] 200　② 800 [>] 500　③ 1000 [>] 900

3 □に あてはまる ＞や ＜を 書きなさい。（1つ4点・24点）

❶ 203 □ 109　❷ 801 □ 810　❸ 532 □ 531

❹ 713 □ 731　❺ 401 □ 399　❻ 957 □ 961

4 □に あてはまる 数を 書きなさい。（1つ5点・20点）

❶ 200―□―300―350―□―450

❷ 500―520―□―□―580―600

❸ □―600―700―800―□―1000

❹ 1000―□―900―850―□―750

5 □に あてはまる 数や ことばを 書きなさい。（1つ10点・20点）

❶ 345の 百の くらいの 数字は □、十の くらいの 数字は □、一の くらいの 数字は □です。

❷ 876の 6は □の くらい、7は □の くらい、8は □の くらいの 数字です。

テスト22 標準レベル2 ⑥ 1000までの 数（くらいどり）

じかん 10ぷん　ごうかくてん 80てん　　てん

1 「901」に ついて 答えなさい。（1つ10点・30点）

❶ 百の くらいの 数字は 何ですか。

答え 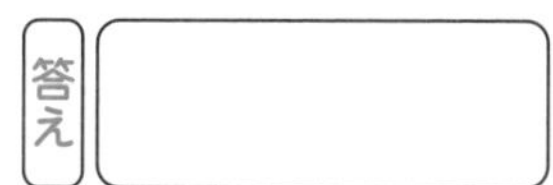

❸ 一の くらいの 数字と 百の くらいの 数字を 入れかえた 数を 書きなさい。

答え

❸ あと いくつで 1000に なりますか。

答え 

2 3番目に 大きい 数を 書きなさい。（1つ5点・10点）

❶

688	966	866
968	698	868

答え

❷

六百四十	三百九十	七百十八
七百八十	六百十四	三百十九

答え

3 数の 大きさを くらべます。何の くらいの 数字を みると わかりますか。かん字で 書きなさい。（1つ5点・10点）

❶ 503　563　593　553 ➡ □の くらい

❷ 991　691　891　591 ➡ □の くらい

4 □に 数を 数字で 書きなさい。（1つ10点・30点）

❶ 九百八十より □ 大きい 数は、1000です。

❷ 千より 八十 小さい 数は、□です。

❸ 五百より 六 小さい 数は、□です。

5 つぎの 数の 中で、あてはまる 数 ぜんぶに ○を つけなさい。（1つ10点・20点）

❶ 900より 大きい 数

❷ 380から 470までの 数

1 あ～かの 数を 書きなさい。（1つ5点・15点）

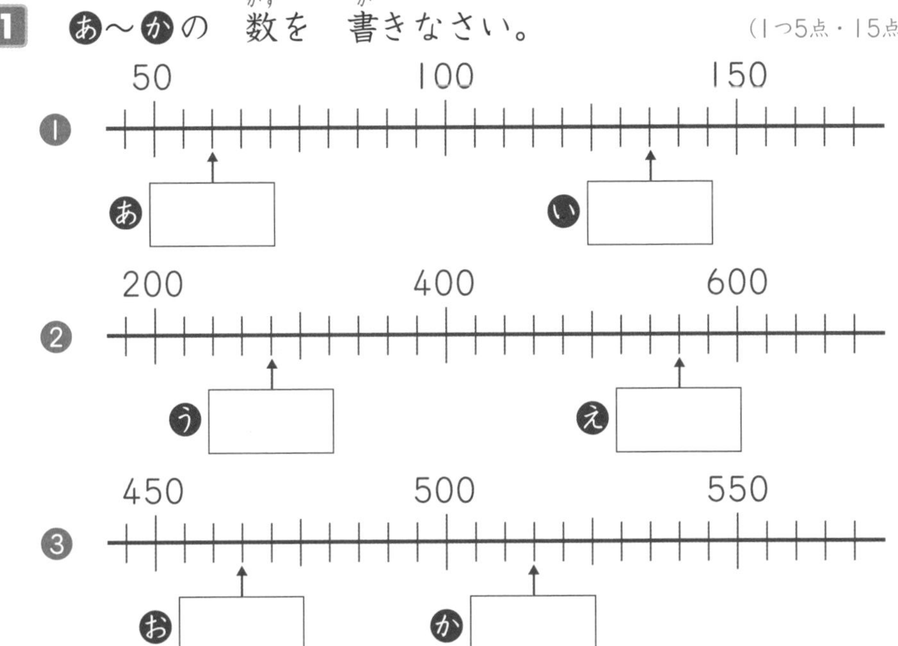

2 □に 入る 1から 9までの 数を ぜんぶ 書きなさい。（1つ5点・15点）

❶ 4□9は 450より 小さい 数です。

答え □

❷ □35は 536より 大きい 数です。

答え □

❸ □50は 500より 大きく 950より 小さい 数です。

答え □

3 数の 大きい じゅんに 番ごうを 書きなさい。（1つ5点・20点）

❶
（　）七百十一
（　）七百十五
（　）七百五十

❷
（　）六百五十二
（　）六百二十五
（　）六百三十六

❸
（　）百二十一
（　）二百十五
（　）百二十五

❹
（　）九百五十四
（　）九百八十五
（　）九百三十六

4 □に 数を 書きなさい。（1つ4点・20点）

❶ 100が 10こで □ です。

❷ 10が 15こで □ です。

❸ 20が 10こと 5で □ です。

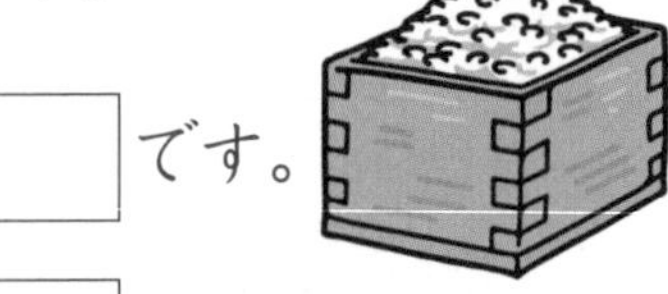

❹ 10が 20こと 8で □ です。

❺ 100が 1こと、10が 13こと、5が 5こと、1を 3こ あつめた 数は、□ です。

5 □の 数に ついて 答えなさい。 (1つ5点・20点)

506・139・597・682・606・181

❶ いちばん 大きい 数は、いくつですか。

答え

❷ いちばん 小さい 数は、いくつですか。

答え

❸ 百の くらいの 数字が、一の くらいの 数字より 大きい 数を すべて 書きなさい。

答え

❹ 十の くらいの 数字が、一の くらいの 数字より 大きい 数を すべて 書きなさい。

答え

6 十の くらいの 数字が 5で、百の くらいの 数字が 十の くらいの 数字より 大きく、一の くらいと 百の くらいの 数字を たすと 10に なる、1000までの 数を すべて 書きなさい。 (10点)

答え

テスト24 最レベ 最高レベルにチャレンジ!! ❻ 1000までの 数 (くらいどり)

じかん 10ぷん　ごうかくてん 50てん　てん

● 下の ような 7まいの カードが あります。この カードを 3まい つかって、4けたの 数に なるように します。

九　十　百　四　千　二　八

たとえば、三千八と 3まいの カードを ならべたとき、3008と 答えます。

❶ いちばん 大きい 数を 数字で 書きなさい。 (50点)

答え

❷ 千の くらいが 4の 数を すべて 数字で 書きなさい。 (50点)

答え

テスト25 標準 レベル1 ⑦ 3けたの たし算(3)

(3つの 数の 計算)

じかん 10ぷん　ごうかくてん 80てん　　てん

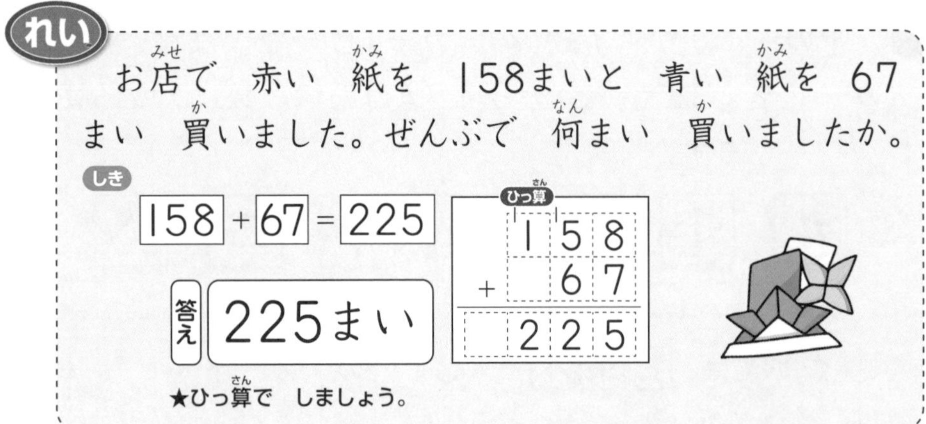

れい お店で 赤い 紙を 158まいと 青い 紙を 67まい 買いました。ぜんぶで 何まい 買いましたか。

しき 158＋67＝225

ひっ算

$$\begin{array}{r} 158 \\ +\ \ 67 \\ \hline 225 \end{array}$$

答え 225まい

★ひっ算で しましょう。

1 いちごがりに 行きました。わたしは 108こ とりました。お父さんは 89こ とりました。2人で いちごを 何こ とりましたか。(15点)

しき

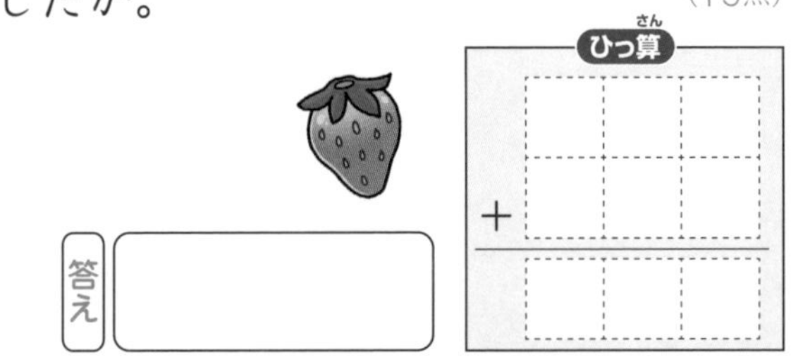

ひっ算　＋

答え

2 さいふに 135円 入って います。お母さんから 80円 もらいました。お金は 何円に なりましたか。(15点)

しき

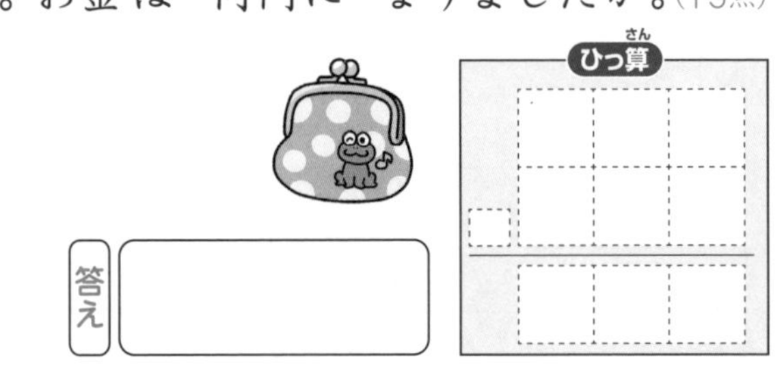

ひっ算

答え

3 165円の えんぴつと 78円の けしゴムを 買うと、あわせて いくらに なりますか。(15点)

しき

ひっ算

答え

4 赤い おはじきが 86こ、青い おはじきが 179こ あります。おはじきは ぜんぶで 何こ ありますか。(15点)

しき

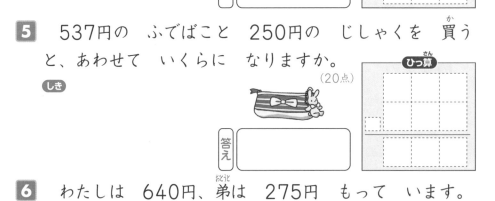

ひっ算

答え

5 537円の ふでばこと 250円の じしゃくを 買うと、あわせて いくらに なりますか。(20点)

しき

ひっ算

答え

6 わたしは 640円、弟は 275円 もって います。2人 あわせて 何円 もって いますか。(20点)

しき

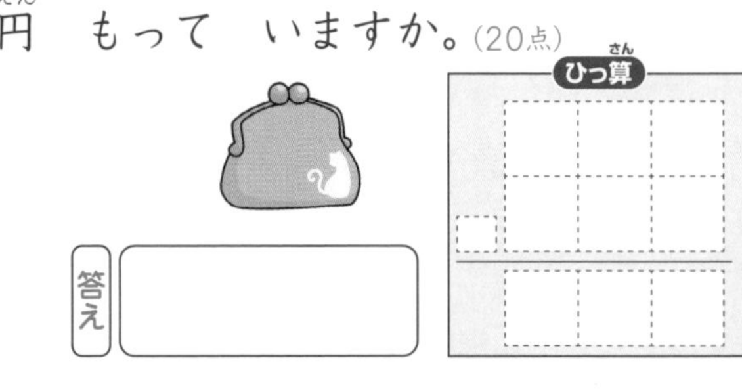

ひっ算

答え

⑦ 3けたの たし算(3)（3つの 数の 計算）

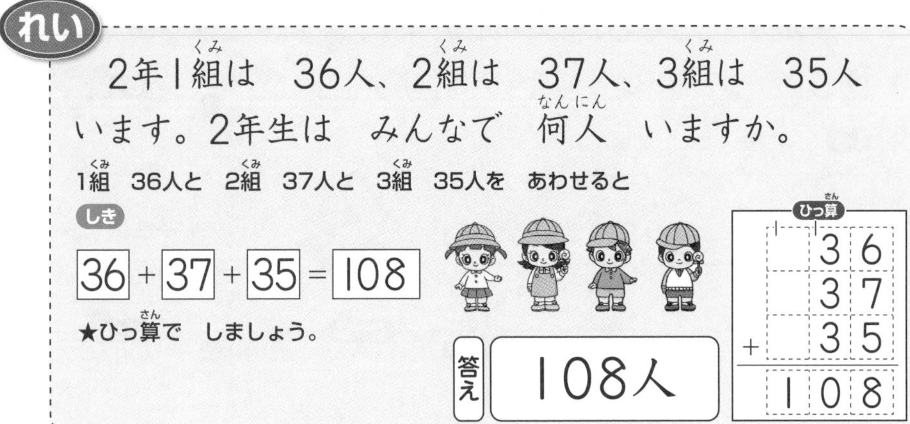

れい

2年1組は 36人、2組は 37人、3組は 35人 います。2年生は みんなで 何人 いますか。

1組 36人と 2組 37人と 3組 35人を あわせると

しき

36 + 37 + 35 = 108

★ひっ算で しましょう。

ひっ算

	1	3	6
		3	7
+		3	5
	1	0	8

答え 108人

1 わたしは 200円、お兄さんは 300円、妹は 100円 もって います。3人 合わせて 何円 もって いますか。（15点）

しき

答え

ひっ算

2 ももかさんは、75円の りんごと 63円の かきと 36円の みかんを 買いました。ぜんぶで 何円ですか。（15点）

しき

答え

ひっ算

3 赤い 花は 65本、白い 花は 38本、青い 花は 54本 さいて います。花は ぜんぶで 何本 さいて いますか。（15点）

しき

答え

ひっ算

4 わたしの 本は 64ページ、弟の 本は 32ページ、妹の 本は 16ページ あります。3人の 本を あわせると 何ページ ありますか。（15点）

しき

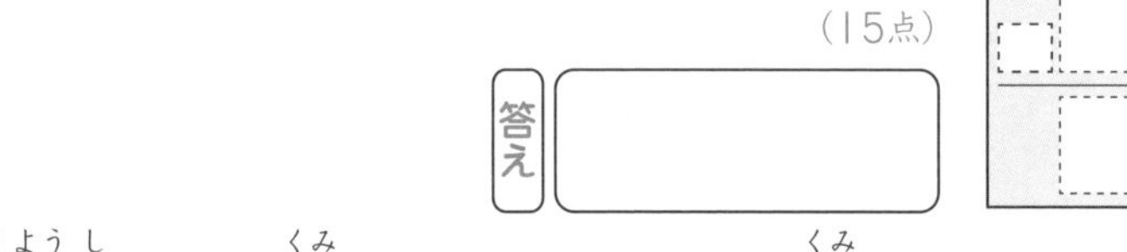

答え

ひっ算

5 画用紙が 1組は 152まい、2組は 135まい、3組は 146まい あります。ぜんぶで 何まい ありますか。（20点）

しき

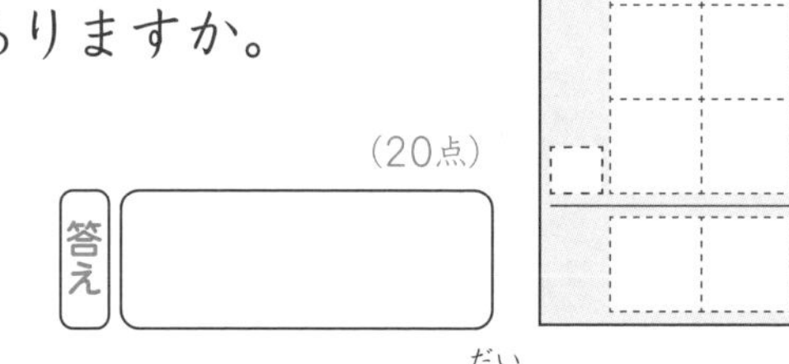

答え

ひっ算

6 ちゅう車場の 1かいに 車が 250台、2かいに 170台、3がいに 220台 とまって います。ぜんぶで 何台 とまって いますか。（20点）

しき

答え

ひっ算

テスト 27 ハイレベ ハイレベル ⑦ 3けたの たし算(3)（3つの 数の 計算）

じかん 15ふん　ごうかくてん 70てん　　てん

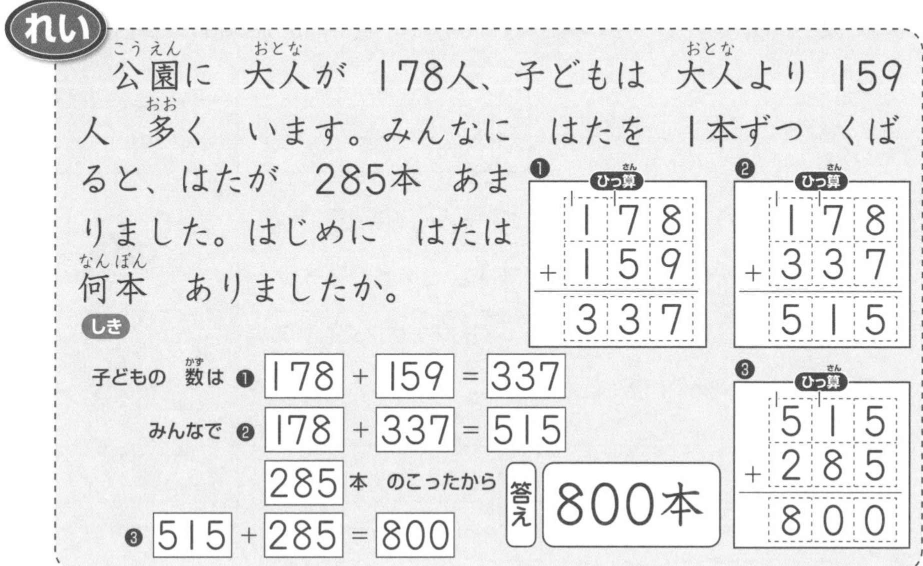

れい

公園に 大人が 178人、子どもは 大人より 159人 多く います。みんなに はたを 1本ずつ くばると、はたが 285本 あまりました。はじめに はたは 何本 ありましたか。

しき

子どもの 数は ❶ 178 + 159 = 337

みんなで ❷ 178 + 337 = 515

285 本 のこったから

❸ 515 + 285 = 800

答え 800本

ひっ算
❶ 178 + 159 = 337
❷ 178 + 337 = 515
❸ 515 + 285 = 800

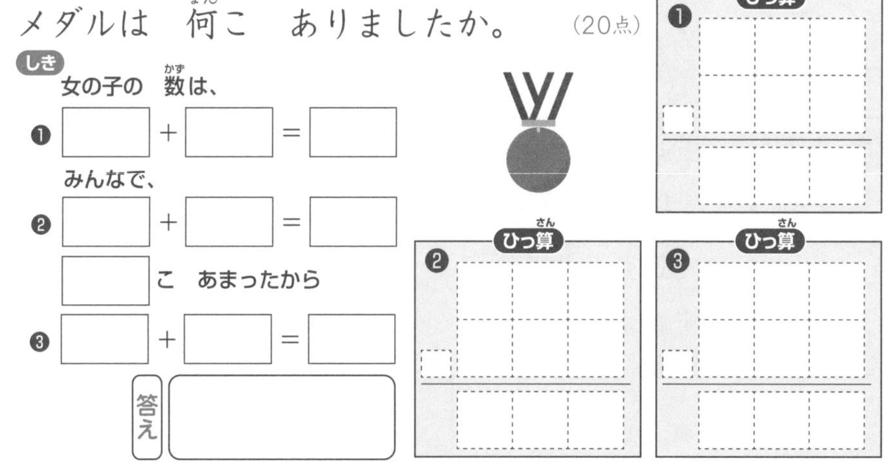

1 男の子が 257人、女の子は 男の子より 138人 多く います。みんなに メダルを 1こずつ くばると、メダルが 248こ あまりました。はじめに メダルは 何こ ありましたか。（20点）

しき

女の子の 数は、

❶ □ + □ = □

みんなで、

❷ □ + □ = □

□ こ あまったから

❸ □ + □ = □

答え □

ひっ算 ❶ ❷ ❸

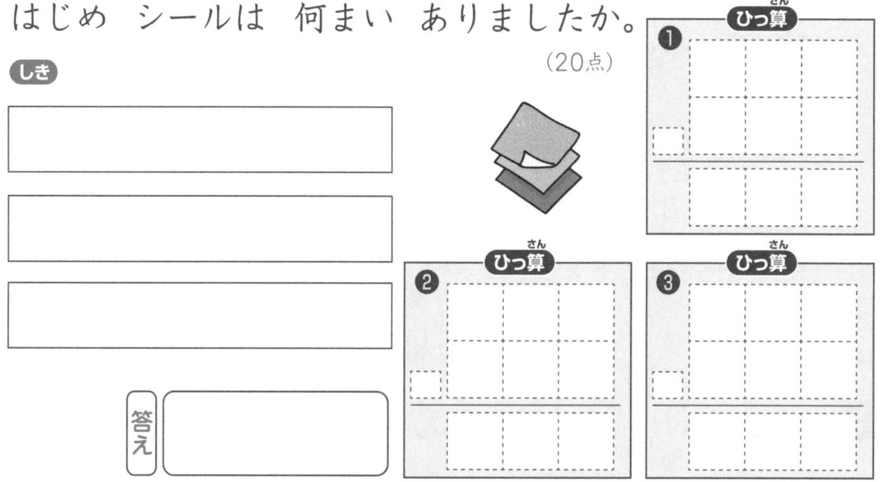

2 赤い 紙が 315まい あります。青い 紙は 赤い 紙より 167まい 多いです。どの 紙にも 1まいずつ シールを はると、シールが 123まい あまりました。はじめ シールは 何まい ありましたか。（20点）

しき

□

□

□

答え □

ひっ算 ❶ ❷ ❸

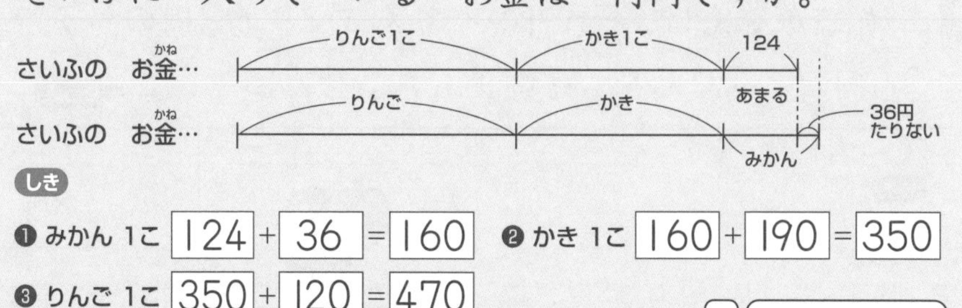

れい

さいふの お金で、りんごと かきを 1つずつ 買うと 124円 あまり、りんごと かきと みかんを 1つずつ 買うと 36円 たりません。かきは りんごより 120円 やすく、みかんより 190円 高い そうです。さいふに 入って いる お金は 何円ですか。

しき

❶ みかん 1こ 124 + 36 = 160　❷ かき 1こ 160 + 190 = 350

❸ りんご 1こ 350 + 120 = 470

❹ さいふの お金 470 + 350 + 124 = 944

答え 944円

3 かずおさんは　もって　いる　お金で、クレヨンと　ふでばこを　買うと　120円　あまり、クレヨンと　ふでばこと　はさみを　買うと　60円　たりません。ふでばこは　クレヨンより　180円　やすく、はさみより　90円　高いです。かずおさんの　もって　いる　お金は　何円ですか。

しき
❶はさみ……
❷ふでばこ…
❸クレヨン…
❹かずおさんの　もっている　お金は

❶ひっ算　❷ひっ算　❸ひっ算　❹ひっ算

答え

(30点)

4 さゆりさんは　もって　いる　お金で、ケーキと　ドーナツを　1こずつ　買うと　40円　あまり、ケーキと　ドーナツと　パンを　1こずつ　買うと　70円　たりません。ドーナツは　パンより　60円　高く、ケーキより　120円　やすいです。さゆりさんの　もって　いる　お金は　何円ですか。

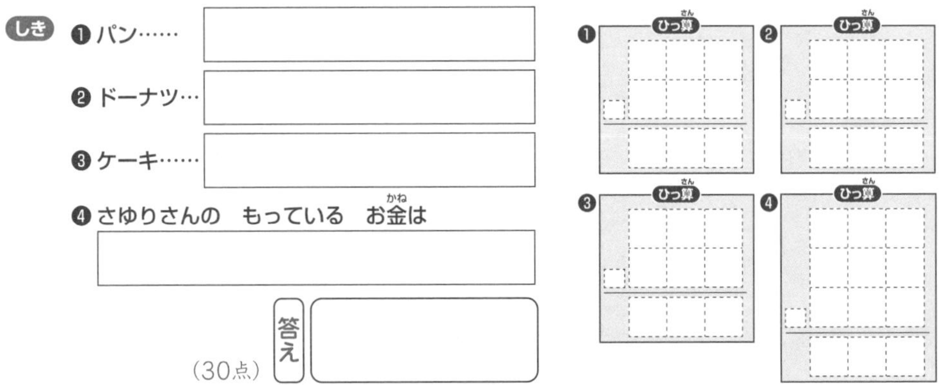

しき
❶パン……
❷ドーナツ…
❸ケーキ……
❹さゆりさんの　もっている　お金は

❶ひっ算　❷ひっ算　❸ひっ算　❹ひっ算

答え

(30点)

テスト 28　最レベ　最高レベルにチャレンジ!!

❼ 3けたの　たし算(3)
(3つの　数の　計算)

じかん 10ぷん　ごうかくてん 50てん　てん

● 下の　図の　ように　数字を　書いた　5まいの　カードが　あります。(カードは　1回しか　つかえません。)

2　4　6　7　9

❶ この　5まいの　カードの　うち　4まいを　つかって、2けたの　数を　2つ　つくります。その　2つの　数を　たした　答えが、いちばん　大きく　なるように　します。その　数を　答えなさい。(50点)

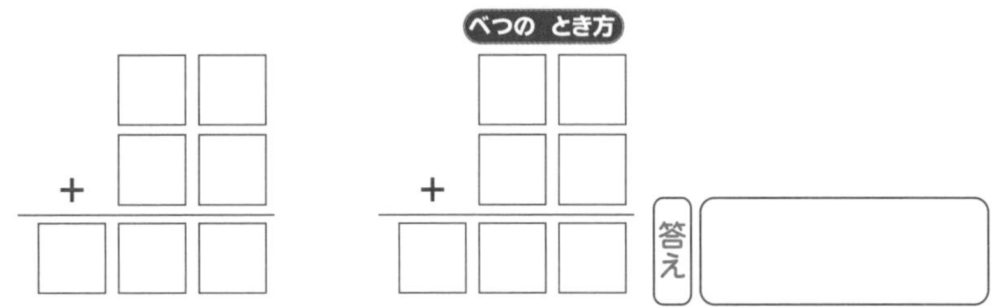

べつの　とき方

答え

❷ 上の　5まいの　カードを　3まいと　2まいに　分けて、3けたと　2けたの　2つの　数を　つくります。その　2つの　数を　たした　答えが、いちばん　大きく　なる　ように　します。その　数を　答えなさい。(50点)

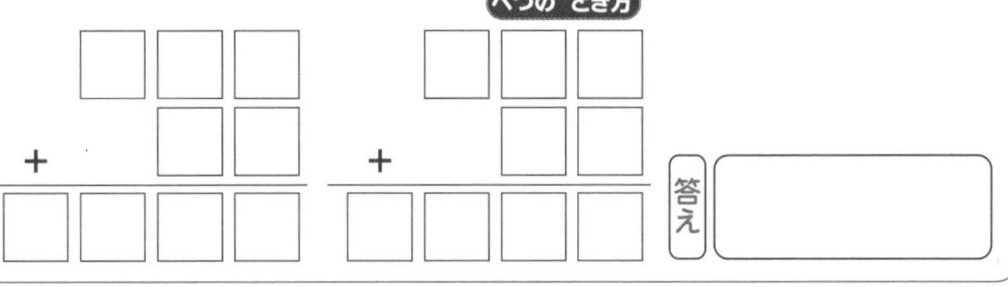

べつの　とき方

答え

テスト29 標準 レベル1 ❽ 3けたの ひき算(3)

じかん 10ぷん ごうかくてん 80てん ＿てん

れい

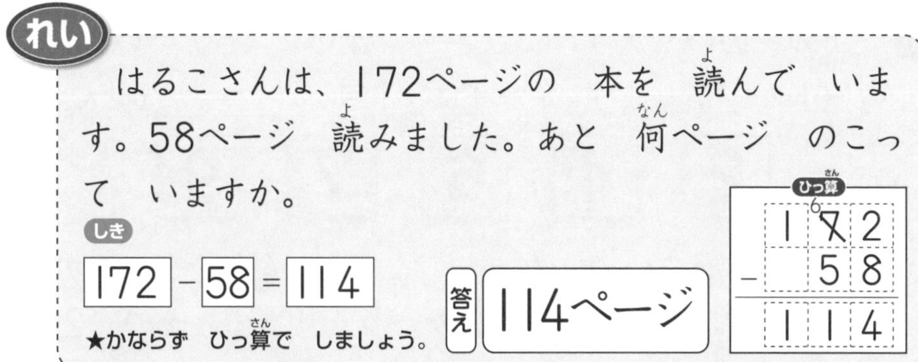

はるこさんは、172ページの 本を 読んで います。58ページ 読みました。あと 何ページ のこって いますか。
しき
172 − 58 ＝ 114
答え 114ページ
ひっ算
172
− 58
114
★かならず ひっ算で しましょう。

1 赤い ふうせんが 132こ、青い ふうせんは 75こ あります。数の ちがいは 何こ ですか。（20点）

しき

答え

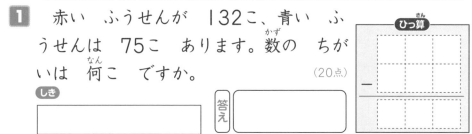

ひっ算

2 公園に 112人 います。そのうち 大人は 53人です。子どもは 何人 いますか。（20点）

しき

答え

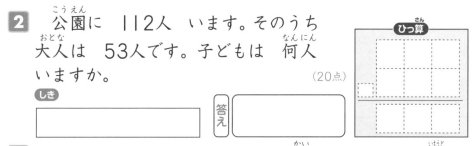

ひっ算

3 まきさんは なわとびを 105回 とびました。妹は まきさんより 17回 少なく とんだ そうです。妹は 何回 とびましたか。（20点）

しき

答え

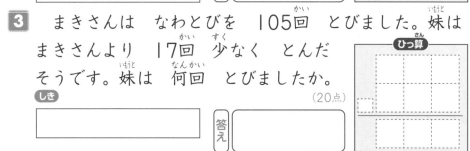

ひっ算

れい

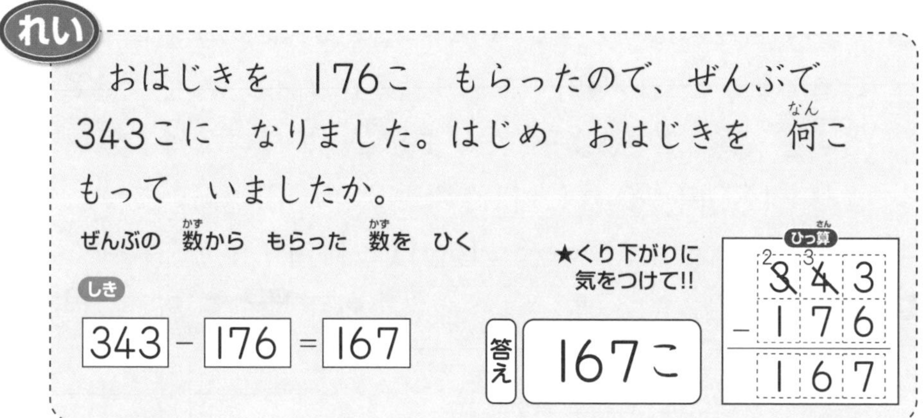

おはじきを 176こ もらったので、ぜんぶで 343こに なりました。はじめ おはじきを 何こ もって いましたか。
ぜんぶの 数から もらった 数を ひく
しき
343 − 176 ＝ 167
答え 167こ
★くり下がりに 気をつけて!!
ひっ算
343
− 176
167

4 300まいの 色紙の うち、124まい つかいました。のこりは 何まい ですか。（20点）

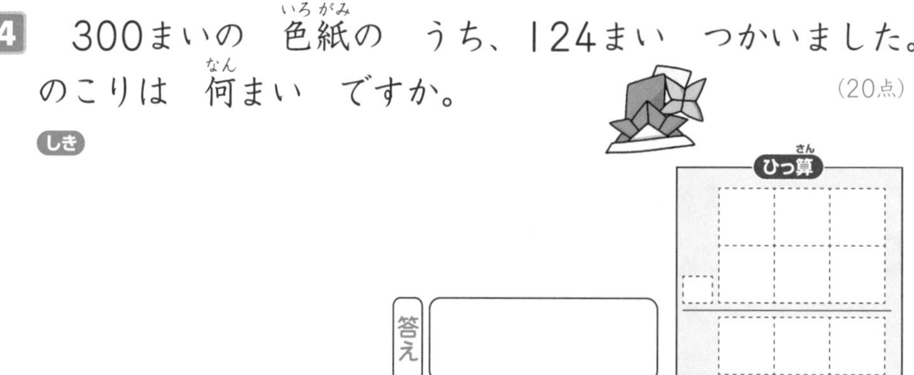

しき

答え

ひっ算

5 やすこさんは きのう ゲームで 324点 とりました。きょうは 248点 とりました。点数は 何点 ちがいますか。（20点）

しき

答え

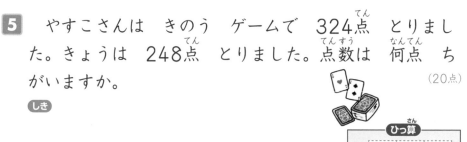

ひっ算

テスト 30　標準レベル 2

⑧ 3けたの　ひき算 (3)

じかん 10ぷん　ごうかくてん 80てん　てん

1　150円　もって　お店に　行き、70円の　パンを　買いました。お金は　いくら　のこって　いますか。(15点)

しき

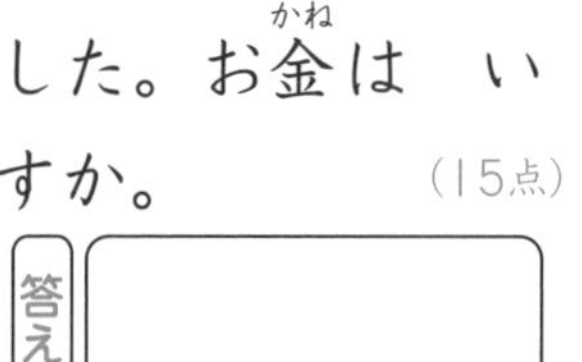

答え

ひっ算

2　107まいの　画用紙の　うち、19まいを　つかいました。のこりは　何まいですか。(15点)

しき

答え

ひっ算

3　りんごは　97こ、みかんは　182こ　あります。みかんは　りんごより　何こ　多いですか。(15点)

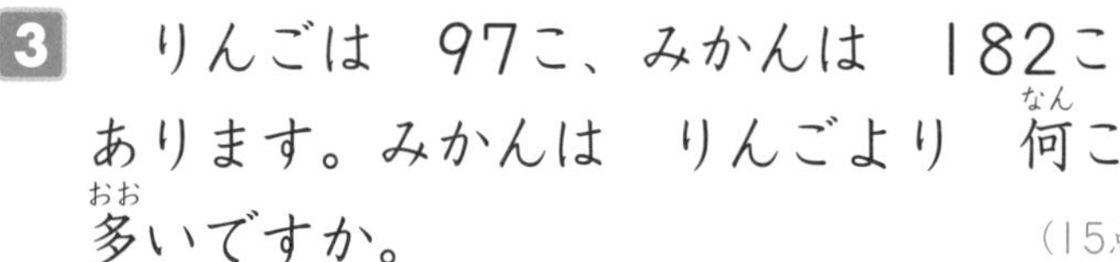

しき

答え

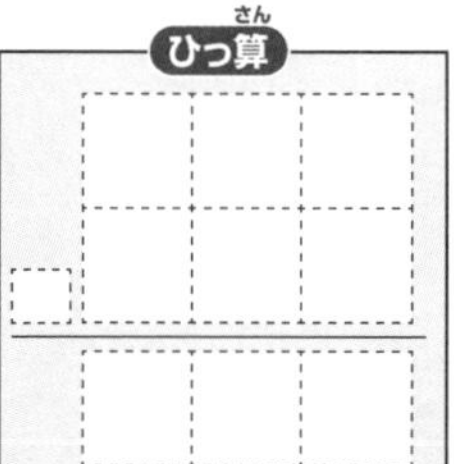

ひっ算

4　わたしは　カードを　415まい　もって　います。弟は　327まい　もって　います。わたしは　弟より　カードを　何まい　多く　もって　いますか。(15点)

しき

答え

ひっ算

れい

めぐみさんは　700円　もって　います。158円の　ボールペンと　375円の　ふでばこを　買いました。のこりは　いくらですか。

しき

つかった　お金

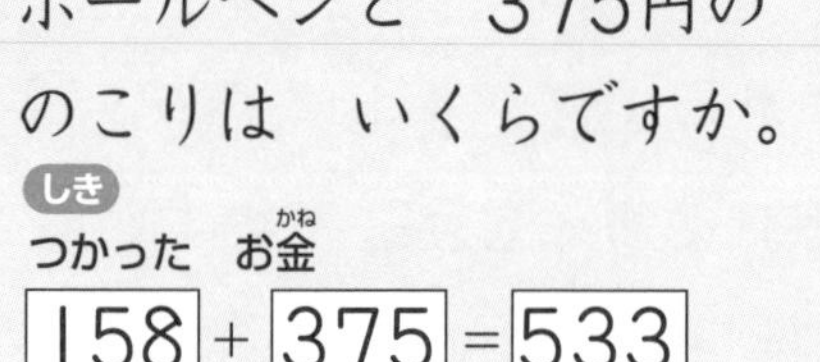

158 + 375 = 533

ひっ算

	1	5	8
+	3	7	5
	5	3	3

	7	0	0
−	5	3	3
	1	6	7

のこりは

700 − 533 = 167

答え　167円

5　ごろうさんは　カードを　356まい　もって　いましたが　弟に　167まい、妹に　102まい　あげました。ごろうさんの　カードは　何まいに　なりましたか。(20点)

しき

答え

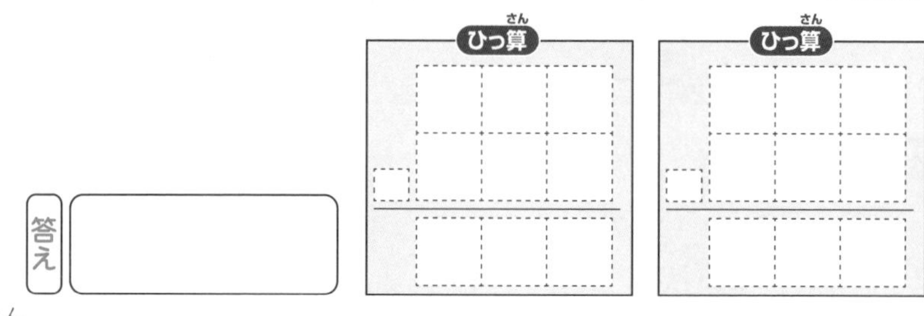

ひっ算　ひっ算

6　公園に　子どもが　632人　います。男の子が　215人と　女の子が　129人　かえりました。のこって　いる子どもは　何人ですか。(20点)

しき

答え

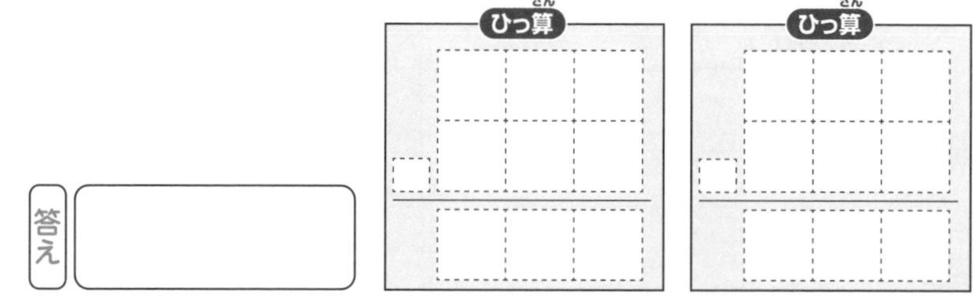

ひっ算　ひっ算

⑧ 3けたの ひき算(3)

じかん 15ふん ごうかくてん 70てん ___てん

れい

ケーキと パンを 1こずつ 買いました。ケーキは 260円ですが、パンは それより 85円 やすいです。500円玉で はらうと、おつりは いくらですか。

しき

パンの ねだん

260 − 85 = 175

ケーキと パンで

260 + 175 = 435

おつり

500 − 435 = 65

ひっ算

$$\begin{array}{r} 260 \\ -\ \ 85 \\ \hline 175 \end{array} \qquad \begin{array}{r} 260 \\ +175 \\ \hline 435 \end{array} \qquad \begin{array}{r} 500 \\ -435 \\ \hline 65 \end{array}$$

答え 65円

1 お店で 320円の むかし話の 本と、それより 165円 やすい のりものの 本を 買いました。500円玉で はらうと、おつりは いくらですか。（25点）

しき

のりものの 本は

はらう ねだん

おつりは

ひっ算　ひっ算　ひっ算

答え

れい

子どもが 200人 1れつに ならんで います。はるきさんの 前に 120人 います。はるきさんの 後ろには 何人 いますか。

しき

はるきさんは 前から 120 + 1 = 121 番目

はるきさんの 後ろには 200 − 121 = 79

ひっ算

$$\begin{array}{r} 200 \\ -121 \\ \hline 79 \end{array}$$

答え 79人

2 子どもが 500人 1れつに ならんで います。ひかりさんの 左には、283人 います。ひかりさんの 右には 何人 いますか。（25点）

しき

ひっ算

答え

3 本やさんに 本が よこに 260さつ ならんで います。あきらさんの すきな 本は、左から 125番目に あります。右から 数えると 何番目ですか。（25点）

しき

ひっ算

答え

れい

めぐみさんと　お兄さんと　お姉さんの　3人は、125円ずつ　あつめて、お母さんに　185円の　ハンカチを　2まい　買って　プレゼントを　しました。あつめた　お金は　あと　いくら　のこって　いますか。

4 ももかさんと　お兄さんと　お姉さんの　3人は　210円ずつ　あつめて、おじいさんと　おばあさんに　310円の　ケーキを　2つ　買って　プレゼントを　しました。あつめた　お金は　あと　いくら　のこって　いますか。（25点）

しき

最高レベルにチャレンジ!!

❽ 3けたの　ひき算（3）

じかん 10ぷん　ごうかくてん 50てん　てん

● 下の　図の　ように、数字を　書いた　6まいの　カードが　あります。

1　3　5　7　8　9

❶ この　6まいの　カードの　うち　5まいを　つかって、3けたと　2けたの　2つの　数を　つくります。その　3けたと　2けたの　数の　ちがいが、いちばん　小さく　なるように　します。その　ちがいは、いくらですか。（50点）

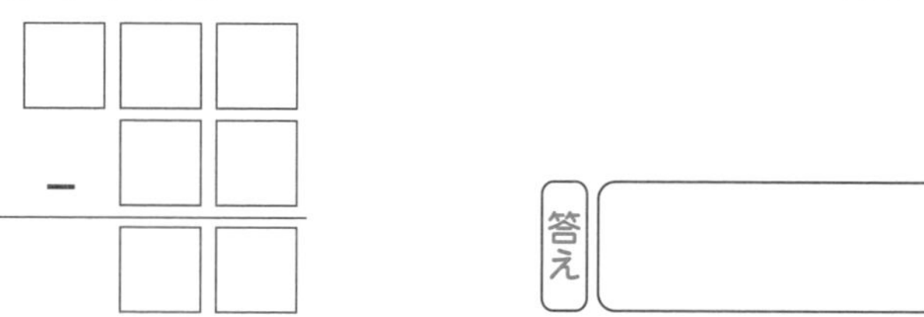

❷ 上の　6まいの　カードを　3まいと　3まいに　分けて、3けたの　数を　2つ　つくります。その　2つの　数の　ちがいが、いちばん　小さく　なるように　します。その　ちがいは、いくらですか。（50点）

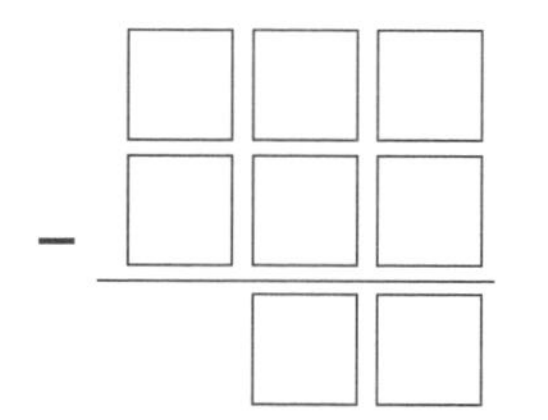

答え

テスト33 標準レベル1 ⑨ 長さ(1)(cmと mm) じかん10ぷん ごうかくてん80てん てん

1 2人は えんぴつの 長さくらべを しました。(1つ5点・15点)

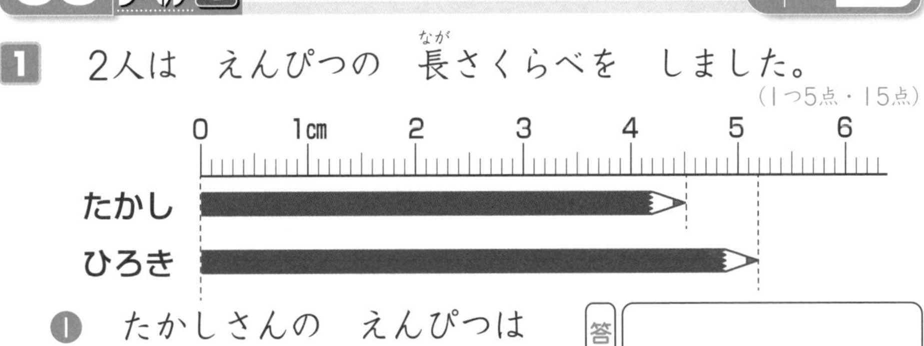

❶ たかしさんの えんぴつは 何cm何mmですか。 答え

❷ ひろきさんの えんぴつは 何cm何mmですか。 答え

❸ ちがいは 何mmですか。 答え

2 □に あてはまる ことばや 数を 書きなさい。(1つ5点・40点)

❶ 1cmは □ と 読み、

1mmは □ と 読みます。

❷ 13cm＝□mmで、1cm3mm＝□mmです。

❸ 25cm＝□mmで、2cm5mm＝□mmです。

❹ 100cm＝□mmです。

3 ひろみさんは 6cm5mmの 赤い リボンを もって います。さとしさんは 2cm2mmの 青い テープを もって います。

❶ 2人の もって いる テープを あわせると、長さは 何cm何mmに なりますか。(10点) 答え

❷ 2人の もって いる テープの 長さの ちがいは 何cm何mmに なりますか。(10点) 答え

4 下の じょうぎを 見て、もんだいを しなさい。(1つ5点・25点)

0 1cm 2 3 4 5 6

❶ 2cm3mmの いちに ㋐の しるしを つけなさい。

❷ 4cm5mmの いちに ㋑の しるしを つけなさい。

❸ ㋐と ㋑の 間は、何cm何mm ありますか。 答え

❹ ㋐と ㋑の ちょうど まん中の いちに ↑を つけなさい。

❺ この じょうぎの 目もりは、何cm何mmまで 書かれて いますか。 答え

テスト34 標準 レベル2

⑨ 長さ(1)(cmと mm)

じかん 10ぷん　ごうかくてん 80てん　てん

1 つぎの もんだいに 答えなさい。(1つ10点・20点)

❶ 3cmより 5cm 長い 長さは、何mmですか。

しき
□cm＋□cm＝□cm
□cm＝□mm

答え □

❷ 18mmより 6mm 短い 長さは、何cm何mmですか。

しき
□mm－□mm＝□mm
□mm＝□cm□mm

答え □

2 高さが 35mmの つみ木に、高さ 4cmの つみ木を のせると、高さは 何cm何mmに なりますか。(20点)

しき
□cm＝□mm　□mm＋□mm＝□mm
□mm＝□cm□mm

答え □

3 長さが 10cmの ひもと 5cm5mmの ひもの 長さは、何cm何mm ちがいますか。(20点)

しき
□cm＝□mm　□cm□mm＝□mm
□mm－□mm＝□mm
□mm＝□cm□mm

答え □

れい
赤い テープの 長さは 5cm3mm、青い テープの 長さは 3cm4mmです。2本の テープを つないだ 長さは 何cm何mmですか。

しき 5cm3mm＋3cm4mm＝8cm7mm

★同じ たんいの ところを たし算しましょう。

答え 8cm7mm

4 白い リボンの 長さは 7cm5mm、ピンクの リボンの 長さは 8cm2mmです。2本の リボンを あわせた 長さは 何cm何mmですか。(20点)

しき

答え □

れい
テーブルの たての 長さは 50cm2mmで、よこの 長さは 70cm3mmです。たてと よこの 長さの ちがいは 何cm何mmですか。

しき 70cm3mm－50cm2mm＝20cm1mm

★同じ たんいの ところを ひき算しましょう。

答え 20cm1mm

5 弟の もって いる ひもは 38cm6mmで、わたしの ひもは 32cm3mmです。長さの ちがいは 何cm何mmですか。(20点)

しき

答え □

テスト35 ハイレベ ハイレベル ⑨ 長さ(1)(cmと mm) じかん15ふん ごうかくてん70てん てん

1 たつやさんは 同じ 大きさの 長方形を かさならないように 組み合わせて、下のような 形を 作りました。まわりの 長さを もとめなさい。(太い 線の ところ)

❶ 同じ 大きさの 長方形 2つ (20点)

しき

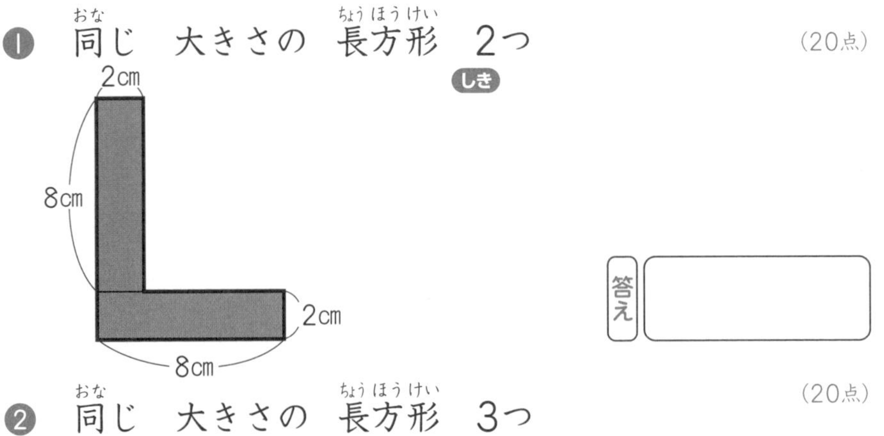

答え

❷ 同じ 大きさの 長方形 3つ (20点)

しき

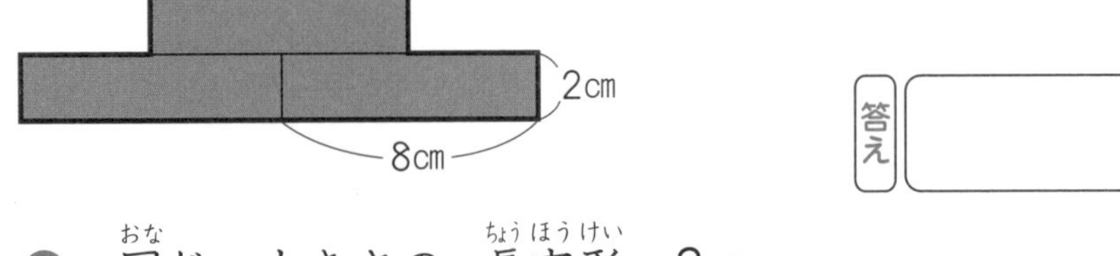

答え

❸ 同じ 大きさの 長方形 3つ (20点)

しき

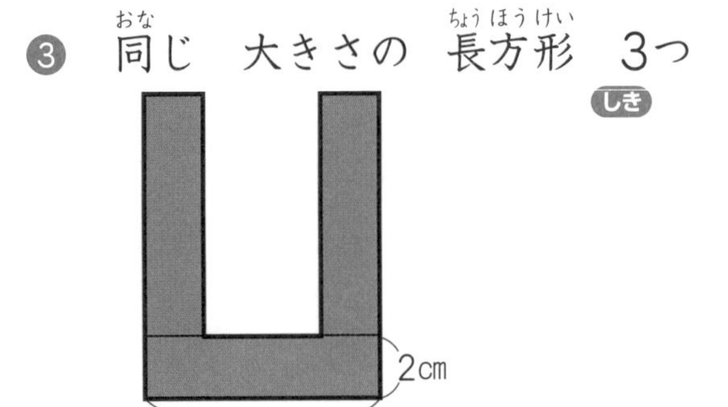

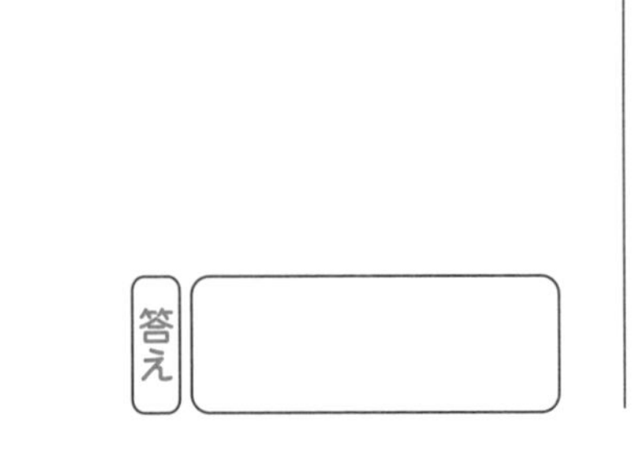

答え

れい

5本の ひも ア、イ、ウ、エ、オの 長さを しらべて つぎの ことが わかりました。

・アは イより 2cm 長い。	・イは エより 10cm みじかい。
・ウは アより 3cm 長い。	・オは エより 1cm みじかい。

❶ いちばん 短い ひもは、どの ひもですか。

図に かくと

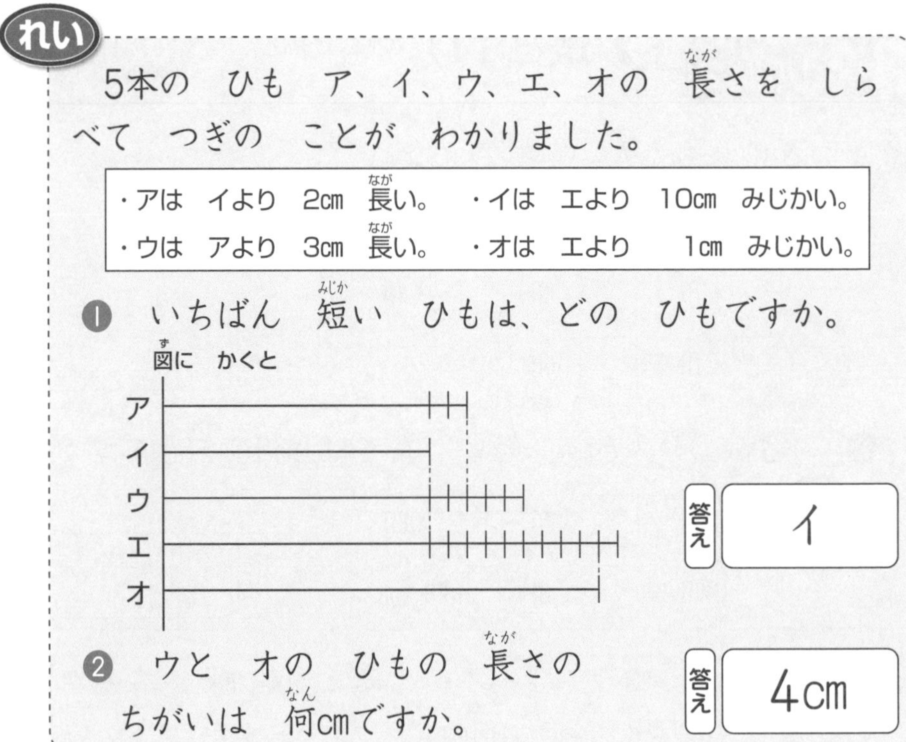

答え イ

❷ ウと オの ひもの 長さの ちがいは 何cmですか。

答え 4cm

2 5本の ひも ア、イ、ウ、エ、オの 長さを しらべると つぎの ことが わかりました。

・アは イより 3cm みじかい。	・イは エより 5cm 長い。
・ウは イより 4cm 長い。	・オは エより 3cm 長い。

❶ いちばん みじかい ひもは どの ひもですか。 (10点)

答え

❷ ウと オの ひもの 長さの ちがいは 何cmですか。 (10点)

答え

れい

1つの 辺が 3cm、5cm、10cmの 正方形を 下の 図のように 組み合わせたとき、まわりの 長さ（太い 線の ところ）は 何cmに なりますか。

わかって いる 長さを 書きましょう。

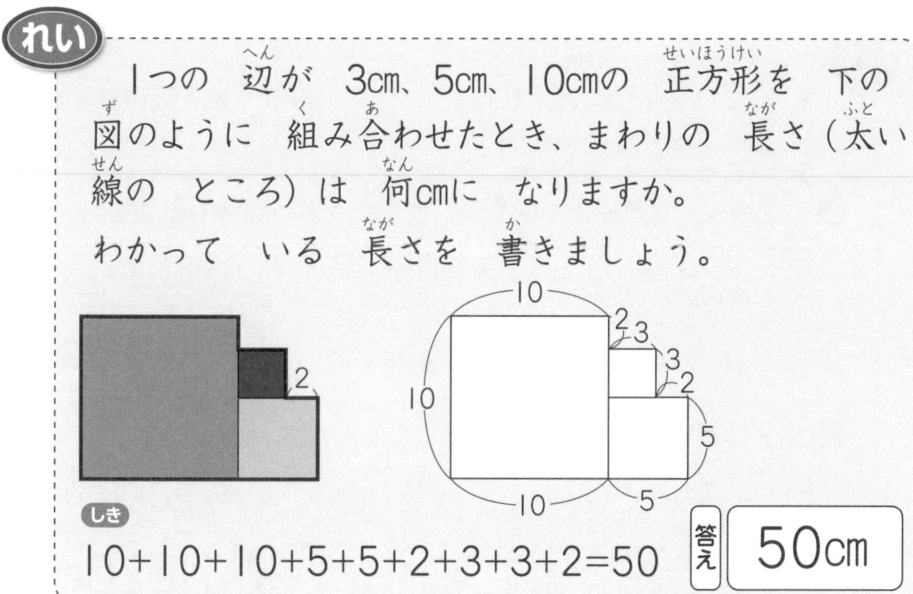

しき

10+10+10+5+5+2+3+3+2=50

答え 50cm

3 1つの 辺が 3cm、5cm、10cmの 正方形を 下の 図のように 組み合わせたとき、まわりの 長さ（太い 線の ところ）は 何cmに なりますか。 （20点）

しき

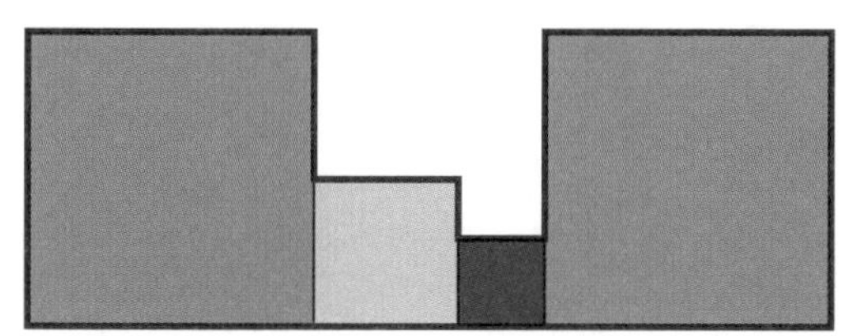

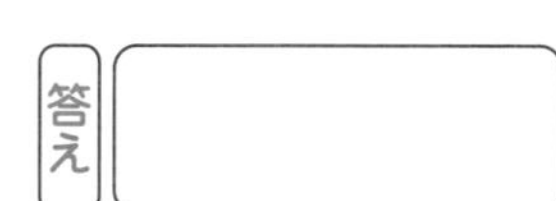

答え

テスト 36 最レベ 最高レベルにチャレンジ!! ⑨ 長さ（1）（cmと mm）

じかん 10ぷん ごうかくてん 50てん てん

● 下の 長方形の カードを すきまなく 3まい ならべて、四角形を 作ります。3まいで できた 四角形の まわりの 長さを 考えます。

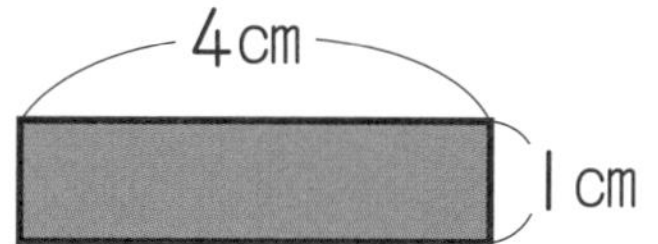

❶ まわりの 長さが いちばん 長い 四角形の まわりの 長さを もとめなさい。 （50点）

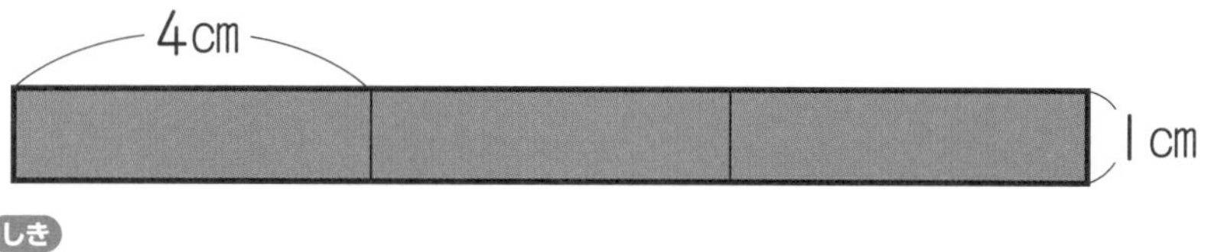

しき

答え

❷ まわりの 長さが いちばん みじかい 四角形の まわりの 長さを もとめなさい。 （50点）

しき

答え

テスト37 標準レベル1 ⑩ 長さ(2)（mと cm）

1 まことさんは 先生から つぎのように ならいました。それを 読んで、→の 長さを 書きなさい。（1つ10点・40点）

1mは、100cmですね。だから、1mを 10こに 分けた 1つ分は 10cmです。5つ分の 目もりの ところが 50cmです。

❶

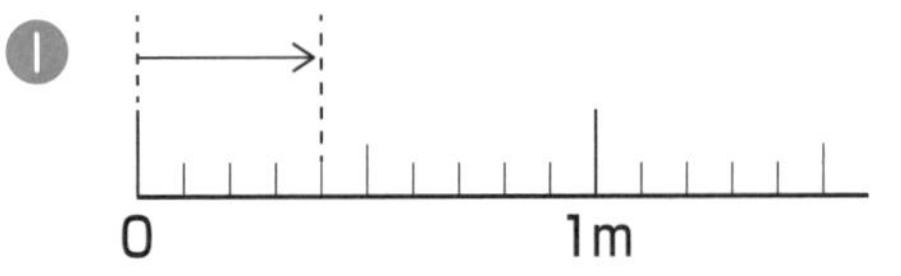

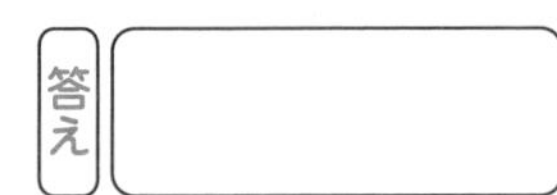

❷

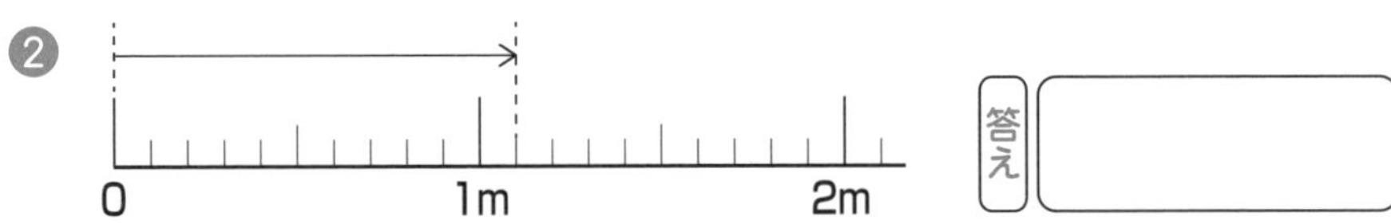

❸

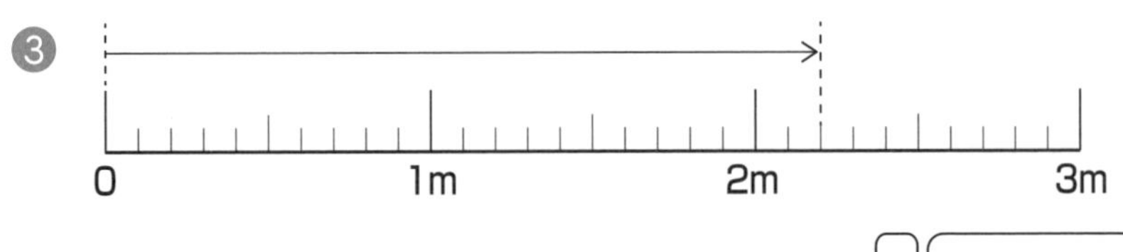

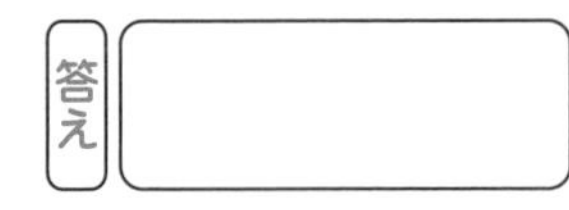

❹

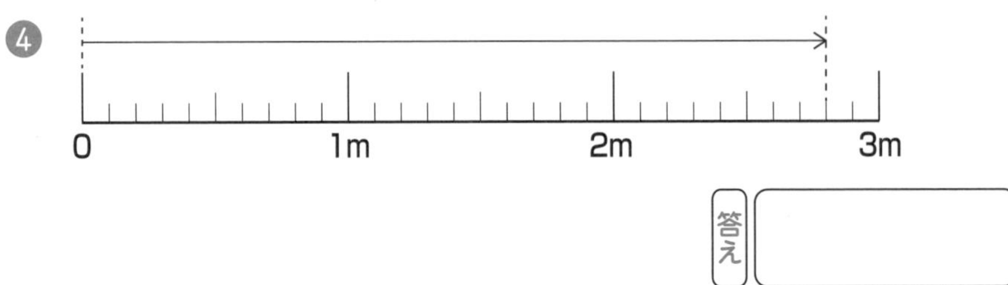

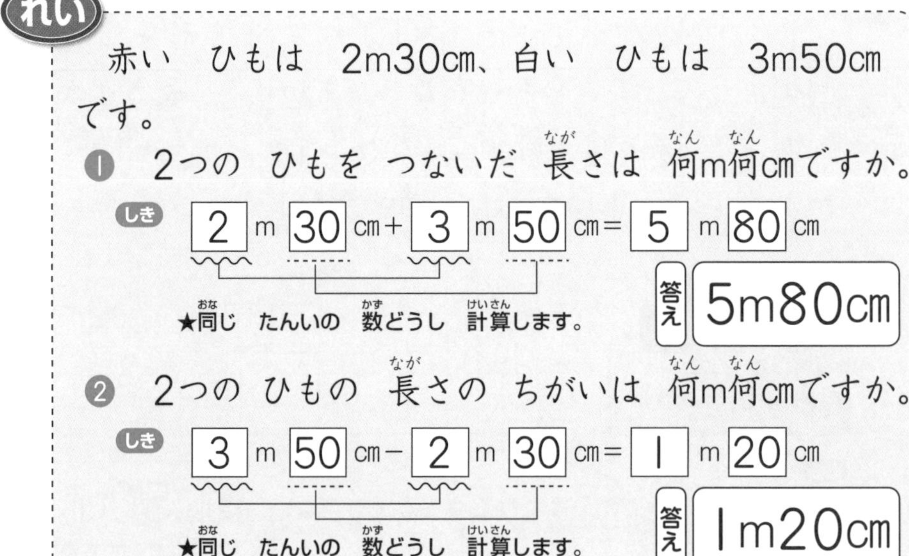

れい 赤い ひもは 2m30cm、白い ひもは 3m50cmです。

❶ 2つの ひもを つないだ 長さは 何m何cmですか。

しき 2 m 30 cm＋ 3 m 50 cm＝ 5 m 80 cm

★同じ たんいの 数どうし 計算します。

答え 5m80cm

❷ 2つの ひもの 長さの ちがいは 何m何cmですか。

しき 3 m 50 cm－ 2 m 30 cm＝ 1 m 20 cm

★同じ たんいの 数どうし 計算します。

答え 1m20cm

2 ピンクの テープは 5m70cm、青い テープは 3m20cmです。

❶ 2つの テープを つないだ 長さは 何m何cmですか。

しき （20点） 答え

❷ 2つの テープの 長さの ちがいは 何m何cmですか。

しき （20点） 答え

3 1mの ひもが あります。この ひもから 30cmの ひもを 切りとりました。のこりの 長さは 何cmですか。

しき 1m＝□cm だから （20点）

答え

テスト38 標準レベル2 ⑩ 長さ(2)（mと cm）

じかん 10ぷん　ごうかくてん 75てん　てん

れい

50cmの ぼうを 3本 つなぎました。長さは 何m何cmですか。

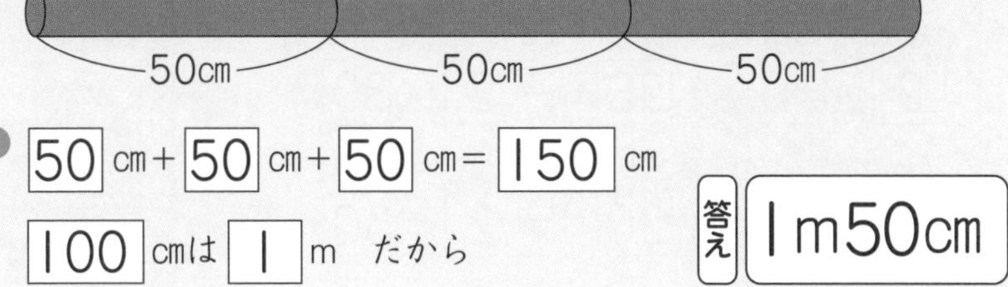

しき 50 cm＋50 cm＋50 cm＝150 cm
100 cmは 1 m だから

答え 1m50cm

1 30cmの ぼうを 4本 つなぎました。長さは 何m何cmですか。（25点）

しき

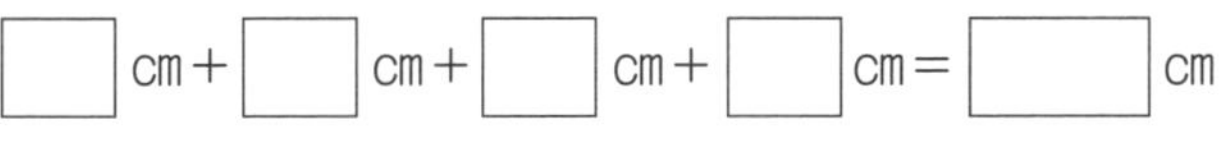

□cm＋□cm＋□cm＋□cm＝□cm
□cm＝□m□cm

答え

2 20cmの テープと 30cmの テープと 40cmの テープと 50cmの テープを 1本ずつ つなぐと、長さは 何m何cmに なりますか。（25点）

しき

答え

れい

赤い テープの 長さは 2m10cm、白い テープは 3m20cm、青い テープは 4m60cmです。
つぎの もんだいに 答えなさい。

❶ 赤い テープと 青いテープの 長さの ちがいは 何m何cmですか。

しき 4 m 60 cm－2 m 10 cm
＝2 m 50 cm

答え 2m50cm

❷ 赤、白、青の 3本の テープを つなぐと、何m何cmに なりますか。

しき 2 m 10 cm＋3 m 20 cm＋4 m 60 cm
＝9 m 90 cm

答え 9m90cm

3 ピンクの ぼうの 長さは 1m20cm、茶色の ぼうは 5m40cm、黄色の ぼうは 2m10cmです。
つぎの もんだいに 答えなさい。

❶ 茶色の ぼうと 黄色の ぼうの 長さの ちがいは 何m何cmですか。（25点）

しき

答え

❷ ピンク、茶色、黄色の 3本の ぼうを つなぐと 何m何cmに なりますか。（25点）

しき

答え

テスト 39 ハイレベ ハイレベル

⑩ 長さ(2)（mと cm）

じかん 15ふん　ごうかくてん 70てん　　てん

れい

花子さんは　2人の　妹に　70cmずつ　リボンを　あげたので、のこりが　80cmに　なりました。はじめに　リボンは　何m何cm　ありましたか。

しき

あげた　リボンの　長さは

70 cm＋ 70 cm＝ 140 cm

のこりの　リボンを　たすと

140 cm＋ 80 cm＝ 220 cm

100cm＝ 1 mだから

220 cm＝ 2m20cm

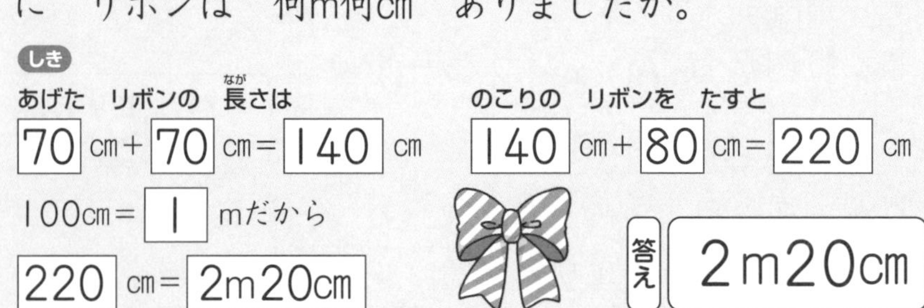

答え　2m20cm

1　はじめさんは　3人の　友だちに　60cmずつ　テープを　あげたので、のこりが　90cmに　なりました。はじめに　テープは　何m何cm　ありましたか。（25点）

しき

答え

2　ももかさんは　なわとびを　するために、自分の　なわを　切って　弟には　1m30cm、妹には　1m10cmの　なわを　あげたので、のこりが　1m50cmに　なりました。はじめ　ももかさんの　なわは　何m何cm　ありましたか。（25点）

しき

答え

れい

赤の　テープ、青の　テープ、黄色の　テープの　じゅんに　長さが　20cmずつ　長い　そうです。いちばん　みじかい　赤の　テープは　2m10cmです。では，3本の　テープの　長さを　あわせると　何m何cmに　なりますか。

しき

青の　テープの　長さは

2 m 10 cm＋ 20 cm＝ 2 m 30 cm

黄色の　テープの　長さは

2 m 30 cm＋ 20 cm＝ 2 m 50 cm

赤

青

黄色

20cmずつ　長くなる

あわせると

2 m 10 cm＋ 2 m 30 cm＋ 2 m 50 cm＝ 6 m 90 cm

答え　6m90cm

3　ピンクの　リボン、白の　リボン、茶色の　リボンの　じゅんに　長さが　10cmずつ　みじかい　そうです。いちばん　みじかい　茶色の　リボンは　1m20cmです。では、3本の　リボンの　長さを　あわせると　何m何cmに　なりますか。（25点）

しき

白の　リボンの　長さは

ピンクの　リボンの　長さは

あわせると

答え

れい

赤の　テープと　白の　テープと　青の　テープを　つなぐと　12mです。白の　テープと　青の　テープを　つなぐと　6mです。白の　テープは　赤の　テープより　2m　みじかいです。青の　テープの　長さは　何mですか。

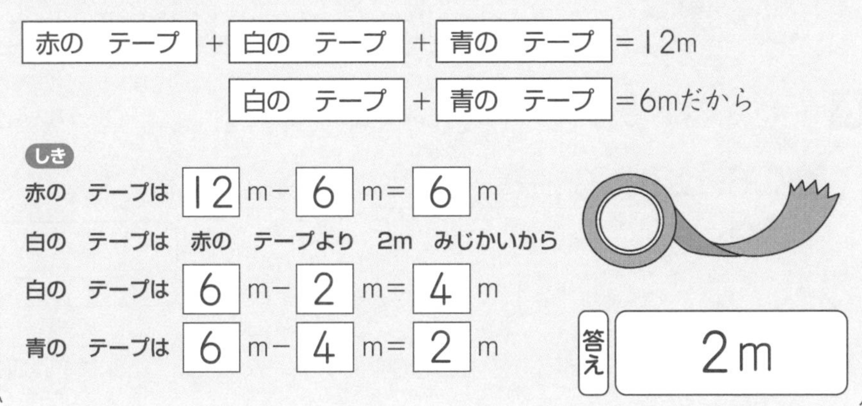

赤の　テープ ＋ 白の　テープ ＋ 青の　テープ ＝12m

白の　テープ ＋ 青の　テープ ＝6mだから

しき

赤の　テープは　12 m－ 6 m＝ 6 m

白の　テープは　赤の　テープより　2m　みじかいから

白の　テープは　6 m－ 2 m＝ 4 m

青の　テープは　6 m－ 4 m＝ 2 m

答え　2m

4　ピンクの　リボンと　白の　リボンと　赤の　リボンを　つなぐと　90cmです。白の　リボンと　赤の　リボンを　つなぐと　40cmです。　白の　リボンは、ピンクの　リボンより　20cm　みじかいです。赤の　リボンの　長さは　何cmですか。　(25点)

しき

答え

テスト40　最高レベルにチャレンジ!!

⑩ 長さ (2) (cmと　mm)

じかん 10ぷん　ごうかくてん 50てん　てん

れい

ある　長さの　ひもを　同じ　長さに　なるように　4回　切ると、ちょうど　切り分けられました。1本の　長さは　70cmでした。はじめの　ひもの　長さは　何m何cm　ありましたか。

ず

4＋1＝5(4回　切ると　ひもは　5本に　なります。)

しき　70＋70＋70＋70＋70＝350

350cm＝3m50cm

答え　3m50cm

1　ある　長さの　テープを　同じ　長さに　なるように　5回　切ると、ちょうど　切り分けられました。1本の　長さは　90cmでした。はじめの　テープの　長さは、何m何cm　ありましたか。　(50点)

しき

答え

2　ある　長さの　リボンを　同じ　長さに　なるように　7回　切ると、ちょうど　切り分けられました。1本の　長さは　40cmでした。はじめの　リボンの　長さは、何m何cm　ありましたか。　(50点)

しき

答え

リビューテスト 2-①
(ふくしゅうテスト)

1 赤い 色紙が 278まい、青い 色紙は 119まい あります。合わせて 何まい ありますか。 (10点)

しき

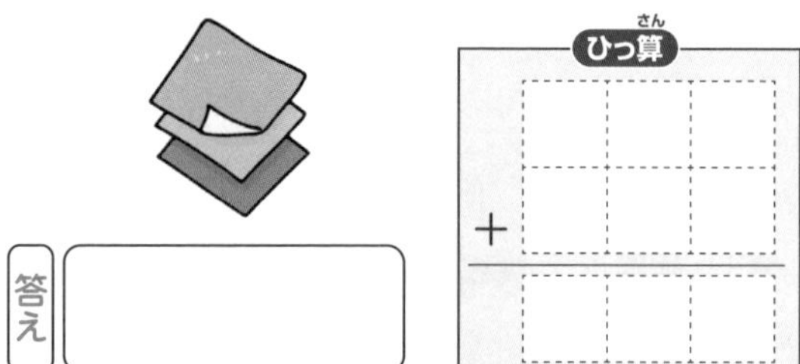

答え

2 わたしの おはじきは 314こで、妹の おはじきは 237こです。ちがいは 何こですか。 (10点)

しき

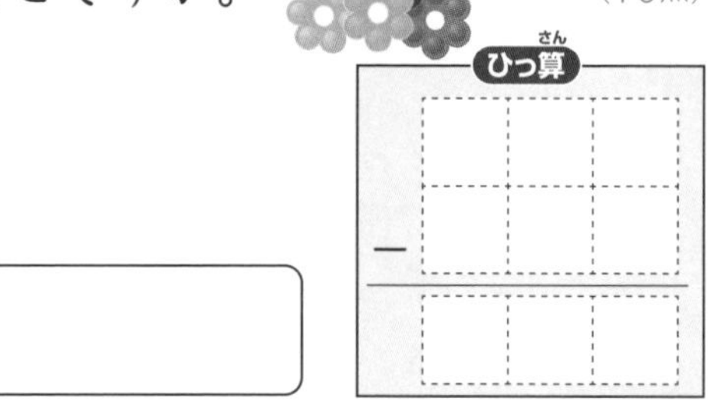

答え

3 高さが 7cm5mmの つみ木に 高さ 4cmの つみ木を のせると、高さは 何cm何mmに なりますか。 (10点)

しき

4 長さが 8cm7mmの ひもと 5cm5mmの ひもの 長さは、何cm何mmちがいますか。 (10点)

しき

5 女の子は 125人で、男の子は それより 18人 少ない そうです。みんなで 何人 いますか。 (20点)

しき

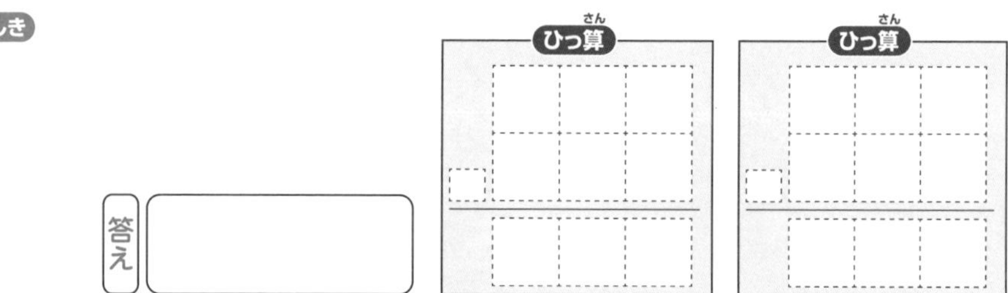

6 つぎの もんだいに 答えましょう。 (1つ10点・20点)

❶ 5mより 3m長い 長さは 何mですか。

しき

❷ 7m30cmより 2m50cm長い 長さは 何m何cmですか。

しき

答え

7 つぎの もんだいに 答えましょう。 (1つ5点・20点)

❶ 700は あと □ で、1000です。

❷ 1000より 400 小さい 数は、□ です。

❸ 1000より 1小さい 数は、□ です。

❹ 10を □ こ あつめると 1000です。

1 □に あてはまる 数を 書きなさい。(1つ10点・40点)

① 500より 1 小さい 数は、□です。

② 150より 500 大きい 数は、□です。

③ 1000より □ 小さい 数は、900です。

④ 100が 9こと 1が 8こで □です。

2 さいふに 百円玉が 3まいと、十円玉が 12まいと、5円玉が 9まいと、一円玉が 16まい あります。(1つ10点・20点)

① 十円玉が 12まいで いくらですか。

答え □

② さいふの 中には、ぜんぶで いくら ありますか。

しき

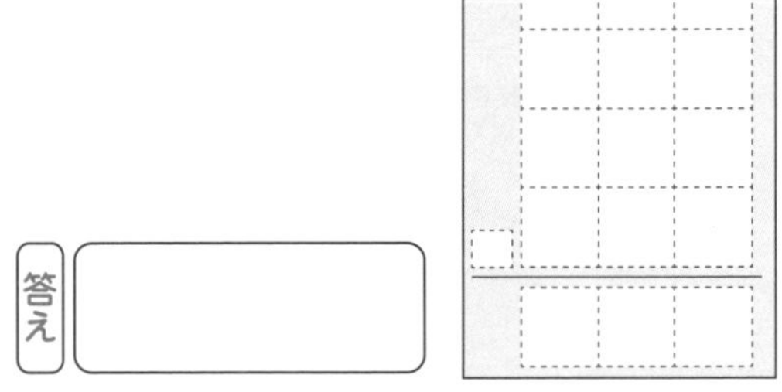

3 赤い リボンの 長さは 7cm5mm、白い リボンの 長さは 4cm3mmです。(1つ10点・20点)

① 2つの リボンの 長さを 合わせると 何cm何mmですか。

しき

答え □

② 2つの リボンの 長さの ちがいは、何cm何mmですか。

しき

答え □

4 ゆずるさんの せの 高さは 1m25cmです。お母さんは ゆずるさんより 34cm 高い そうです。お母さんの せの 高さは 何cm何mmですか。(10点)

しき

答え □

5 画用紙が 320まい あります。2人の 子どもたちに 29まいずつ くばります。何まい のこりますか。(10点)

しき

答え □

テスト 41 標準 レベル 1

⑪ かけ算（1）

2のだん〜5のだん

1 □に 数を 書きなさい。（1つ10点・50点）

❶ 5×4の 答えは、5＋5＋5＋5で □です。

❷ 3×5の 答えは、3＋3＋3＋3＋3で □です。

❸ 2×4の しきの 2を 「かけられる 数」といい、□を 「かける 数」と いいます。

❹ 3の だんの 九九では、かける数が 1ずつ ふえると 答えは □ずつ ふえます。

❺ 4の だんの 九九の 答えは、じゅんに □の だんの 九九の 答えの 2ばいに なっています。

2 『5の だんの 九九』の 答えに ○を つけなさい。（10点）

れい 1つの 花びんに 花が 5本ずつ 入って います。花びんが 6つ あると、花は 何本 ありますか。

花びんの 花の 数 × 花びんの 数

しき 5 × 6 ＝ 30　　答え 30本

3 1日に 2こずつ おりづるを 作ります。1週間では おりづるが 何こ できますか。（10点）

しき

答え

4 ふくろの 中に おはじきが 30こ あります。

❶ おはじきを ひとりに 3こずつ 8人に くばります。おはじきは ぜんぶで 何こ いりますか。（10点）

しき

答え

❷ おはじきを ひとりに 4こずつ 3人に くばります。おはじきは ぜんぶで 何こ いりますか。（10点）

しき

答え

❸ おはじきを ひとりに 5こずつ 9人に くばります。おはじきは 何こ たりませんか。（10点）

しき

答え

テスト42　標準レベル2　⑪ かけ算（1）
2のだん〜5のだん

じかん 10ぷん　ごうかくてん 80てん　　てん

1 1こ　5円の　あめを　9こ　買える　お金を　もって　います。（1つ10点・20点）

❶ 1こ　5円の　あめを　4こ　買うと、いくら　お金を　はらいますか。

しき

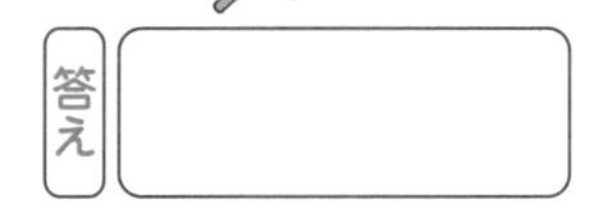

答え

❷ 1こ　4円の　あめを　9こ　買うと、お金は　いくら　あまりますか。

しき

答え

2 ひろきさんは、きのう　買った　本を　はじめから　毎日　4ページずつ　読んで　いきます。（1つ10点・20点）

❶ 8日間で　何ページ　読む　ことに　なりますか。

しき

答え

❷ 9日目は　何ページ目から　読む　ことに　なりますか。

しき

答え

3 よう子さんは　毎日、算数の　プリントを　3ページずつ　します。9日目は、何ページ目から　プリントを　しますか。

しき　（15点）　答え

4 さなえさんの　クラスには　はんが　7つ　あって、どの　はんも　4人ずつです。クラスの　人数は　みんなで　何人ですか。（15点）

しき　答え

5 ひろみさんは　毎日、かん字の　プリントを　3まいずつ　します。あすかさんは、ひろみさんより　毎日　2まいずつ　多く　します。（1つ10点・30点）

❶ ひろみさんは　5日間で　何まい　プリントを　しますか。

しき　答え

❷ あすかさんは　8日間で　何まい　プリントを　しますか。

しき　答え

❸ 9日間では　あすかさんの　した　プリントの　まい数は、ひろみさんの　した　まい数より　何まい　多いですか。

しき

ひっ算

答え

テスト 43 ハイレベル

⑪ かけ算（1）

2のだん～5のだん

じかん 15ふん ごうかくてん 70てん　てん

1 ひろしさんの　さいふの　中には、5円玉が　6まいと　10円玉が　2まい、あきこさんの　さいふの　中には、5円玉が　8まいと　1円玉が　6まい　入って　います。

❶ ひろしさんの　さいふには　いくら　入って　いますか。 （10点）

しき

答え

❷ あきこさんの　さいふには　いくら　入って　いますか。 （10点）

しき

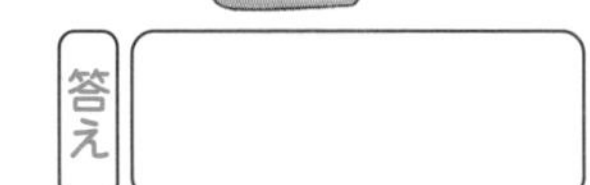

答え

❸ 2人　合わせて　いくら　ありますか。 （10点）

しき

答え

2 赤組と　白組で　玉入れを　しました。赤組は　4こ入り、白組は　赤組の　3ばいよりも　3こ　多く　入りました。白組は　何こ　入りましたか。 （10点）

しき

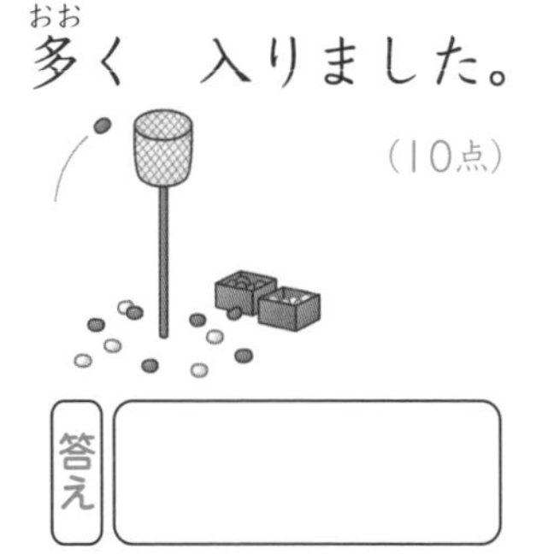

答え

れい 1本の　ひもから　5cmの　ひもを　7本　切りとると、ひもは　2cm　あまりました。はじめの　ひもの　長さは、何cm　ありましたか。

しき

5cmの　ひも　7本の　長さ

5 × 7 = 35

2cmあまった

35 + 2 = 37

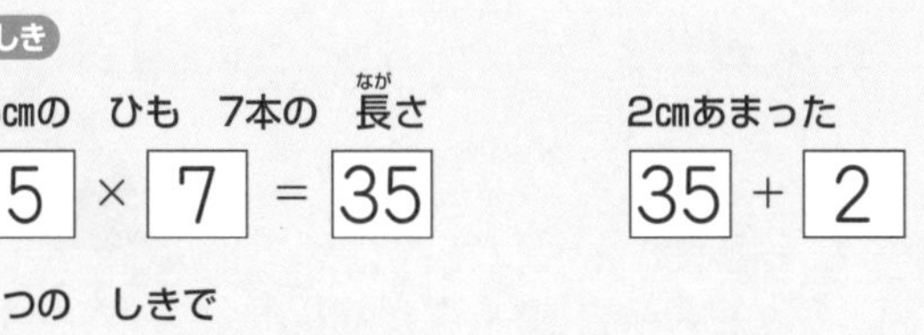

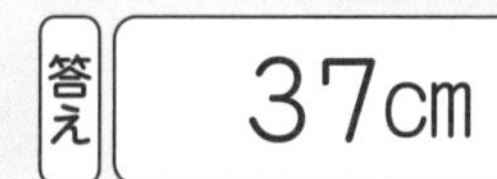

1つの　しきで

5 × 7 + 2 = 37

答え 37cm

★かけ算と　たし算では　かけ算を　先に　します。

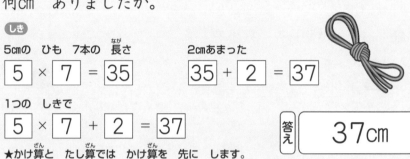

3 1まい　4円の　色紙を　7まい　買うと、2円　のこりました。はじめに　お金を　何円　もって　いましたか。 （20点）

しき

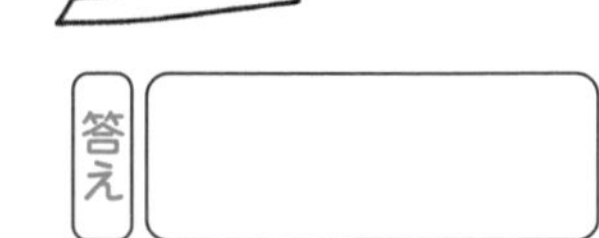

答え

4 あめを　1人に　3こずつ　8人に　くばろうと　しましたが、8人目の　人には　2こしか　くばれませんでした。はじめ　あめは　何こ　ありましたか。 （20点）

しき

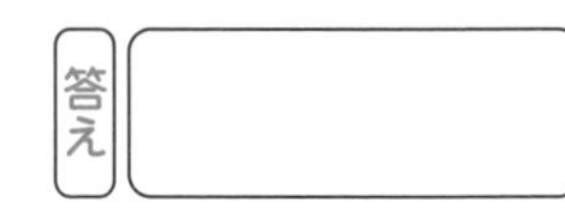

答え

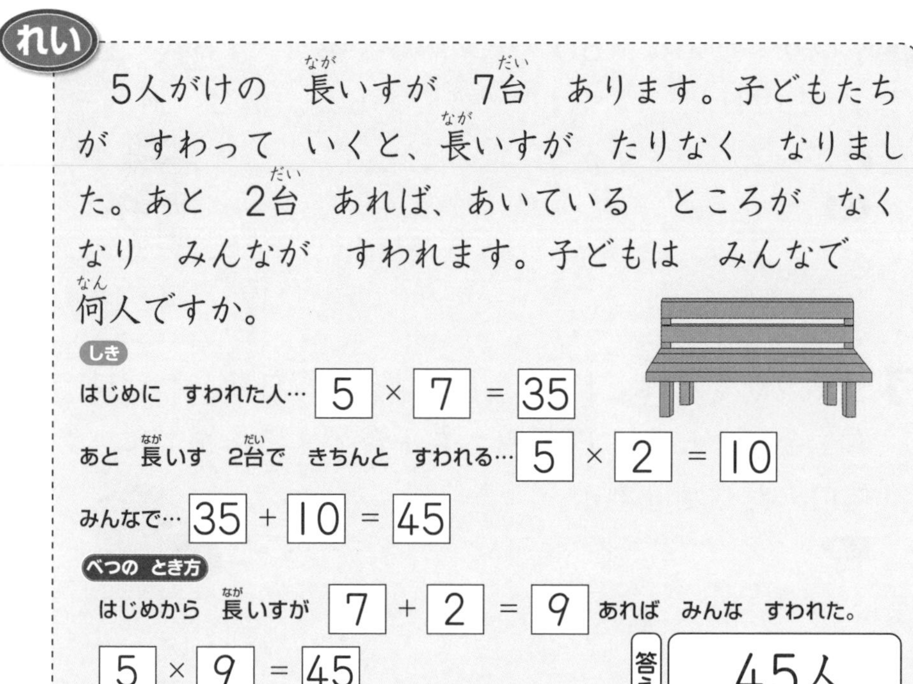

れい

5人がけの　長いすが　7台　あります。子どもたちが　すわって　いくと、長いすが　たりなく　なりました。あと　2台　あれば、あいている　ところが　なくなり　みんなが　すわれます。子どもは　みんなで　何人ですか。

しき

はじめに　すわれた人…5 × 7 ＝ 35

あと　長いす　2台で　きちんと　すわれる…5 × 2 ＝ 10

みんなで…35 ＋ 10 ＝ 45

べつの　とき方

はじめから　長いすが　7 ＋ 2 ＝ 9　あれば　みんな　すわれた。

5 × 9 ＝ 45

答え　45人

5　はこが　3こ　あります。1この　はこに　パンを　4こずつ　入れて　いくと、はこが　たりなく　なりました。はこが　あと　2こ　あれば、どの　はこも　パンが　4こずつ　入ります。パンは　ぜんぶで　何こ　ありましたか。（20点）

しき

答え

⑪ かけ算(1)　2のだん～5のだん

じかん 10ぷん　ごうかくてん 60てん　てん

1　○●●○●○●●○●○●●○●○……と　いうように、ある　きそくを　9回　くりかえして、白と　黒の　ご石が　ならんで　います。

❶　ご石は、ぜんぶで　何こ　ならんで　いますか。（20点）

しき

答え

❷　白の　ご石は、ぜんぶで　何こ　ならんで　いますか。（20点）

しき

答え

❸　白と　黒の　ご石の　数は、ぜんぶで　何こ　ちがいますか。（20点）

しき

答え

2　たろうさんの　クラスは、今日　5人　休んで　います。今日　学校に　きて　いる　人が　4人がけの　いすに　じゅんに　すわって　いくと、おしまいの　8きゃく目の　いすには　2人　すわりました。たろうさんの　クラスは　みんなで　何人　いますか。（40点）

しき

答え

テスト45 標準 レベル1 ⑫ かけ算(2) 6のだん～9のだん

じかん 10ぷん　ごうかくてん 80てん　　てん

れい

1はこに　6こずつ　ケーキを　入れます。4はこで　ちょうど　入りました。ケーキは　何こ　ありましたか。

1はこの　ケーキの　数 × はこの　数

しき

6 × 4 = 24

答え 24こ

1　子どもが　8人　います。1人に　7こずつ　おはじきを　くばります。おはじきは　何こ　いりますか。　(10点)

しき

答え

2　みかんが　9こずつ　入った　ふくろが　7つ　あります。みかんは　ぜんぶで　何こ　ありますか。　(10点)

しき

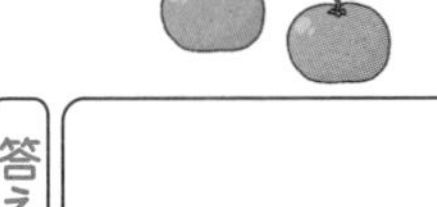

答え

3　1週間は　7日です。6週間は　何日ありますか。

しき　(10点)

答え

4　ゆうこさんは、80ページある　本を　1日に　2ページずつ、7日間　つづけて　読みました。あと　何ページ　のこって　いますか。　(15点)

しき

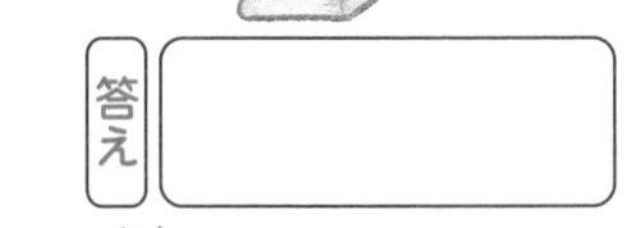

答え

5　たつやくんは、1日に　5円ずつ、7日間　つづけて　ちょ金しました。100円　ちょ金できる　までに　あと　何円　たりませんか。　(15点)

しき

答え

6　いちごが　8こずつ　入っている　はこが　9はこ　あります。2はこ　食べると、いちごは　あと　何こ　のこりますか。　(20点)

しき

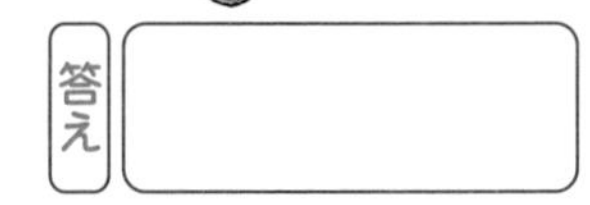

答え

7　あめを　1人に　9こずつ　8人に　くばろうと　しましたが、8人目の　人には　6こしか　くばれませんでした。あめは　ぜんぶで　何こ　ありましたか。　(20点)

しき

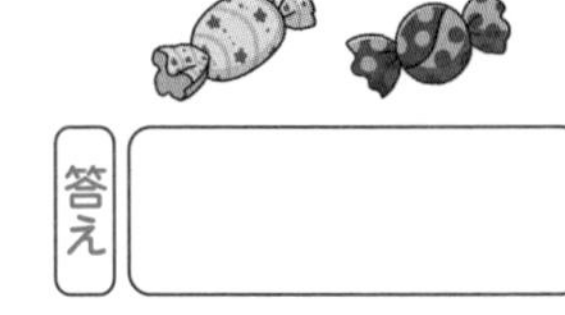

答え

テスト46 標準レベル2

⑫ かけ算 (2)
6のだん～9のだん

れい

6人がけの 長いすと 8人がけの 長いすが あります。

❶ 6人がけの 長いすが 3台 あります。ぜんぶで 何人 すわれますか。

1台に すわれる 数 × 長いすの 数

しき 6 × 3 = 18

答え 18人

❷ 6人がけの 長いすが 6台と 8人がけの 長いすが 4台 あります。ぜんぶで 何人 すわれますか。

しき 6人がけの 長いす… 6 × 6 = 36

8人がけの 長いす… 8 × 4 = 32

ぜんぶで… 36 + 32 = 68

答え 68人

1 おかしやさんで あめは 1こ 6円で、チョコレートは 1こ 8円で 売って います。

❶ あめを 5こ かうと、何円に なりますか。 (20点)

しき

答え

❷ あめを 7こと チョコレートを 5こ かうと、何円に なりますか。 (20点)

しき

答え

れい

1まい 6円の 色紙を 7まいと、1まい 9円の シールを 3まい 買って、100円 はらいました。おつりは いくらですか。

しき 色紙に つかった お金…… 6 × 7 = 42

シールに つかった お金… 9 × 3 = 27

ぜんぶで… 42 + 27 = 69

おつりは… 100 − 69 = 31

答え 31円

ひっ算

	4	2
+	2	7
	6	9

ひっ算

1	0	0
−	6	9
	3	1

2 1まい 8円の 色紙を 6まいと、300円の ふでばこを 買って、500円 はらいました。おつりは いくらですか。 (20点)

しき

答え

ひっ算

3 90人の 子どもが、8人がけの 長いす 7台と、9人がけの 長いす 3台に すわります。

❶ いすに すわれた 子どもは 何人ですか。 (20点)

しき

答え

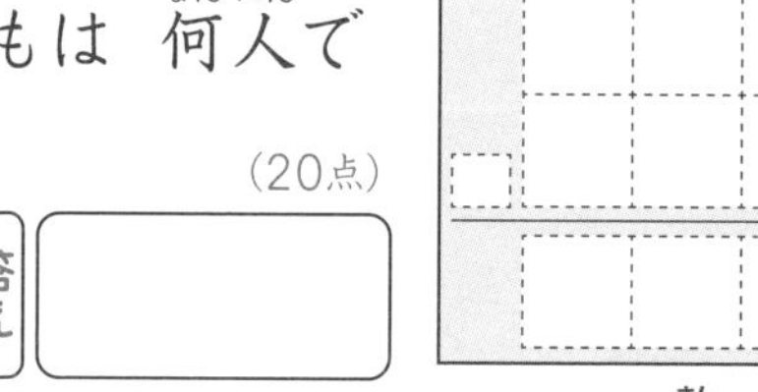

ひっ算

❷ いすに すわれなかった 子どもは 何人ですか。 (20点)

しき

答え

ひっ算

テスト 47 ハイレベ ハイレベル

⑫ かけ算（2）6のだん〜9のだん

じかん 15ふん　ごうかくてん 70てん　てん

1 ボールを まとに 当てる ゲームを しました。たかしくんは 6点の ところに 4回、8点の ところに 2回 当たりました。たかしくんは 何点 とりましたか。(10点)

しき

答え

2 りんごが 100こ あります。7人の 友だちに 9こずつ くばると 何こ あまりますか。(10点)

しき

答え

3 1はこに ボールペンが 6本 入った はこが 9はこと、1はこに 色えんぴつが 9本 入った はこが 5はこ あります。(1つ10点・20点)

① ボールペンと 色えんぴつは、合わせて 何本 ありますか。

しき

答え

② ボールペンと 色えんぴつでは、どちらの 方が 何本 多いですか。

しき

答え（　　　　）の 方が（　　）本 多い

4 ■の 数が 答えに なる かけ算の 九九の しきを （ ）の 数だけ 書きなさい。(1つ5点・25点)

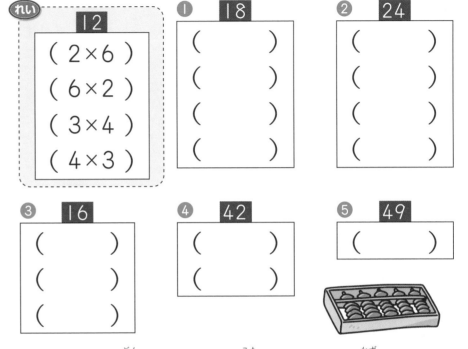

れい 12
(2×6)
(6×2)
(3×4)
(4×3)

① 18
(　　)
(　　)
(　　)
(　　)

② 24
(　　)
(　　)
(　　)
(　　)

③ 16
(　　)
(　　)
(　　)

④ 42
(　　)
(　　)

⑤ 49
(　　)

5 下の かけ算の 九九の 答えで、かける数と かけられる数が 同じ ものを 3つ 見つけて、○を つけて その しきを 書きなさい。(15点)

21	18	42	48	81	28
32	36	24	56	49	54

答え

6 こうじくんは 1こ 6円の あめを 8こと、1この ねだんが あめよりも 3円 高い チョコレートを 4こ 買いました。ぜんぶで いくらでしたか。(10点)

しき

ひっ算

答え

れい

シールを 1人 7まいずつ 8人の 友だちに くばりました。まだ 1人に 3まいずつ くばれるだけの シールが のこって います。はじめに シールは 何まい ありましたか。

しき

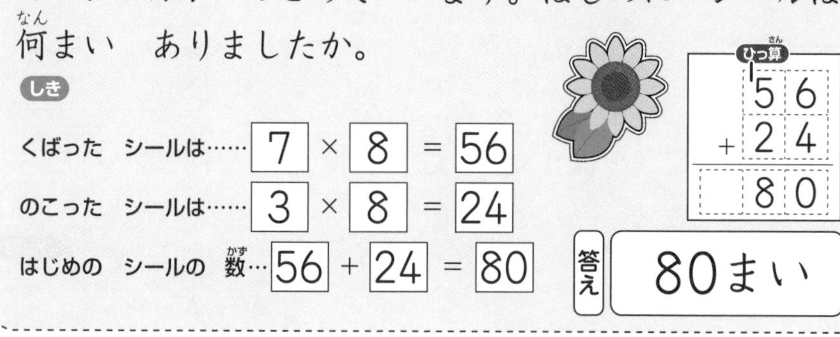

くばった シールは…… 7 × 8 = 56

のこった シールは…… 3 × 8 = 24

はじめの シールの 数… 56 + 24 = 80

ひっ算

	5	6
+	2	4
	8	0

答え 80まい

7 あめを 1人に 6こずつ 9人の 友だちに くばりました。まだ 1人に 2こずつ くばるだけの あめが のこって います。はじめに あめは 何こ ありましたか。(10点)

しき

ひっ算

答え

テスト48 最レベ 最高レベルにチャレンジ!! ⑫ かけ算(2) 6のだん〜9のだん

じかん 10ぷん　ごうかくてん 60てん　てん

ひごを ならべて 形を 作ります。

1 下のように 同じ 形を 3つ 作ります。ひごは 何本 いりますか。(30点)

しき

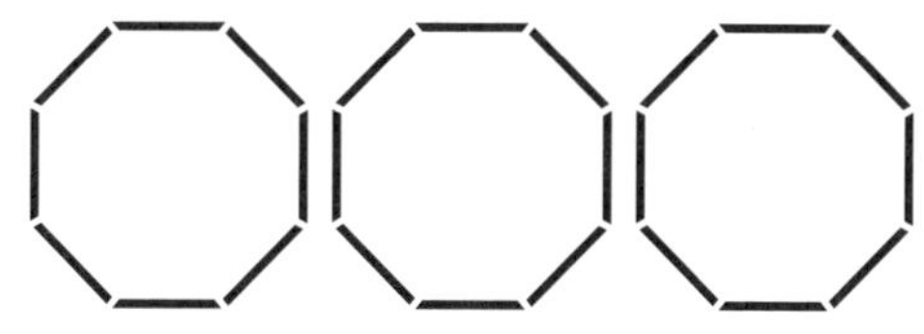

答え

2 下のように 3つ つないだ 形を 作ります。ひごは 何本 いりますか。(30点)

しき

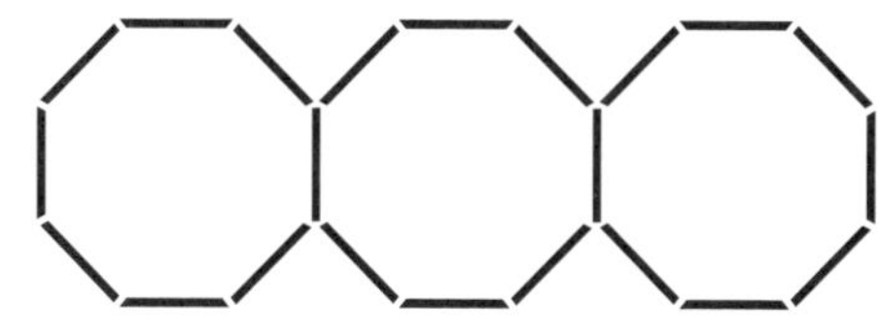

答え

3 上と 同じように つないで、9つ つないだ 形を 作ります。ひごは 何本 いりますか。(40点)

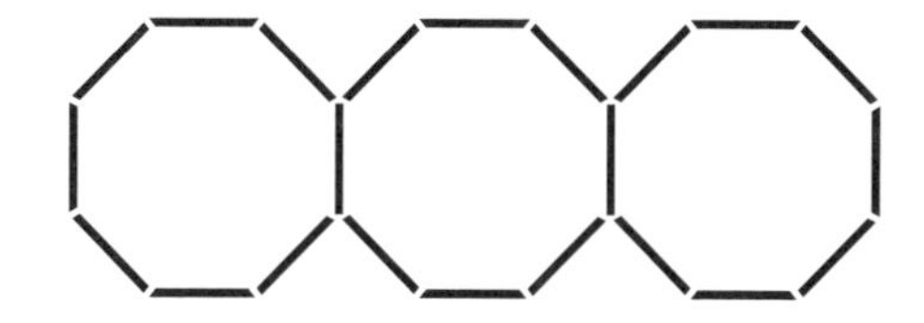

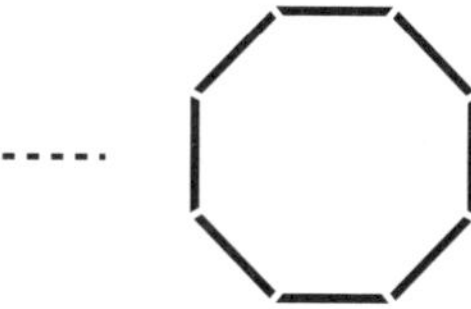

しき

答え

テスト49 標準 レベル1 ⑬ かけ算（3）

じかん 10ぷん　ごうかくてん 80てん　てん

1 6人の　子どもに　あめを　5こずつ　くばります。あめは　ぜんぶで　何こ　いりますか。（15点）

しき

答え

2 7人の　子どもに　かきを　5こずつ　くばろうと　すると、4こ　たりませんでした。かきは　ぜんぶで　何こ　ありますか。（15点）

しき

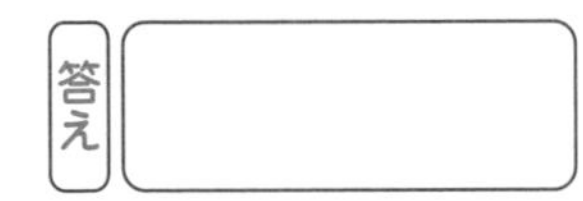

答え

3 ゆきえさんは　1日に　8こずつ　おりづるを　おります。

❶ ゆきえさんは　5日間で　何こ　おりますか。（10点）

しき

答え

❷ ゆきえさんは　1週間と　2日で　何こ　おりますか。（10点）

しき

答え

4 5本の　ポプラの　木が、1れつに　立って　います。ポプラの　木と　ポプラの　木の　間に、7本ずつ　さくらの　木を　うえて　いくと、さくらの　木を　何本　うえる　ことに　なりますか。（20点）

しき

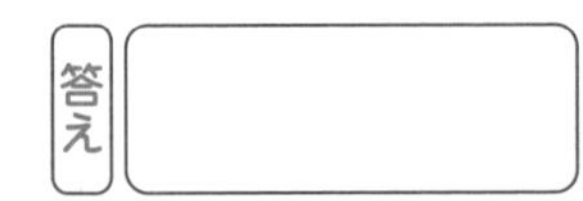

答え

5 石けんが　4こずつ　入って　いる　はこが、9はこ　あります。

❶ 石けんは　ぜんぶで　何こ　ありますか。（10点）

しき

答え

❷ 6はこ　つかいました。石けんは　何こ　のこって　いますか。（10点）

しき

答え

❸ その後、2はこと　2こ　つかいました。石けんは　何こ　のこって　いますか。（10点）

しき

答え

テスト 50 標準 レベル2

⑬ かけ算（3）

じかん 10ぷん　ごうかくてん 80てん　　てん

1　4×7の　答えは、4×5の　答えよりも　いくつ　多いですか。（10点）

しき

答え

2　6×8の　答えは、6×5の　答えよりも　いくつ　多いですか。（10点）

しき

答え

3　お店に　1こ　8円の　ガムと　1こ　6円の　あめを　売って　いる　お店が　あります。

❶　ガムを　3こと、あめを　5こ　買うと、何円に　なりますか。（10点）

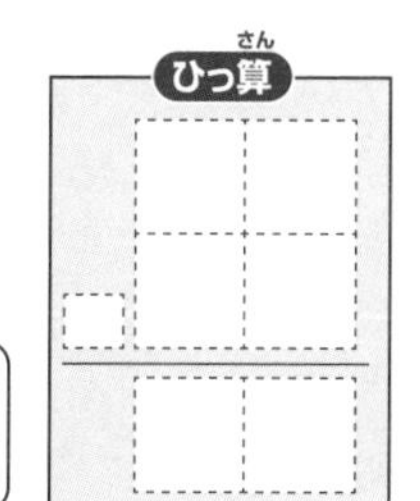

ひっ算

答え

❷　ガムを　8こと、あめを　9こ　買うと、何円に　なりますか。（10点）

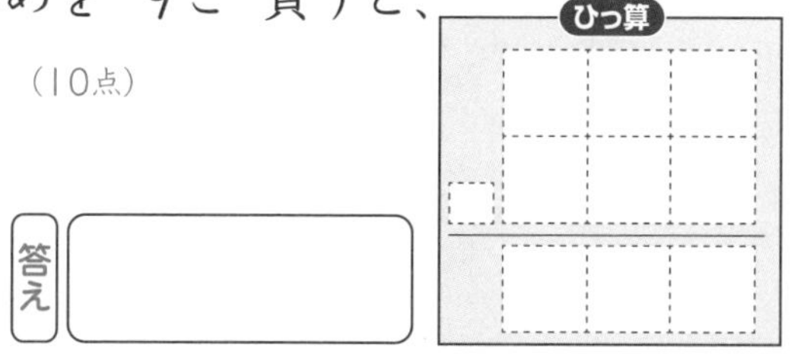

ひっ算

答え

4　つぎの　形の　まわりの　長さを　もとめなさい。

❶　1辺が　3cmの　正方形の　まわりの　長さ（15点）

しき

答え

❷　たてが　3cm、よこが　たての　2ばいの　長さの　長方形の　まわりの　長さ（15点）

しき

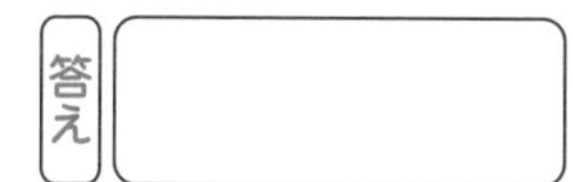

答え

5　ご石を　1つの　辺に　6こずつ　ならべて、中まで　つまった　正方形を　作りました。

❶　ご石は　ぜんぶで　何こ　ならびましたか。（15点）

しき

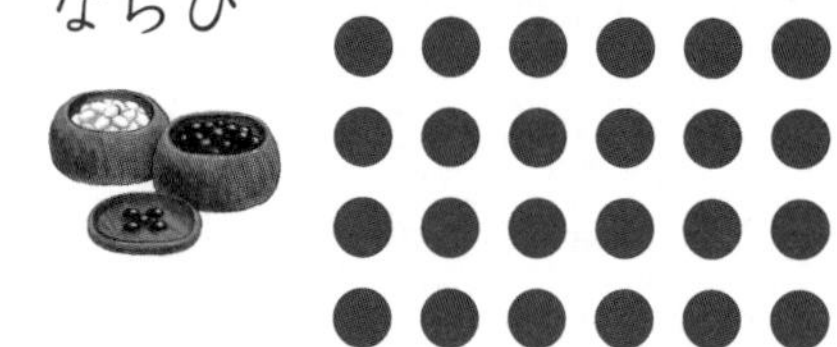

答え

❷　いちばん　外がわの　まわりに　ならんだ　ご石は、何こ　ありますか。（15点）

しき

答え

テスト51 ハイレベル ⑬ かけ算 (3)

じかん 15ふん　ごうかくてん 70てん　てん

れい 1mの リボンから 8cmの リボンを 4本と、9cmの リボンを 6本 切りました。何cm のこって いますか。

しき 8cmの リボンを 4本　8 × 4 = 32 cm

9cmの リボンを 6本　9 × 6 = 54 cm

あわせて　32 + 54 = 86 cm

のこりは 1m= 100 cmだから

100 − 86 = 14 cm

(100−8×4−9×6=14)

ひっ算

	3	2
+	5	4
	8	6

ひっ算

1	0	0
−	8	6
	1	4

答え 14cm

1 1mの リボンから 6cmの リボンを 8本と、7cmの リボンを 5本 切りました。何cm のこって いますか。(10点)

しき

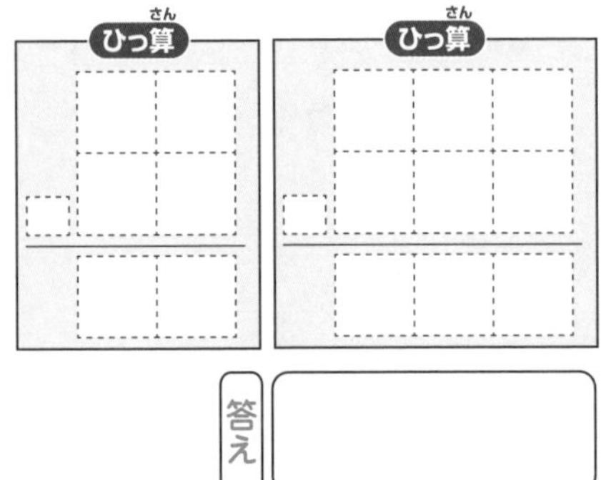

答え

2 5本の さくらの 木を、9m おきに よこ 1れつに 1本ずつ うえました。さくらの 木の はしから はしまでは 何m ありますか。(さくらの 木の はばは 考えません。)(15点)

しき

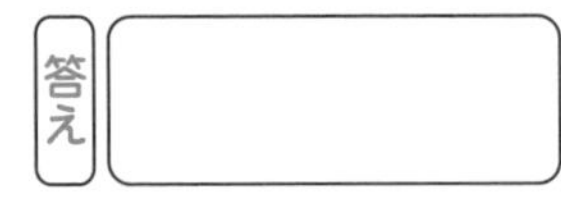

3 よこが 6cmの 名ふだ 8まいを いたに はりました。名ふだと 名ふだの 間と、名ふだと いたの はしの 間は 2cmずつに なりました。この いたの よこの 長さは、何cmですか。(15点)

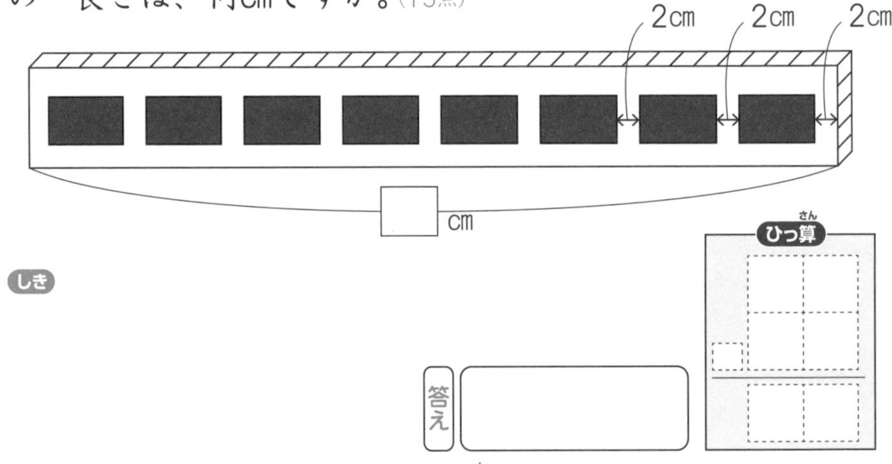

しき

答え

4 43円の キャンディーを 買うのに 9まいの 5円玉で はらいました。おつりは 何円ですか。(15点)

しき

5 まさおさんは 8円の 画用紙を 3まいと、50円の えんぴつを 2本 買うと、さいふの 中に 100円 のこりました。 まさおさんが はじめに もって いたお金は いくらですか。(15点)

しき

6 同じ　長さの　竹ひごを　たくさん　つかって、下のように　形を　作って　いきます。

1番目　2番目　3番目　4番目

れい 3番目の　形を　作るとき、竹ひごは　何本　いりますか。

しき　□□□|　だから

3 × 3 + 1 = 10　　答え　10本

❶ 4番目の　形を　作るとき、竹ひごは　何本　いりますか。（10点）

しき

答え

❷ 7番目の　形を　作るとき、竹ひごは　何本　いりますか。（10点）

しき

答え

❸ 9番目の　形を　作るとき、竹ひごは　何本　いりますか。（10点）

しき

答え

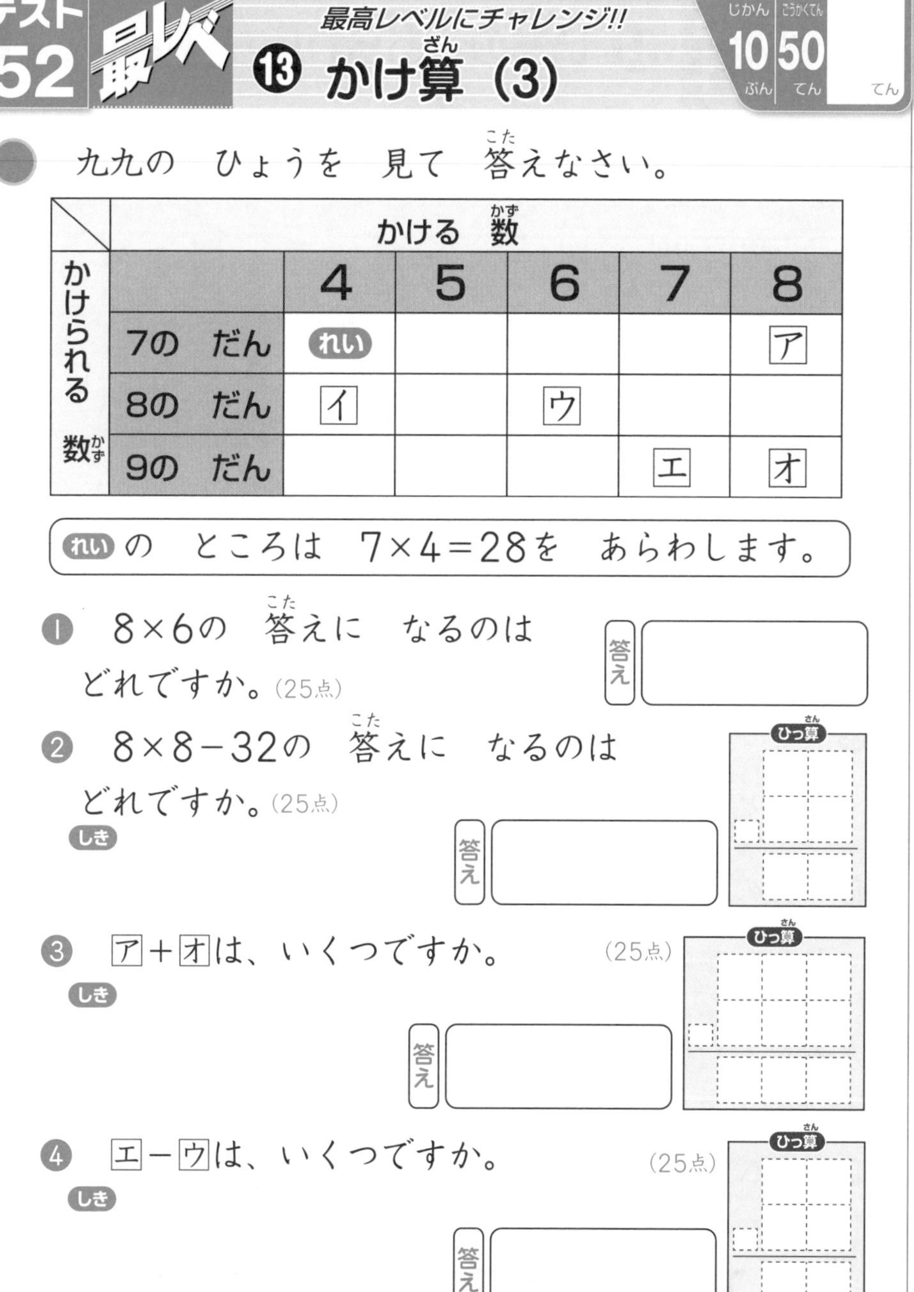

テスト 52　最レベ　最高レベルにチャレンジ!!　⑬ かけ算（3）

じかん 10ぷん　ごうかくてん 50てん　てん

● 九九の　ひょうを　見て　答えなさい。

	かける 数				
かけられる数	4	5	6	7	8
7の　だん	れい				ア
8の　だん	イ		ウ		
9の　だん				エ	オ

れいの　ところは　7×4＝28を　あらわします。

❶ 8×6の　答えに　なるのは　どれですか。（25点）

答え

❷ 8×8−32の　答えに　なるのは　どれですか。（25点）

しき

答え　ひっ算

❸ ア＋オは、いくつですか。（25点）

しき

答え　ひっ算

❹ エ−ウは、いくつですか。（25点）

しき

答え　ひっ算

テスト53 標準 レベル1

⑭ いちの　あらわし方

じかん 10ぷん　ごうかくてん 80てん　　てん

1 カードが　18まい　あります。

あ	す	た	は	さ	く	か	え	う
し	せ	せ	え	こ	け	き	な	い

（1つ10点・40点）

❶ な は、下の　だんの　左から □ 番目に　あります。

❷ か は、上の　だんの　右から □ 番目に　あります。

❸ となり　どうしで　同じ　ひらがなが　ならんで　いる　ところが　あります。その　ひらがなは、□ です。

❹ 上の　だんの　右から　4番目に　ならんで　いる　ひらがなの　下は、□ です。

2 ★が　13こ　書いて　あります。ちょうど　まん中に　×の　しるしを　つけて、右から　3つと、左から　5つ目に　△を　つけなさい。（12点）

答え

3 右の　15この　ロッカーに　書いて　いる　名前を　しらべました。下の　三人の　言った　ことを　読んで、もんだいに　答えなさい。

（1つ12点・48点）

	山下	田中
	㋐	㋑
	中村	
	竹田	
		村田

三人の　言った　こと

林……『ぼくの　ロッカーは、上から　2だん目の　まん中です。』

森……『わたしの　ロッカーは、田中さんの　すぐ　下です。』

小川…『ぼくの　ロッカーは、上から　5だん目だけど、村田さんの　となりでは　ありません。』

❶ ㋐は　だれの　ロッカーですか。　答え

❷ ㋑は　だれの　ロッカーですか。　答え

❸ 小川さんの　ロッカーの　ところに　名前を　書きなさい。

❹ 名前の　わからない　ロッカーは　いくつ　ありますか。　答え

テスト54 標準レベル2

⑭ いちの　あらわし方

じかん 10ぷん　ごうかくてん 80てん　　てん

1 下の　もんだいに　こたえなさい。

1行目	○ □ △ △ ◇ ◇
2行目	● ▲ □ ▲ ● ● ●
3行目	○ ▲ ○ △ △ △ □ □ □
4行目	● ● ● ○ ○ ○ △ △ △
5行目	○ ○ ▲ ▲ ▲ △ △ ◇ ◇
6行目	○ ◇ ◇ ● □ □ □ □ ◇
7行目	○ ○ △ △ □ ▲ ▲ ▲ ▲

❶ ▲が　3つ　つづけて　ならんで　いる　ところは、上から　何行目ですか。(10点)

答え

❷ 2行目に　●は　いくつ　ありますか。(10点)

答え

❸ 7行目の　□の　左の　形を　かきなさい。(10点)

答え

❹ ◇が　いちばん　多いのは　何行目ですか。(10点)

答え

2 図を　見て　答えなさい。

(6の二)は　●アを　あらわしています。また、(3の一)は　●イを　あらわしています。

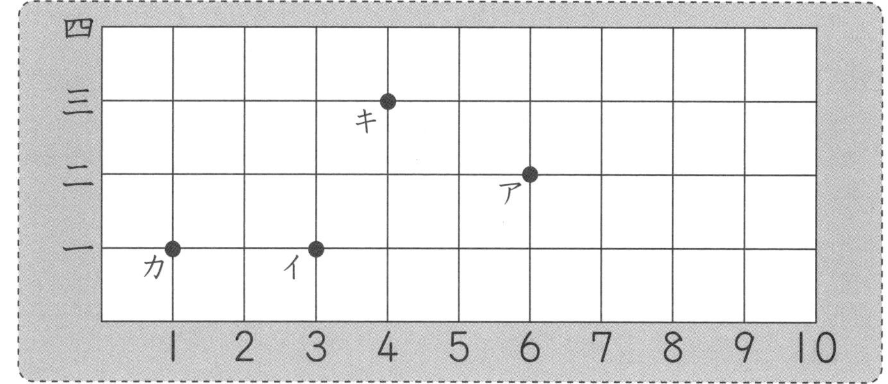

❶ (7の三)に　●ウを　つけなさい。(10点)

❷ (2の二)に　●エを　つけなさい。(10点)

❸ (9の一)に　●オを　つけなさい。(10点)

❹ ●カの　いちを　あらわしなさい。(10点)

答え (　　の　　)

❺ ●キの　いちを　あらわしなさい。(10点)

答え (　　の　　)

❻ ●アから　1つ　上に　うごいて、4つ　左に　うごいた　ところの　いちを　あらわしなさい。(10点)

答え (　　の　　)

テスト 55 ハイレベ ハイレベル

⑭ いちの　あらわし方

じかん 15ふん　ごうかくてん 70てん　てん

1　アの　いちに　いる　まさおさんを（2の五）と　書きます。つぎの　それぞれの　いちを　答えなさい。

❶　アから　3つ　上に　すすんで、2つ　右に　すすんだ　いちに　○を　つけなさい。（10点）

❷　アから　2つ　下に　すすんで、2つ　右に　すすんだ　いちに　△を　つけなさい。（10点）

❸　アから　1つ　左に　すすんで、4つ　下に　すすんで、4つ　右に　すすんだ　いちに　×を　つけなさい。（10点）

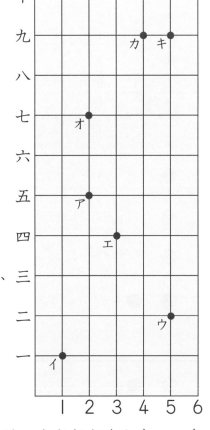

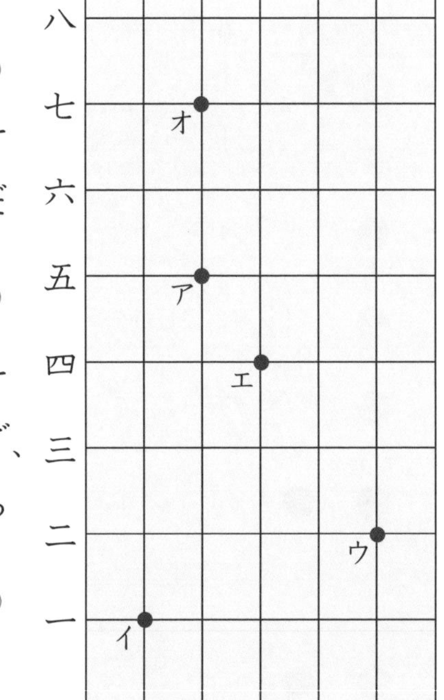

❹　ひとみさんの　いる　いちは、まさおさんから　いちばん　遠いです。ひとみさんは　どこに　いますか。イ〜キの　記ごうで　答えなさい。

（10点）　答え

2　せいこさんの　クラスと　あきらさんの　クラスの　子どもが　せの　高い　じゅんに　ならんで　います。

❶　せいこさんの　前には　10人、後ろには　11人　ならんで　います。クラスは　みんなで　何人ですか。（10点）

しき

答え

❷　あきらさんは　ちょうど　まん中に　いて、後ろに　14人　います。クラスは　みんなで　何人ですか。（10点）

しき

答え

3　50人で　マラソンを　しています。

❶　お父さんは　前から　20番目を　走って　いましたが、15人　ぬきました。お父さんの　後ろに　いる人は　何人ですか。（10点）

しき

答え

❷　お母さんは　前から　40番目を　走って　いましたが、5人に　ぬかれました。お母さんの　前に　いる人は　何人　ですか。（10点）

しき

4 ★の　ある　ところを　4通りの　言い方で　書きなさい。

れい

㋐ 上 から 4 だん目、左 から 4 番目
㋑ 上 から 4 だん目、右 から 2 番目
㋒ 下 から 2 だん目、左 から 4 番目
㋓ 下 から 2 だん目、右 から 2 番目

①

㋐ □から□だん目、□から□番目
㋑ □から□だん目、□から□番目
㋒ □から□だん目、□から□番目
㋓ □から□だん目、□から□番目

（10点）

②

㋐ □から□だん目、□から□番目
㋑ □から□だん目、□から□番目
㋒ □から□だん目、□から□番目
㋓ □から□だん目、□から□番目

（10点）

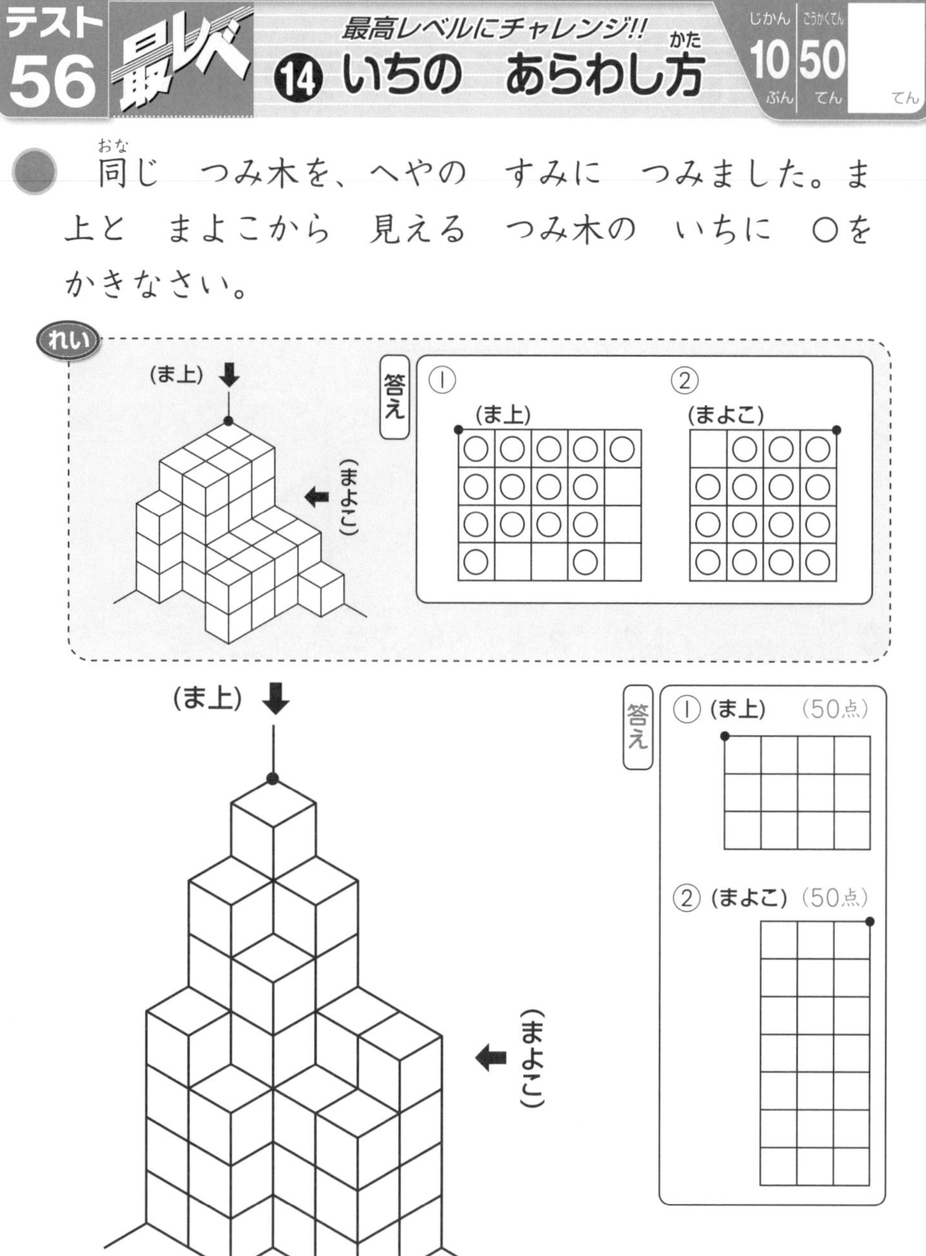

テスト 56
最レベ
最高レベルにチャレンジ!!
⑭ いちの　あらわし方
じかん 10 ぷん
ごうかくてん 50 てん
てん
同じ　つみ木を、へやの　すみに　つみました。ま上と　まよこから　見える　つみ木の　いちに　○を　かきなさい。
れい
(ま上)
(まよこ)
答え
①
(ま上)
②
(まよこ)
(ま上)
(まよこ)
答え
① (ま上) (50点)
② (まよこ) (50点)

⑮ 三角形と　四角形

じかん 10ぷん　ごうかくてん 80てん　□てん

1 □に　あてはまる　数や　ことばを　下から　えらんで　書きなさい。（1つ10点・50点）

❶ まっすぐな　線を　□と　いいます。

❷ □本の　直線で　かこまれた　形を　三角形と　いいます。

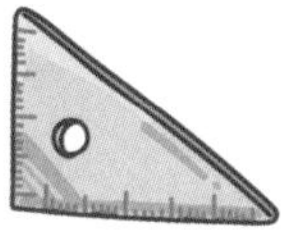

❸ □本の　直線で　かこまれた　形を　四角形と　いいます。

❹ 三角形や　四角形の　角の　点を　□、へりの　直線を　□と　いいます。

❺ 直角の　角が　ある　三角形を　□と　いいます。

ちょう点・へん・直線・直角三角形・3・4

2 □に　あてはまる　数を　書きなさい。（1つ5点・10点）

❶ 三角形の　ちょう点の　数は、□こです。へんの数も　□本です。

❷ 四角形の　ちょう点の　数は、□こです。へんの数も　□本です。

3 下の　図を　見て、記ごうで　答えなさい。（1つ10点・40点）

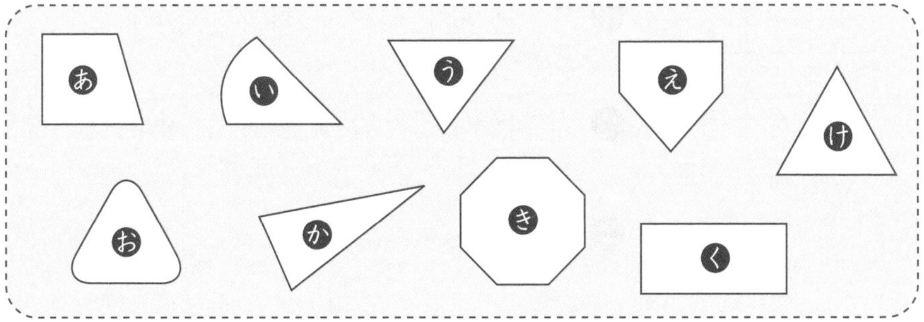

❶ 三角形は　どれですか。　答え□

❷ 直線だけで　かこまれた形は　どれですか。　答え□

❸ 四角形は　どれですか。　答え□

❹ ちょう点の　数が、四角形より　多い　形は　どれですか。　答え□

テスト58 標準レベル2 ⑮ 三角形と 四角形

1 つぎの 形の 名前を 書きなさい。 (1つ10点・30点)

❶ 4つの 角が すべて ひとしい 四角形

答え

❷ 4つの へんが すべて ひとしく、4つの 角が すべて ひとしい 四角形

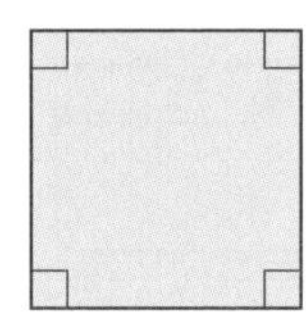

答え

❸ 1つの 角が 直角に なって いる 三角形

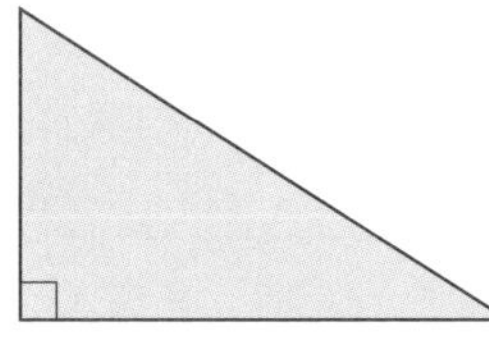

答え

2 たての へんの 長さが 6cmで、よこの へんの 長さが 5cmの 長方形が あります。この 長方形の まわりの 長さは 何cmありますか。 (20点)

しき

答え

3 下の 形の 中から 正方形、長方形、直角三角形を すべて さがして、記ごうで 答えなさい。 (1つ10点・30点)

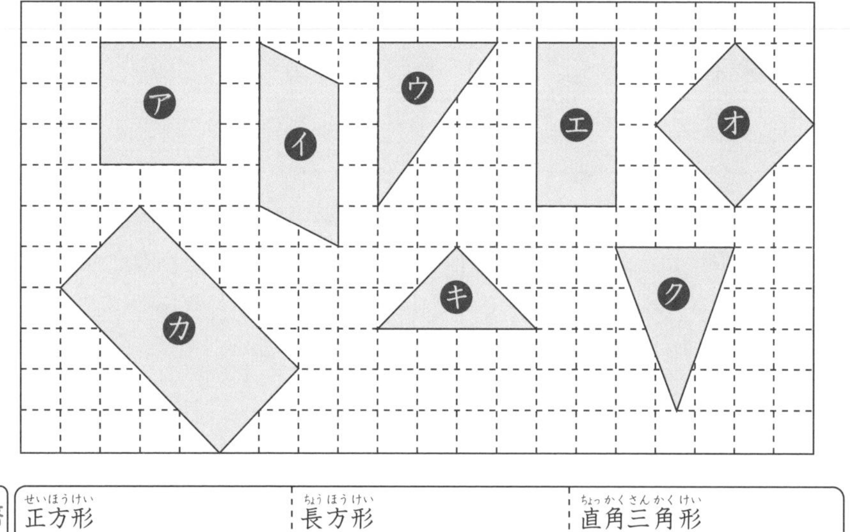

答え	正方形	長方形	直角三角形

4 下の 図を 見て 答えなさい。 (20点)

れい

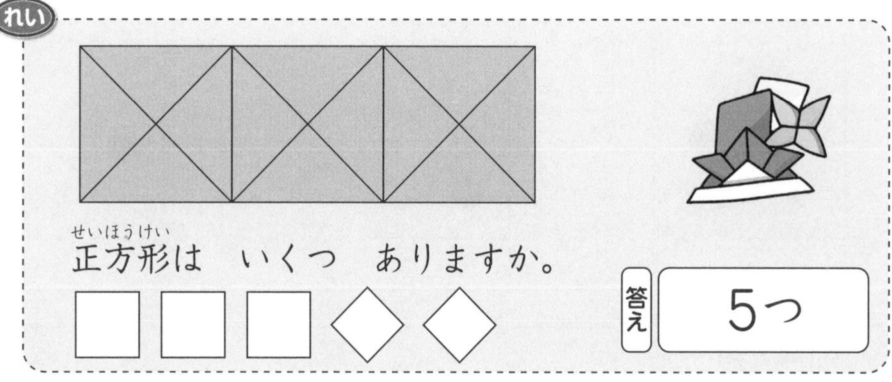

正方形は いくつ ありますか。

答え 5つ

● 長方形は いくつ ありますか。

答え

テスト59 ハイレベ ハイレベル ⑮ 三角形と 四角形

1 三角形を 2つ 組み合わせて、正方形と 長方形が できる ものを、下の 図の 中から さがして、記ごうで 答えなさい。（1つ5点・20点）

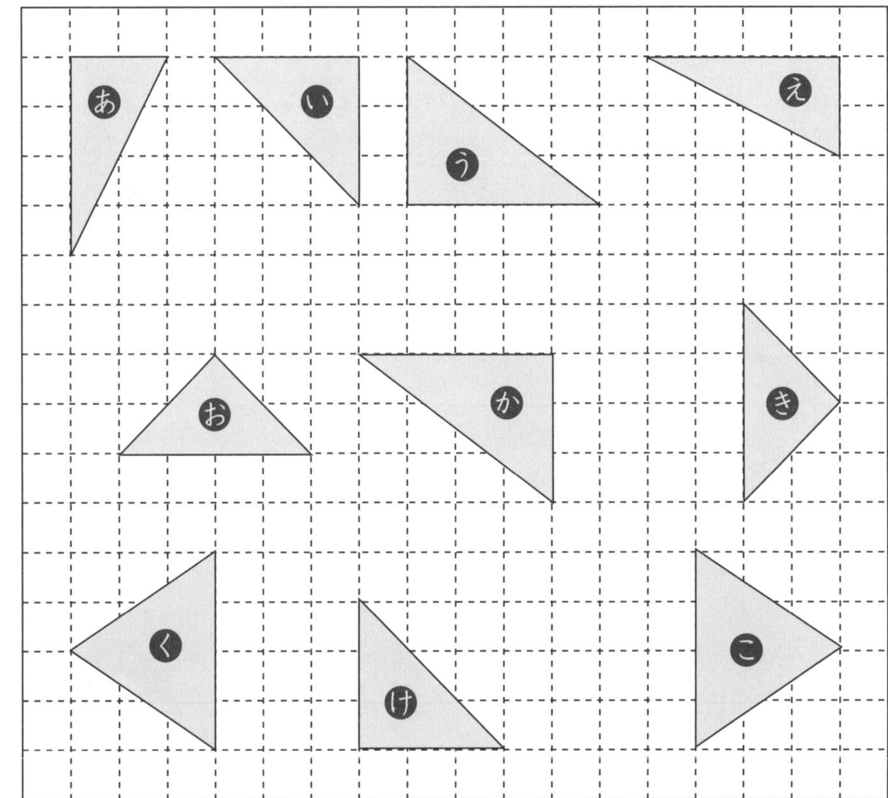

答え		
正方形	（　　）と（　　）	（　　）と（　　）
長方形	（　　）と（　　）	（　　）と（　　）

2 紙を 2つに おり 点線で 切りぬきます。切りぬいた ものを ひらくと、どんな 形が できますか。また、その まわりの 長さは 何cmありますか。（1つ10点・20点）

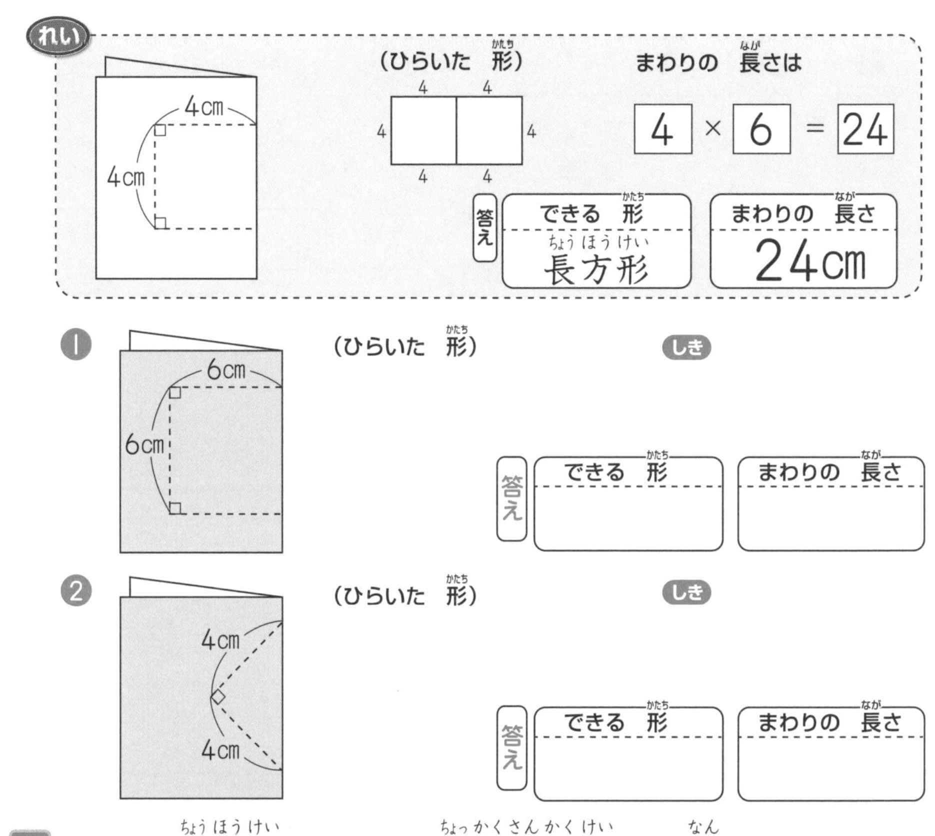

3 下の 長方形の 中に 直角三角形は 何こ ありますか。（1つ10点・20点）

❶

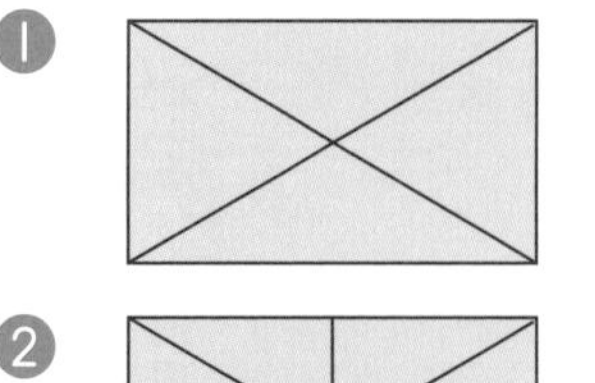

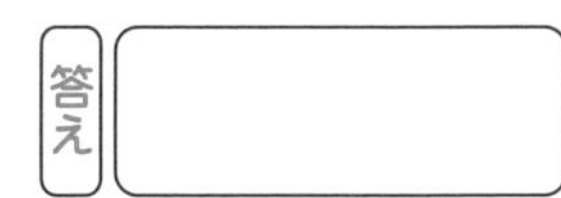

❷

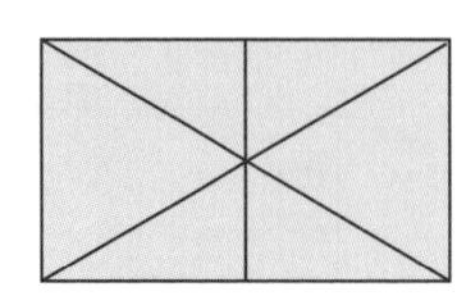

答え

4 たて 3cm よこ 6cmの 長方形が 3まい あります。この 3まいの 長方形を かさならないように ならべて、長方形を 作ります。（1つ10点・20点）

❶ まわりの 長さが いちばん 長く なるようにして、長方形を ならべました。このとき まわりの 長さは 何cmに なりますか。

ならべた 形　　しき

答え

❷ まわりの 長さが いちばん 短く なるようにして、長方形を ならべました。このとき まわりの 長さは 何cmに なりますか。

ならべた 形　　しき

答え

5 下の 図に 長方形は 何こ ありますか。（1つ10点・20点）

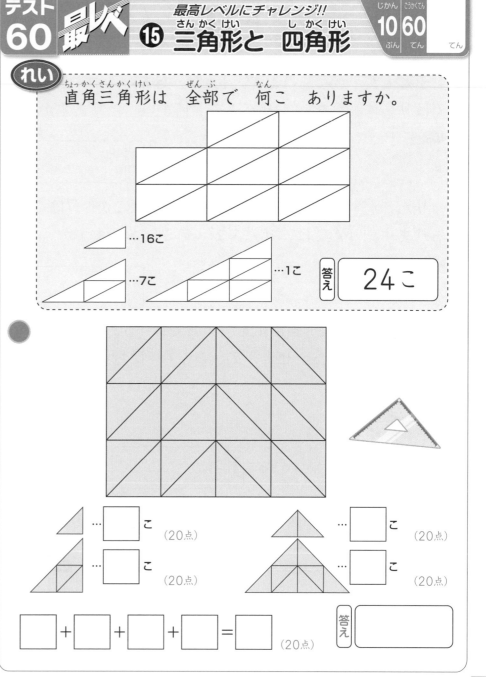

❶

答え

❷

答え

テスト60 最レベ 最高レベルにチャレンジ!!

⑮ 三角形と 四角形

じかん 10ぷん　ごうかくてん 60てん　てん

れい 直角三角形は 全部で 何こ ありますか。

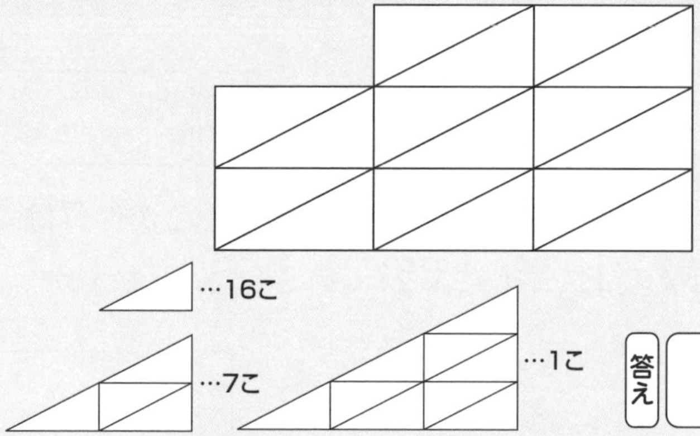

…16こ　…7こ　…1こ

答え 24こ

●

…□こ（20点）　…□こ（20点）

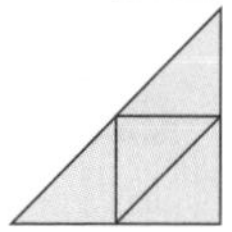

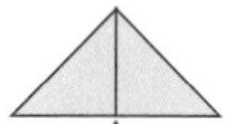

…□こ（20点）　…□こ（20点）

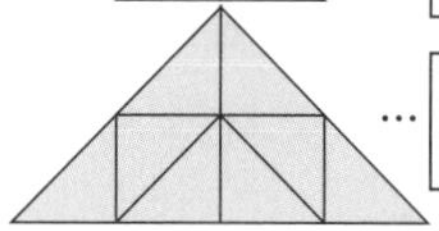

□＋□＋□＋□＝□（20点）

答え

リビューテスト 3-①（ふくしゅうテスト）

じかん 15ふん　ごうかくてん 70てん　　てん

1 子どもが　6人　います。1人に　3まいずつ　色紙をくばります。色紙は　ぜんぶで　何まい　いりますか。（10点）

しき

答え

2 りんごが　4こずつ　入って　いる　はこが　7はこ　あります。りんごは　ぜんぶで　何こ　ありますか。（10点）

しき

答え

3 1まい　8円の　画用紙を　わたしは　5まい、妹は　4まい　買いました。ぜんぶで　いくら　はらいましたか。（15点）

しき

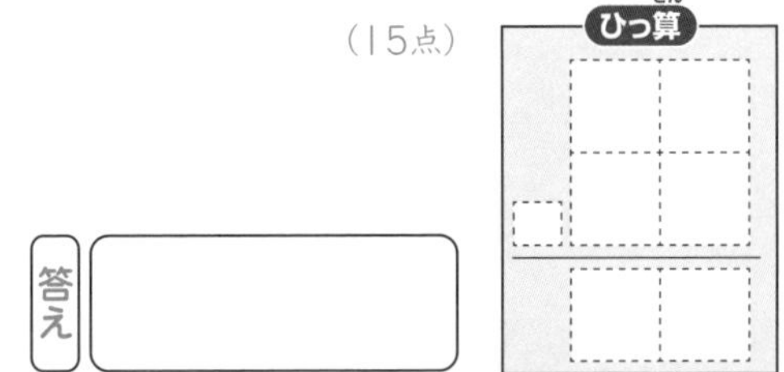

答え

4 1ふくろ　7こ入りの　くりが、つくえの　右に　5ふくろ、つくえの　左に　3ふくろ　あります。くりは　ぜんぶで　何こ　ありますか。（15点）

しき

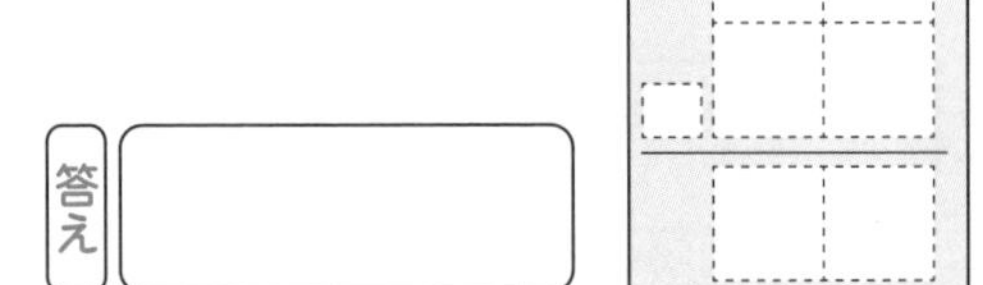

答え

5 三角形や　四角形は　どれですか。（1つ5点・20点）

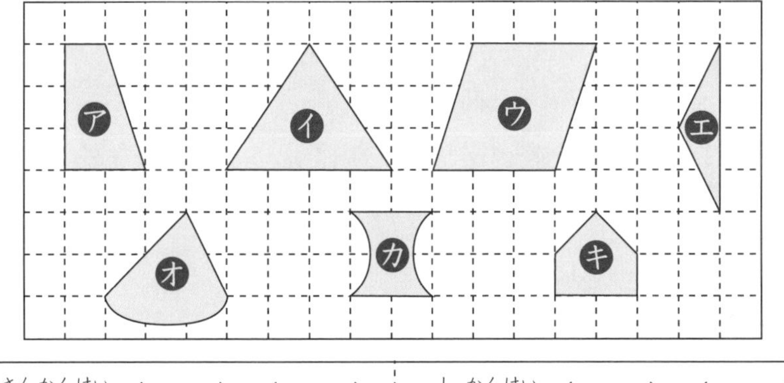

答え　三角形（　　）と（　　）　四角形（　　）と（　　）

6 つぎの　ような　マンションが　あります。

501	502	503	504	505	506
401	402	403	404	405	406
301	302	303	304	305	306
201	202	203	204	205	206
101	102	103	104	105	106

❶ はやとさんは　202ごう室に　すんで　います。ゆみさんは　同じ　かいの　右はしに　すんで　います。ゆみさんは　何ごう室ですか。（10点）

答え

❷ 4かいの　左から　4番目の　へやは、まだ　だれも　すんで　いません。その　へやは　何ごう室ですか。（10点）

答え

❸ 一番上の　かいの　右から　2番目の　へやの　人が、引っこしを　します。その　へやは　何ごう室ですか。（10点）

答え

リビューテスト 3-②
（ふくしゅうテスト）

じかん 15ぷん　ごうかくてん 70てん　　てん

1 長方形や　正方形は　どれですか。（1つ5点・20点）

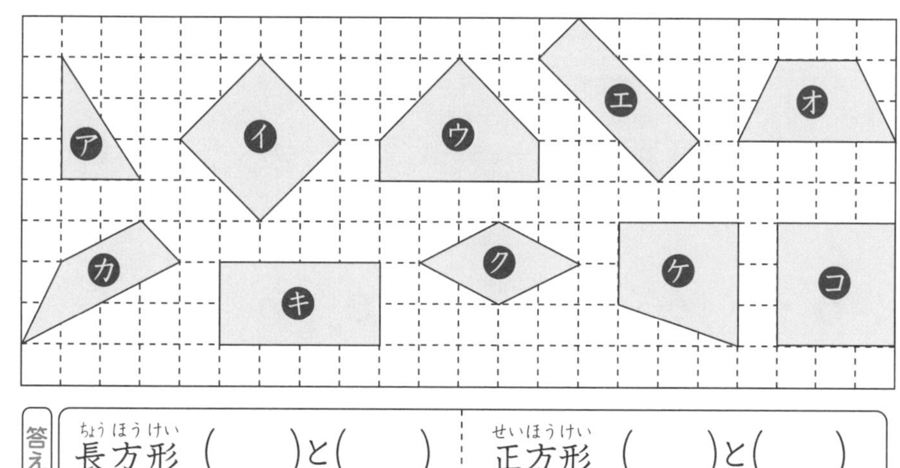

答え　長方形（　　）と（　　）　正方形（　　）と（　　）

2 ドーナツが　3こずつ　入って　いる　はこが　8つ　あります。ドーナツは　ぜんぶで　何こ　ありますか。（10点）

しき

答え

3 9人の　子どもたちに　カードを　8まいずつ　くばります。カードは　ぜんぶで　何まい　いりますか。（10点）

しき

答え

4 ボールが　4こ　入って　いる　はこが　7はこと、ボールが　8こ　入って　いる　はこが　5はこ　あります。ボールは　ぜんぶで　何こ　ありますか。（10点）

しき　　ひっ算

答え

5 1まい　8円の　画用紙を　4まいと、1まい　6円の　色紙を　9まい　買って、100円　はらいました。おつりは　何円ですか。（15点）

しき　　ひっ算　　ひっ算

答え

6 子どもが　80人　います。へやには　4人がけの　いすが　9台と、6人がけの　いすが　7台しか　ありません。いすに　すわれない　子どもは　何人ですか。（15点）

しき　　ひっ算　　ひっ算

答え

7 □に　あてはまる　数を　書きなさい。（1つ5点・20点）

			イ
	ア		
		ウ	
エ			

アは　上から□だん目、左から□番目

イは　下から□だん目、右から□番目

ウは　上から□だん目、左から□番目

エは　下から□だん目、右から□番目

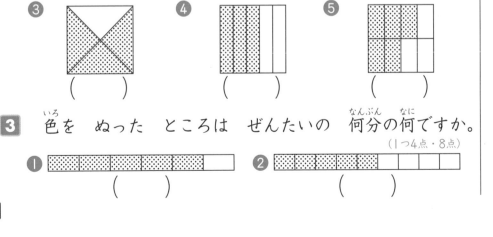

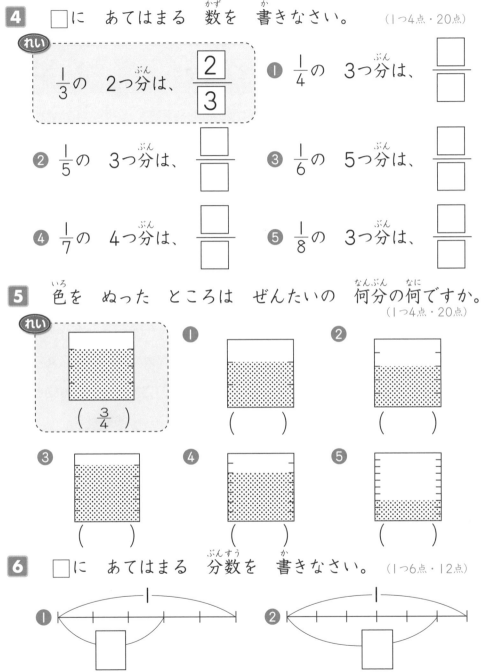

テスト 61 標準 レベル 1 ⑯ 分数

じかん 10ぷん ごうかくてん 80てん　てん

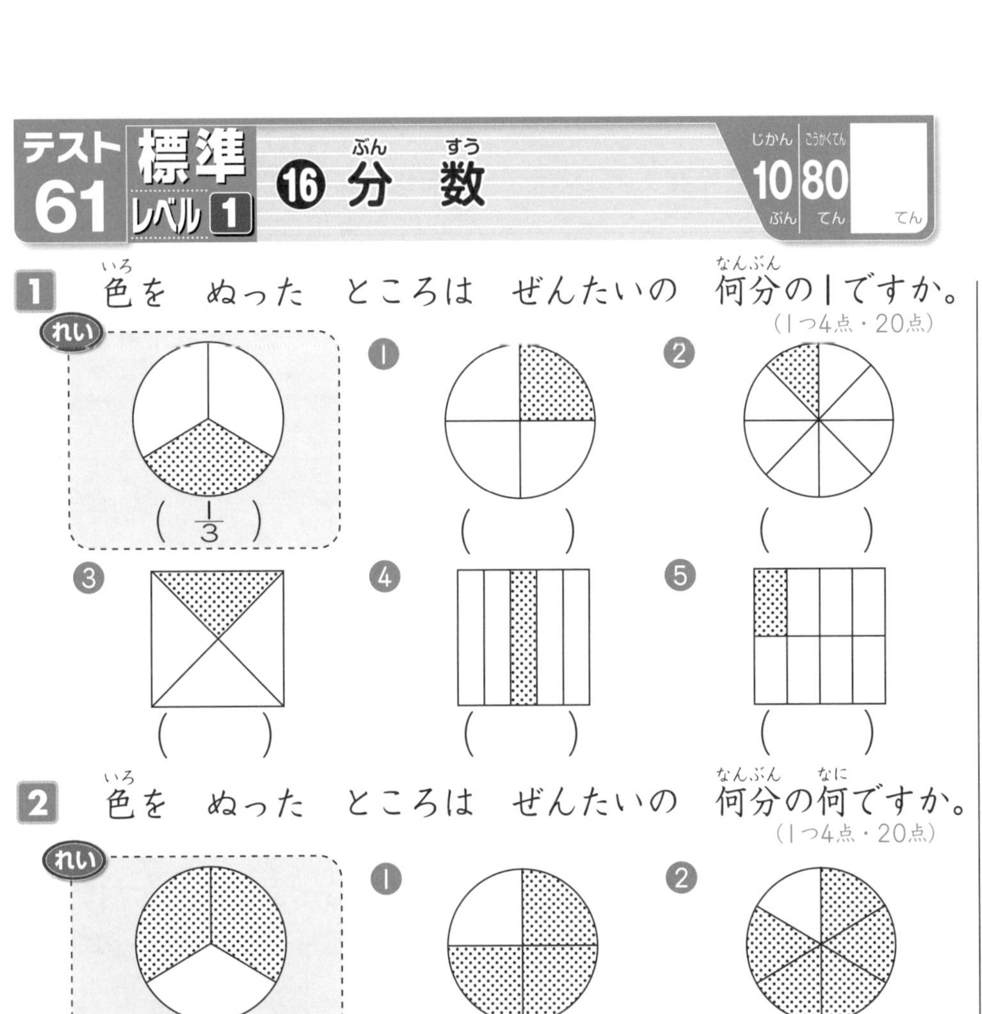

1 色を　ぬった　ところは　ぜんたいの　何分の1ですか。（1つ4点・20点）

れい　（$\frac{1}{3}$）

❶（　　）　❷（　　）　❸（　　）　❹（　　）　❺（　　）

2 色を　ぬった　ところは　ぜんたいの　何分の何ですか。（1つ4点・20点）

れい　（$\frac{2}{3}$）

❶（　　）　❷（　　）　❸（　　）　❹（　　）　❺（　　）

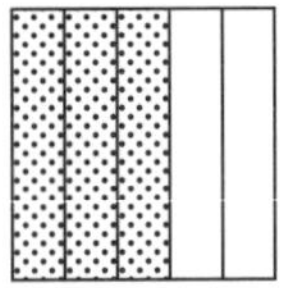

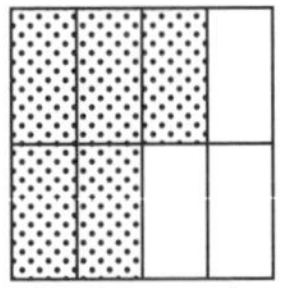

3 色を　ぬった　ところは　ぜんたいの　何分の何ですか。（1つ4点・8点）

❶（　　）　❷（　　）

4 □に　あてはまる　数を　書きなさい。（1つ4点・20点）

れい　$\frac{1}{3}$の　2つ分は、$\frac{\boxed{2}}{\boxed{3}}$

❶ $\frac{1}{4}$の　3つ分は、$\frac{\square}{\square}$

❷ $\frac{1}{5}$の　3つ分は、$\frac{\square}{\square}$

❸ $\frac{1}{6}$の　5つ分は、$\frac{\square}{\square}$

❹ $\frac{1}{7}$の　4つ分は、$\frac{\square}{\square}$

❺ $\frac{1}{8}$の　3つ分は、$\frac{\square}{\square}$

5 色を　ぬった　ところは　ぜんたいの　何分の何ですか。（1つ4点・20点）

れい　（$\frac{3}{4}$）

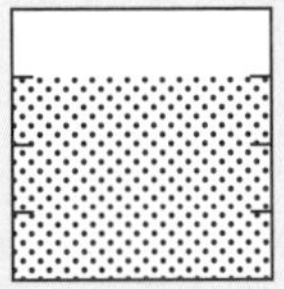

❶（　　）　❷（　　）　❸（　　）　❹（　　）　❺（　　）

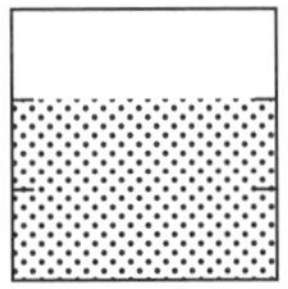

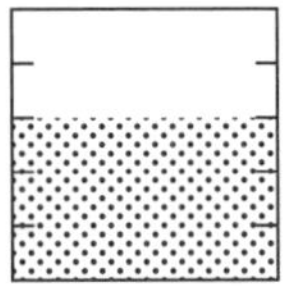

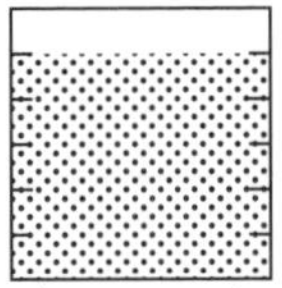

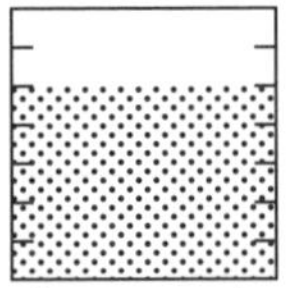

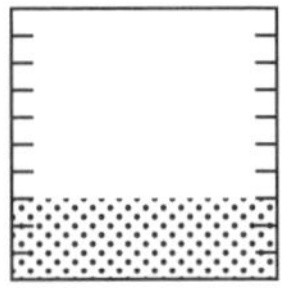

6 □に　あてはまる　分数を　書きなさい。（1つ6点・12点）

❶ 1　□

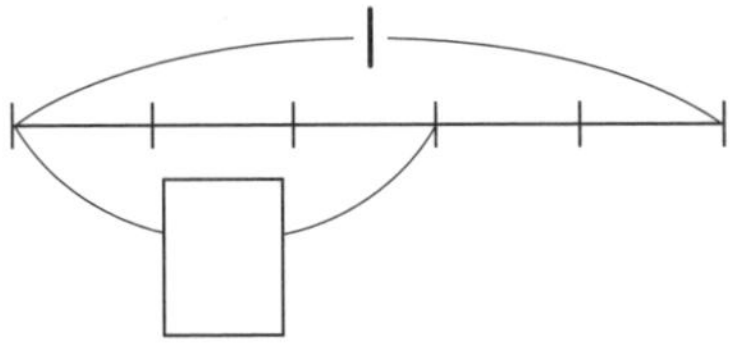

❷ 1　□

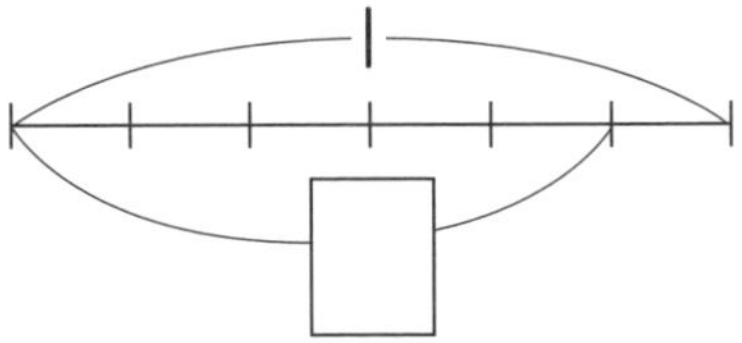

テスト62 標準レベル2

⑯ 分数

1 つぎの 分数の 大きさに なるように 色を ぬりなさい。（1つ8点・16点）

れい

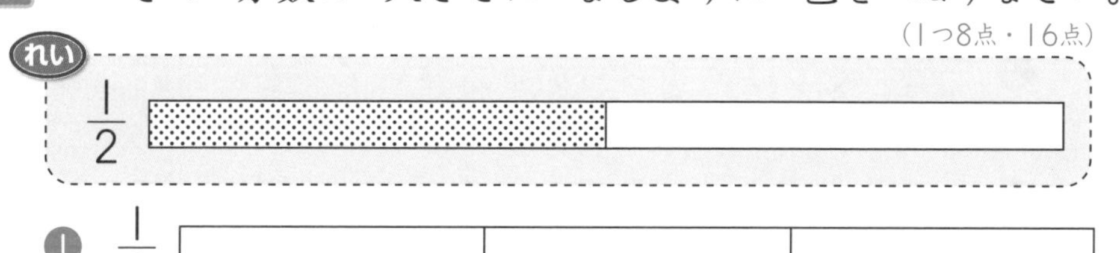

$\frac{1}{2}$

❶ $\frac{1}{3}$ [　　|　　|　　]

❷ $\frac{1}{5}$ [　　|　　|　　|　　|　　]

2 12この みかんを 友だちと 分けます。（1つ6点・24点）

❶ 2人で 同じ 数ずつ 分けます。1人分は 何こですか。

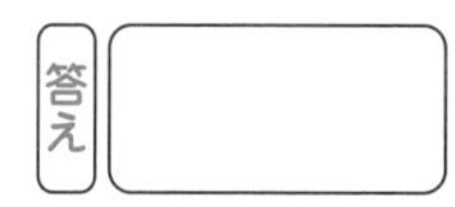

答え

❷ 3人で 同じ 数ずつ 分けます。1人分は 何こですか。

答え

❸ 4人で 同じ 数ずつ 分けます。1人分の 数は、12この 何分の何ですか。分数で 書きなさい。

答え

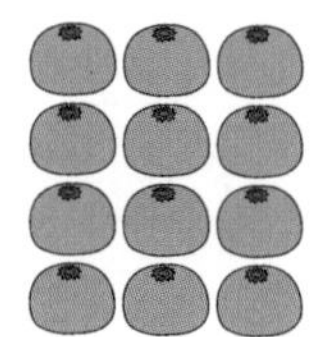

❹ 6人で 同じ 数ずつ 分けます。1人分の 数は、12この 何分の何ですか。分数で 書きなさい。

答え

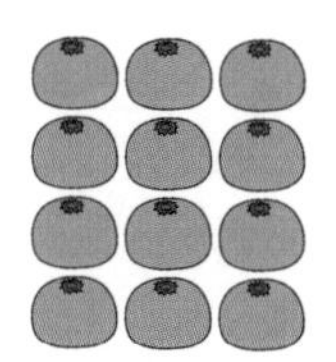

3 □に あてはまる 数を 書きなさい。（1つ4点・20点）

れい 3cmの $\frac{1}{3}$は [1] cm

❶ 6cmの $\frac{1}{3}$は □ cm

❷ 4cmの $\frac{1}{4}$は □ cm

❸ 8cmの $\frac{1}{4}$は □ cm

❹ 5cmの $\frac{1}{5}$は □ cm

❺ 10cmの $\frac{1}{5}$は □ cm

4 □に あてはまる 分数を 書きなさい。（1つ4点・20点）

れい 2cmの $\frac{[1]}{[2]}$は 1cm

❶ 3cmの $\frac{□}{□}$は 1cm

❷ 6cmの $\frac{□}{□}$は 2cm

❸ 4cmの $\frac{□}{□}$は 1cm

❹ 8cmの $\frac{□}{□}$は 2cm

❺ 10cmの $\frac{□}{□}$は 2cm

5 □に あてはまる 数を 書きなさい。（1つ4点・20点）

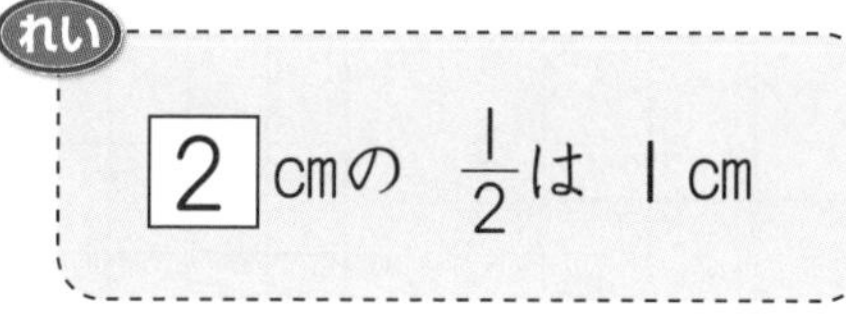

れい [2] cmの $\frac{1}{2}$は 1cm

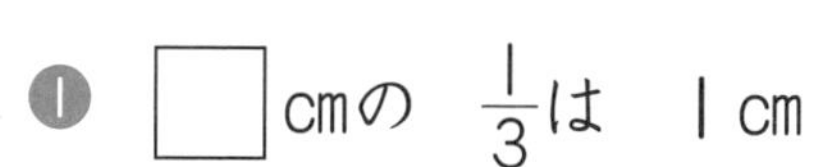

❶ □ cmの $\frac{1}{3}$は 1cm

❷ □ cmの $\frac{1}{4}$は 1cm

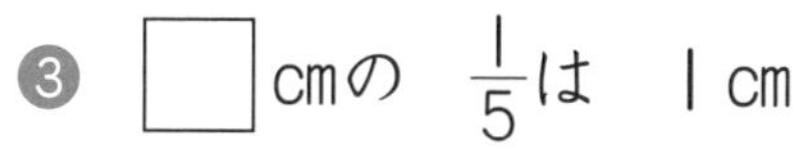

❸ □ cmの $\frac{1}{5}$は 1cm

❹ □ cmの $\frac{1}{7}$は 1cm

❺ □ cmの $\frac{1}{3}$は 3cm

テスト63 ハイレベル ⑯ 分数

じかん 15ふん　ごうかくてん 70てん　　てん

1 □に あてはまる >・<を 書きなさい。(1つ2点・10点)

❶ $\frac{1}{2}$ □ $\frac{1}{3}$　❷ $\frac{1}{4}$ □ $\frac{1}{3}$　❸ $\frac{1}{4}$ □ $\frac{1}{5}$

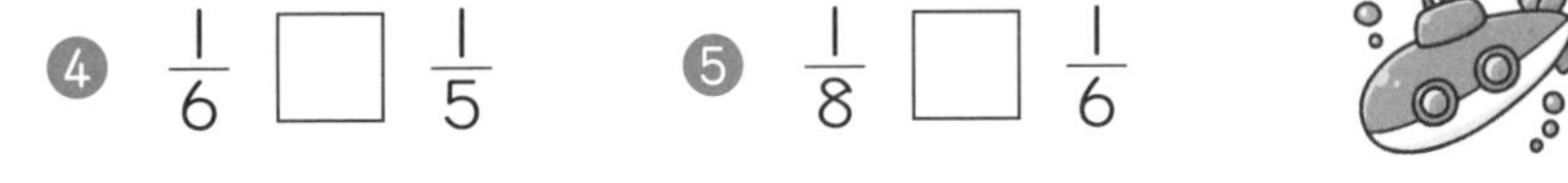

❹ $\frac{1}{6}$ □ $\frac{1}{5}$　❺ $\frac{1}{8}$ □ $\frac{1}{6}$

2 つぎの 分数の 大きさに なるように 色を ぬりなさい。(1つ5点・10点)

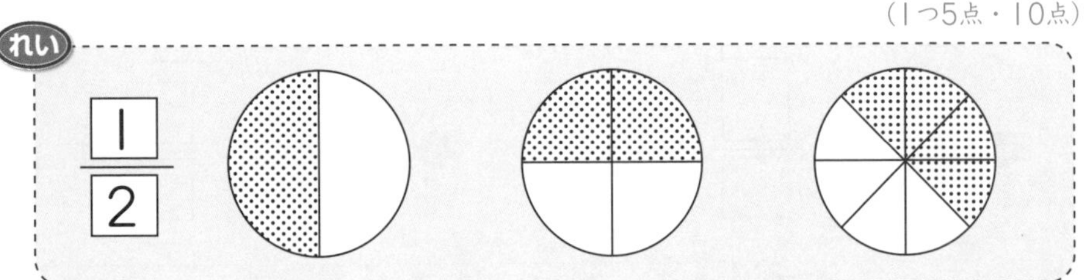

❶ $\frac{1}{3}$

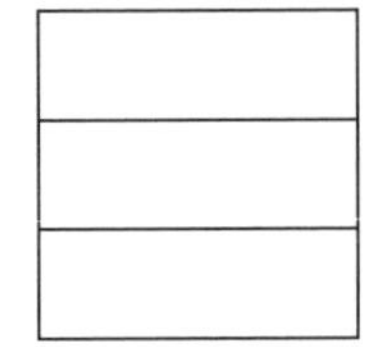
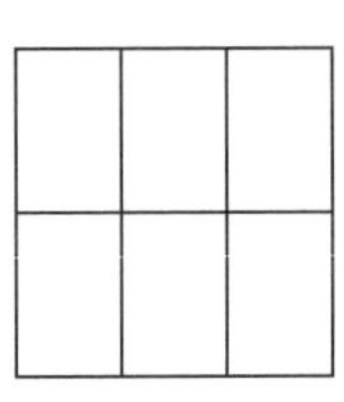
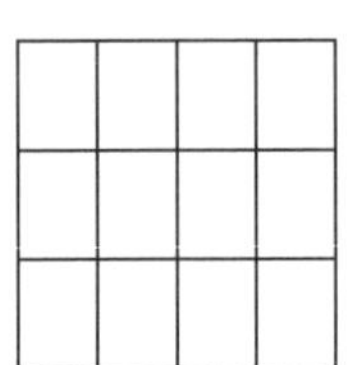

❷ 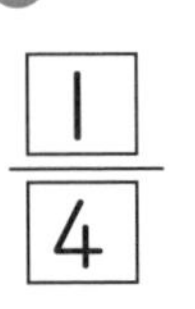 $\frac{1}{4}$

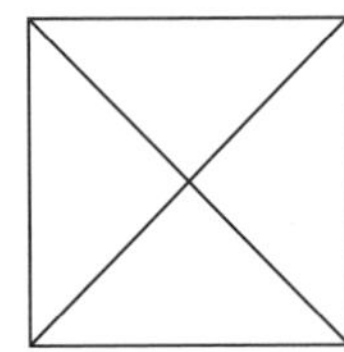
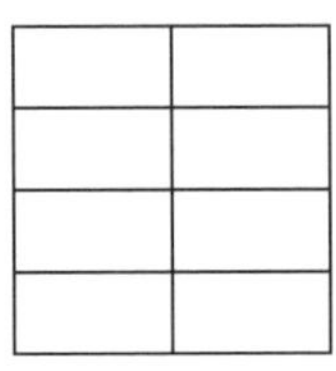
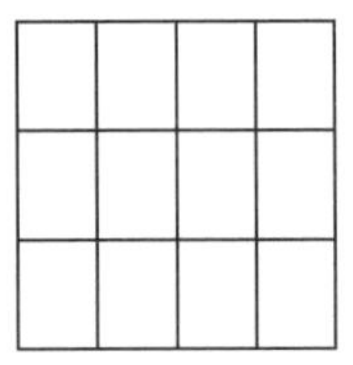

3 分数で 答えなさい。(1つ5点・20点)

❶ $\frac{1}{2}$と $\frac{1}{4}$では、どちらが 大きいですか。　答え □

❷ $\frac{1}{4}$と $\frac{1}{3}$では、どちらが 大きいですか。　答え □

❸ $\frac{1}{6}$と $\frac{1}{4}$では、どちらが 大きいですか。　答え □

❹ $\frac{1}{3}$と $\frac{1}{5}$では、どちらが 大きいですか。　答え □

4 つぎの □に あてはまる 数を 書きなさい。(1つ5点・20点)

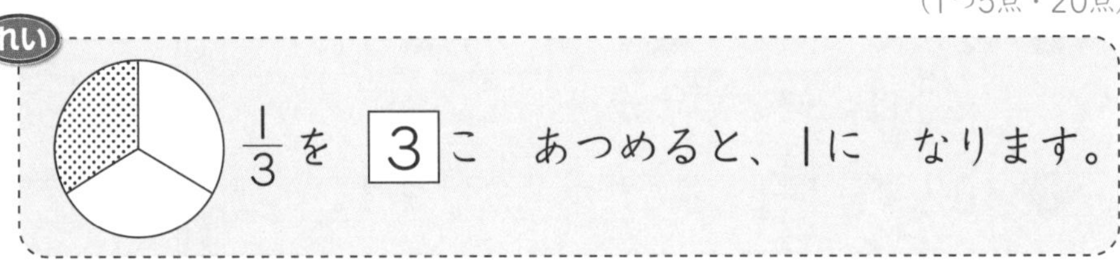

❶ $\frac{1}{4}$を □ こ あつめると、1に なります。

❷ $\frac{1}{6}$を □ こ あつめると、1に なります。

❸ $\frac{1}{5}$を □ こ あつめると、1に なります。

❹ $\frac{1}{8}$を □ こ あつめると、1に なります。

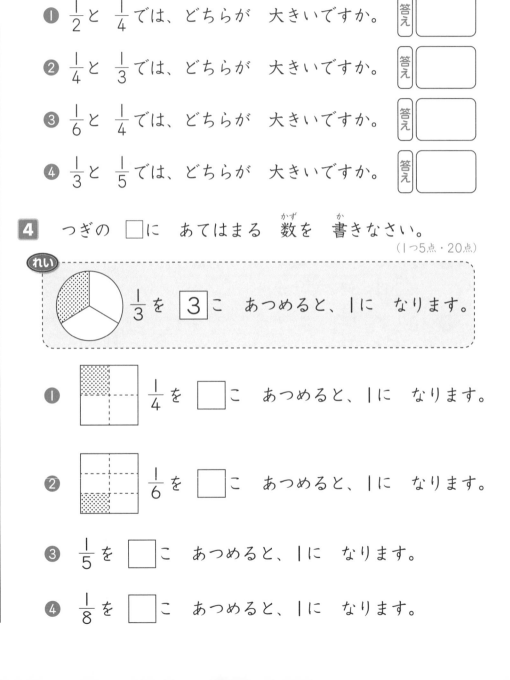

5 □に あてはまる 分数を 書きなさい。 (1つ10点・20点)

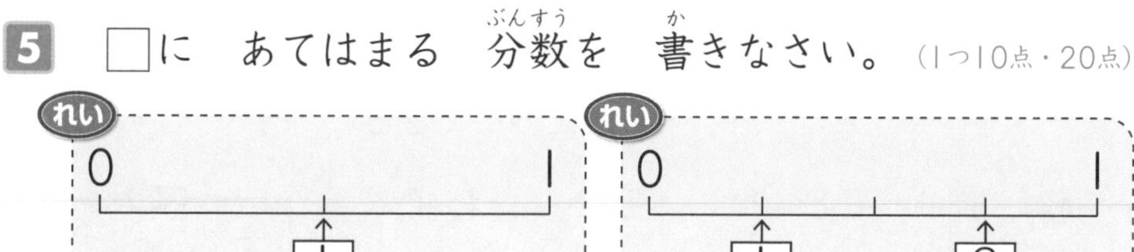

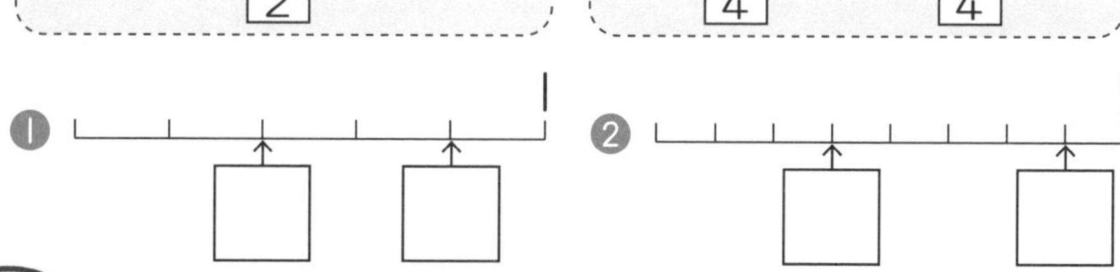

れい

あめが 8こ あります。そのうちの $\frac{1}{2}$を 食べました。あめを 何こ 食べましたか。

8この $\frac{1}{2}$は、4こ　答え 4こ

6 りんごが 10こ あります。 そのうちの $\frac{1}{5}$を 食べました。りんごを 何こ 食べましたか。 (10点)

□この $\frac{1}{5}$は、□こ

7 みかんが 12こ あります。そのうちの $\frac{5}{12}$を 食べました。みかんを 何こ 食べましたか。 (10点)

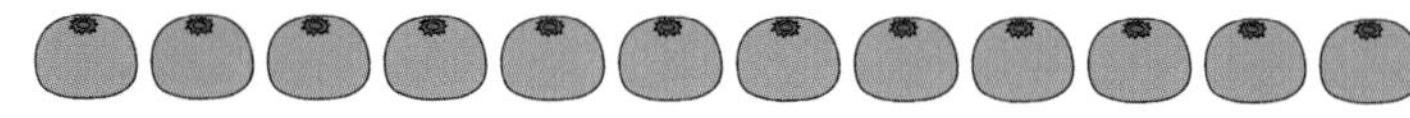

□この $\frac{5}{12}$は、□こ

テスト 64 最レベ 最高レベルにチャレンジ!!

⑯ 分数

じかん 10ぷん ごうかくてん 50てん　てん

れい

かずお、ひろこ、みきの 3人が 小さい ピザを 1まい 食べます。この ピザは ちょうど 6つに 分けられて います。これを かずおが 1人で 食べると 1分 かかり、ひろこが 1人で 食べると 2分 かかり、みきが 1人で 食べると 3分 かかります。

● それぞれ 1分で どれくらい 食べますか。図に ▒を 書き 入れなさい。

かずお

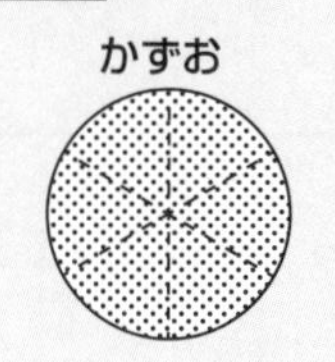

ひろこ

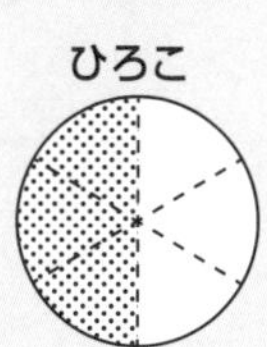

みき

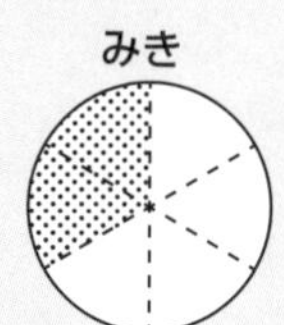

● はるお、なつお、あきこ、ふゆこの 4人が 小さい ピザを 1まい 食べます。この ピザは ちょうど 12こに 分かれて います。これを はるおが 1人で 食べると 1分 かかり、なつおが 1人で 食べると 2分かかり あきこが 1人で たべると 3分 かかり ふゆこが 1人で 食べると 4分 かかります。

● それぞれが 1分で どれくらい 食べますか。図を ぬりなさい。 (1つ25点・100点)

はるお

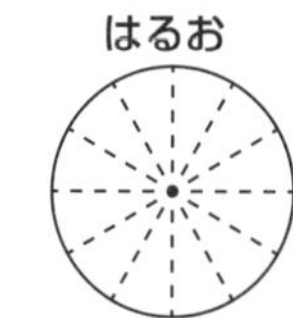

なつお

あきこ

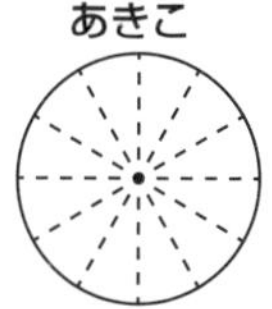

ふゆこ

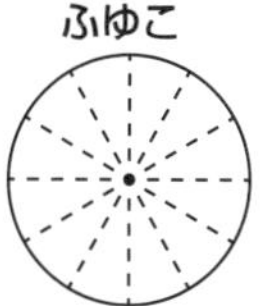

テスト 65 標準 レベル 1

⑰ 4けたの たし算と ひき算(4)

じかん 10ぷん　ごうかくてん 80てん　　てん

1 3人で ひまわりの たねを とりました。としおさんが 1088こ、けんじさんが 753こ、えりさんが 123こ とりました。

❶ としおさんと けんじさんは 合わせて 何こ とりましたか。(15点)

しき

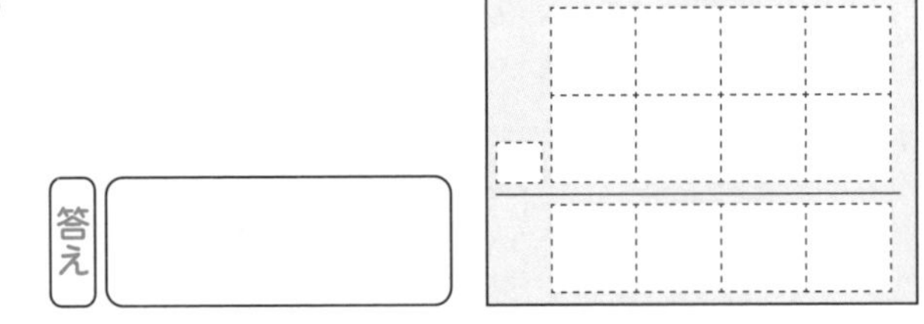

答え

❷ としおさんと けんじさんが とった たねを 合わせると、えりさんの 数より 何こ 多いですか。(15点)

しき

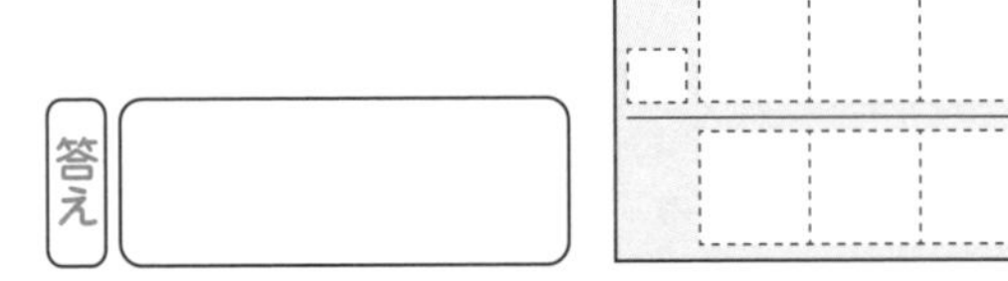

答え

2 木に なって いる みかんを 数えました。わたしは 524こ 数えました。お父さんは 726こ 数えました。2人で みかんを 何こ 数えましたか。(10点)

しき

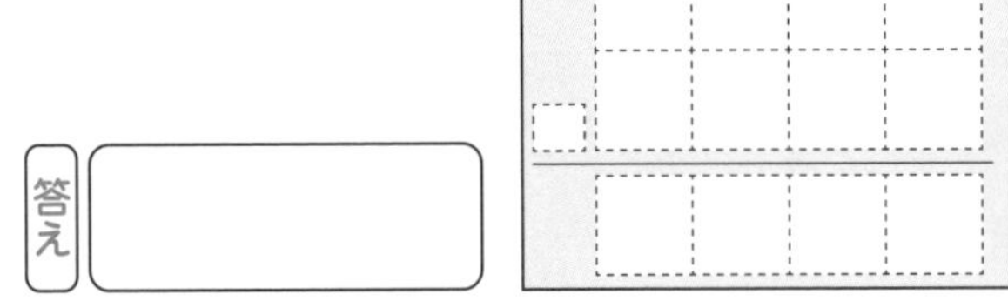

答え

3 赤い 玉が 2265こ、黒い 玉が 3227こ あります。白い 玉は 黒い 玉より 828こ 多いです。

❶ 赤い 玉と 黒い 玉は、合わせて 何こ ありますか。(10点)

しき

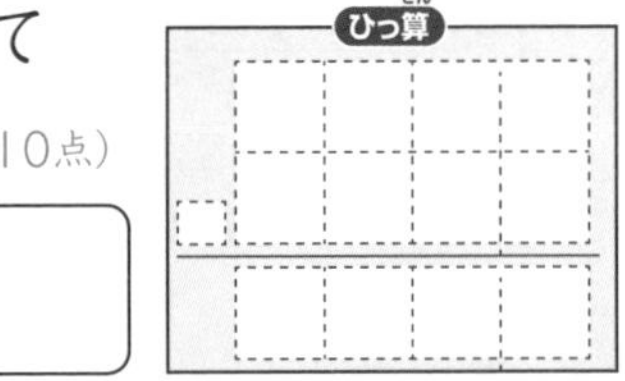

答え

❷ 白い 玉は 何こ ありますか。(10点)

しき

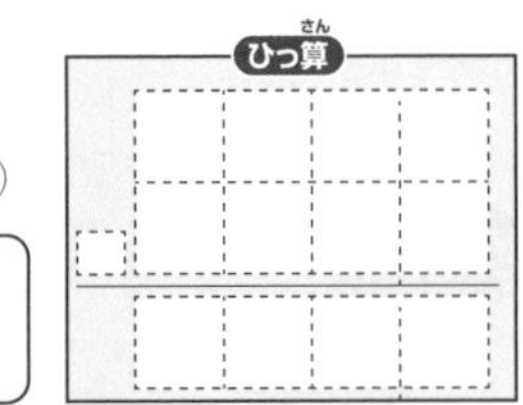

答え

❸ 玉は ぜんぶで 何こ ありますか。(10点)

しき

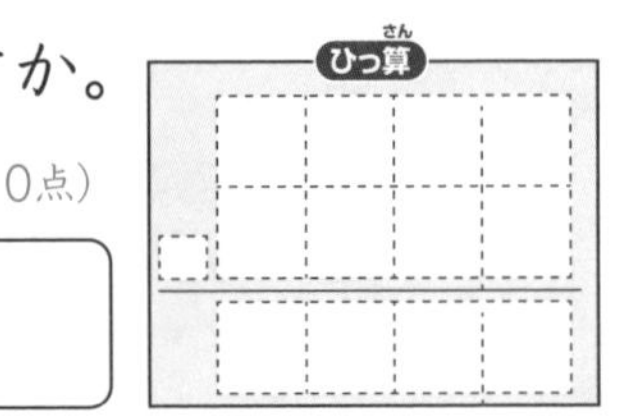

答え

4 北町の 人口は 5678人で、南町の 人口は 6723人で、東町の 人口は 3087人です。(1つ15点・30点)

❶ 北町と 東町の 人口を 合わせると 何人ですか。

しき

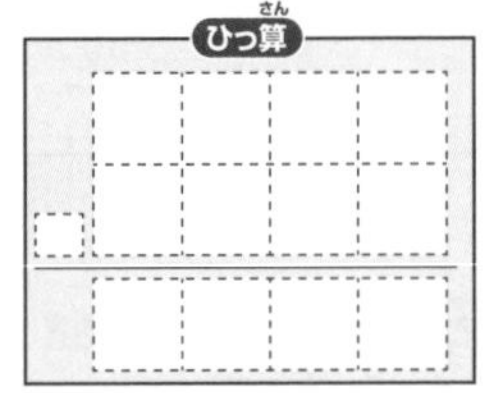

答え

❷ 南町と 北町の 人口は 何人ちがいますか。

しき

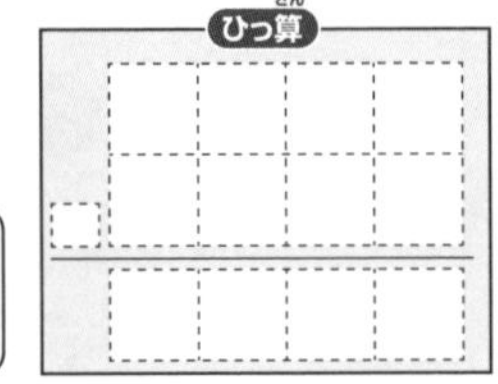

答え

⑰ 4けたの たし算と ひき算(4)

じかん 10ぷん　ごうかくてん 80てん　　てん

れい　あゆみさんの お父さんは，8320円の かばんを 買って 9000円を はらいました。おつりは いくらでしたか。

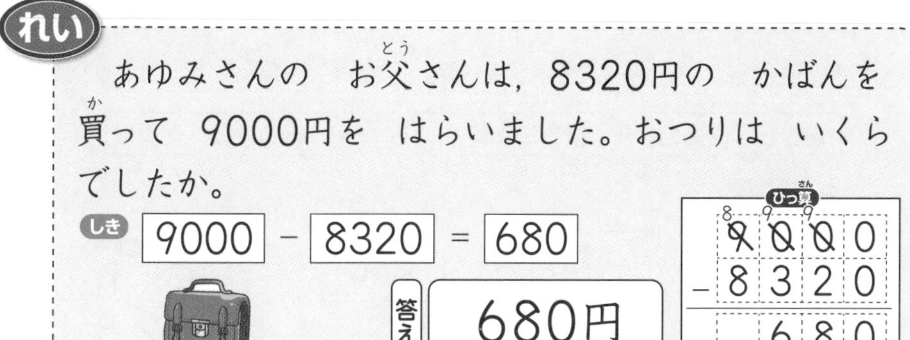

しき　9000 − 8320 = 680

答え　680円

1　さとるさんの お母さんは、7468円の ふくを 買って 8000円を はらいました。おつりは いくらでしたか。（20点）

しき

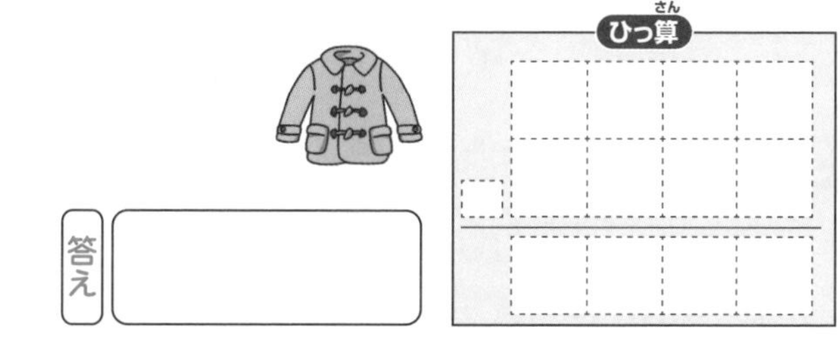

答え

2　みかさんの ちょ金は 2230円です。お姉さんは それより 790円 多いです。お姉さんの ちょ金は いくらですか。（20点）

しき

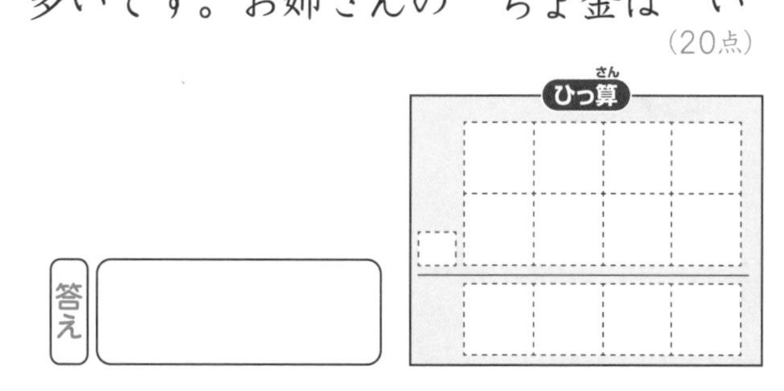

答え

れい　大きな 公園に 女の子が 1885人 います。男の子は 女の子より 147人 多い そうです。子どもは みんなで 何人 いますか。

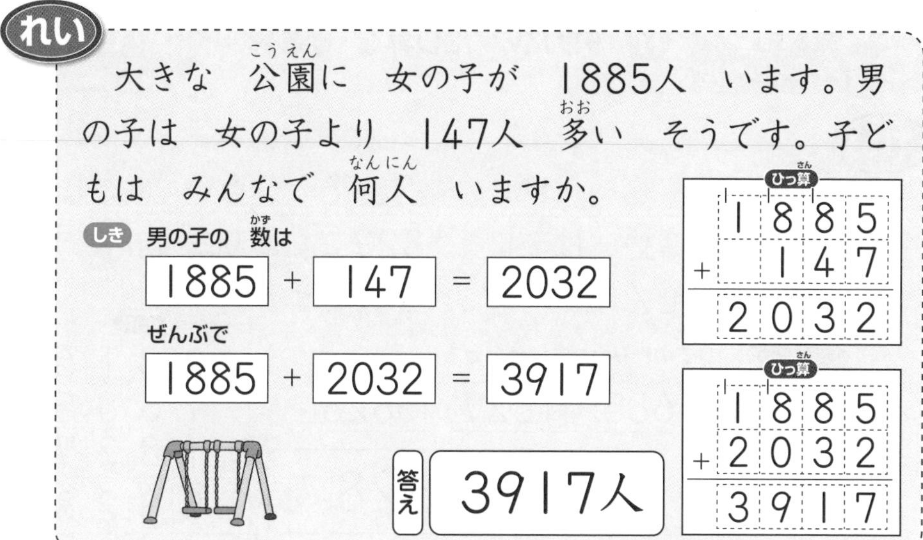

しき　男の子の 数は

1885 + 147 = 2032

ぜんぶで

1885 + 2032 = 3917

答え　3917人

3　わたしの くつは 1250円で、妹の くつは それより 370円 やすい そうです。2人の くつの ねだんを 合わせると 何円ですか。（30点）

しき

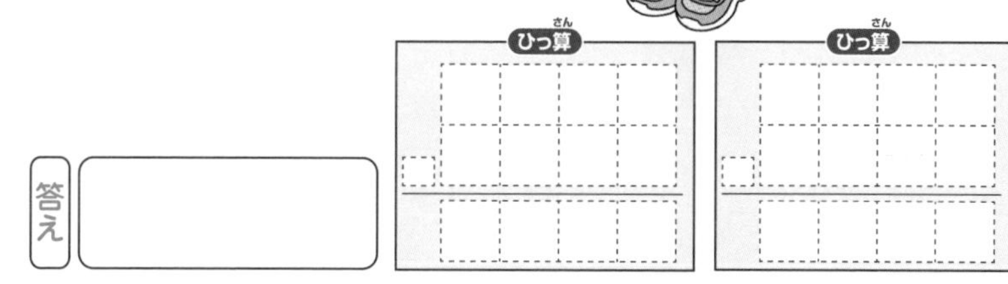

答え

4　えんぴつが 1600本 あります。769人の 子どもたちに 2本 ずつ くばろうと 思います。えんぴつは 何本 のこりますか。（30点）

しき

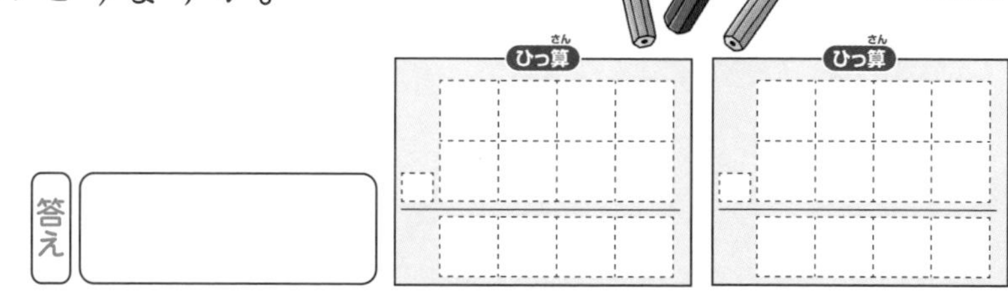

答え

テスト67 ハイレベル ⑰ 4けたの たし算と ひき算(4) じかん 15ふん ごうかくてん 70てん

れい みかんが 赤い はこに 2316こ、白い はこに 1685こ、青い はこに 1827こ あります。みかんは ぜんぶで 何こ ありますか。

しき 3つの はこの みかんを 合わせる

2316 + 1685 + 1827 = 5828

ひっ算

	2	3	1	6
	1	6	8	5
+	1	8	2	7
	5	8	2	8

答え 5828こ

1 東町に すんで いる 人は 3416人、中町は 4235人、西町は 1694人です。3つの 町を 合わせると、何人ですか。(20点)

しき

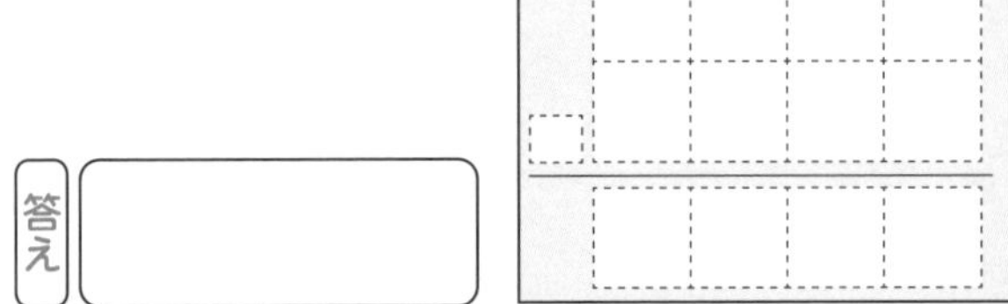

答え

2 兄弟3人で 1780円ずつ 出し合って、お母さんの プレゼントを 買うことに なりました。お金は いくら 集まりましたか。(20点)

しき

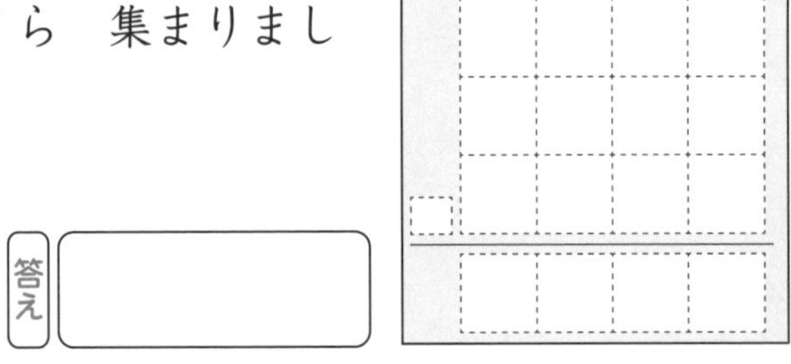

答え

れい 3000人が マラソンを して います。ひろみさんは 前から 1100番目を 走って いましたが、251人を ぬきました。ひろみさんは 後ろから 何番目ですか。

前から 何番目 → 後ろに 何人いる → 後ろから 何番目 と 考えましょう。

しき 251人 ぬいたから

1100 − 251 = 849

後ろに いる人は

3000 − 849 = 2151

後ろから 何番目(後ろにいる 人数の つぎ)

2151 + 1 = 2152

ひっ算

	1	1	0	0
−		2	5	1
		8	4	9

ひっ算

	3	0	0	0
−		8	4	9
	2	1	5	1

答え 2152番目

3 5000人が マラソンを して います。めぐみさんは 前から 1500番目を 走って いましたが、356人に ぬかれて しまいました。めぐみさんは 後ろから 何番目ですか。(20点)

★ ぬかれた ときは 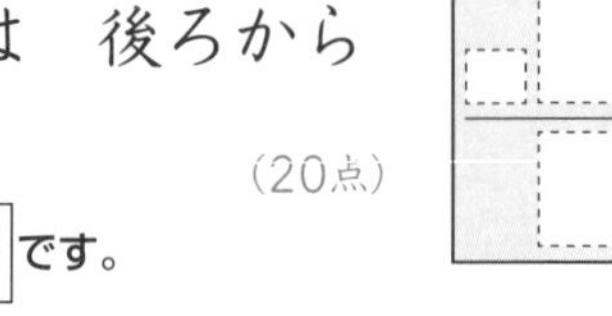 算です。

しき

答え

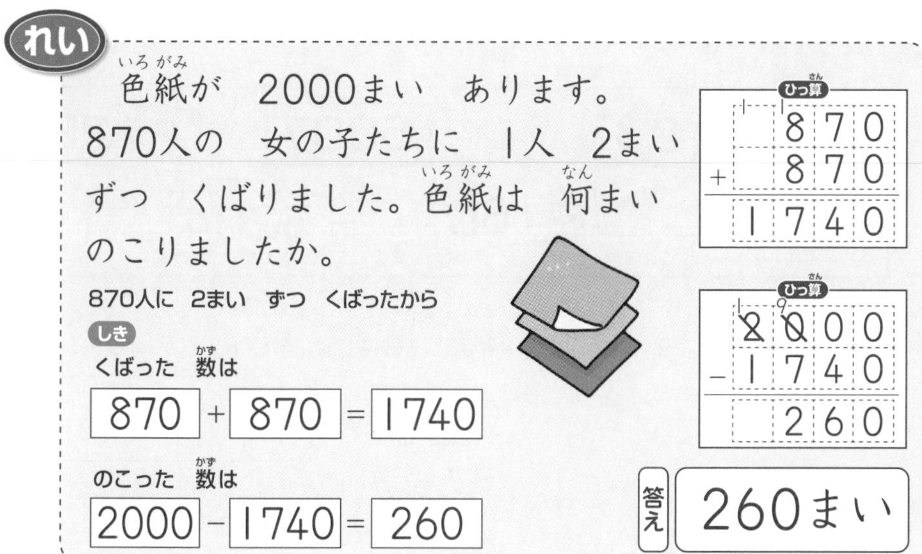

れい

色紙が　2000まい　あります。870人の　女の子たちに　1人　2まいずつ　くばりました。色紙は　何まい　のこりましたか。

870人に　2まい　ずつ　くばったから

しき

くばった　数は

870 ＋ 870 ＝ 1740

のこった　数は

2000 － 1740 ＝ 260

答え　260まい

4　カードが　5000まい　あります。1230人の　男の子たちに　1人　2まいずつ　くばりました。カードは　何まい　のこりましたか。　(20点)

しき

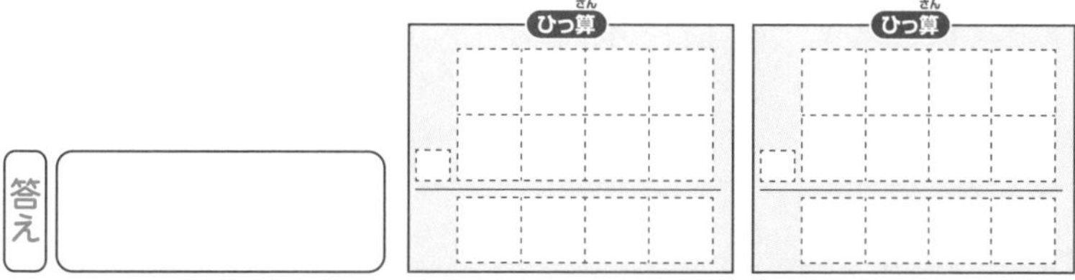

5　画用紙が　7000まい　あります。2290人の　子どもたちに　1人　3まいずつ　くばりました。画用紙は　何まい　のこりましたか。　(20点)

しき

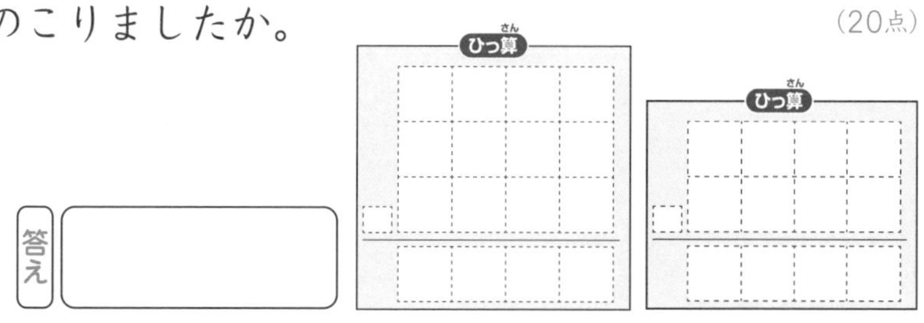

テスト 68　最レベ　最高レベルにチャレンジ!!　⑰ 4けたの　たし算と　ひき算(4)

じかん 10ぷん　ごうかくてん 50てん　　てん

●　ももかさんは　3000円を　もって、ひろみさんは　何円か　もって　買いものに　行きました。ももかさんは　1650円の　かばんを　買い、ひろみさんは　1300円の　ぼうしを　買ったので、ももかさんの　のこりの　お金は、ひろみさんの　のこりの　お金の　ちょうど　半分に　なりました。

❶　ももかさんの　のこりの　お金は　何円ですか。　(50点)

しき

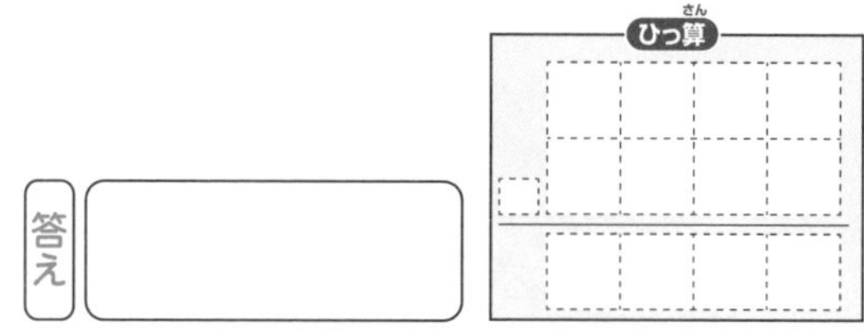

❷　ひろみさんは　はじめに　お金を　何円　もって　いますか。　(50点)

しき

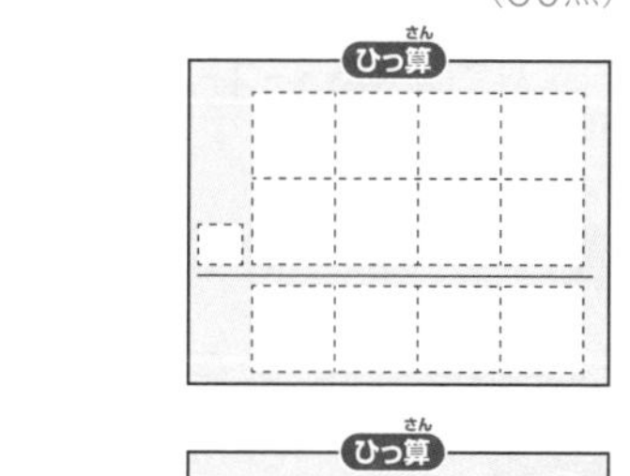

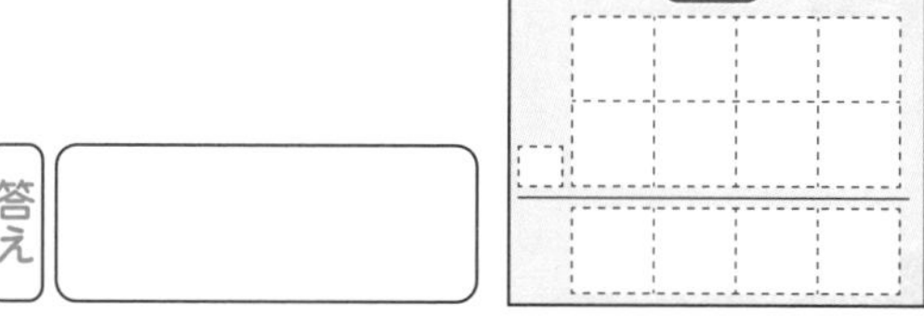

テスト69 標準レベル1

⑱ 10000までの 数（くらいどり）

じかん 10ぷん　ごうかくてん 80てん　　てん

1 『9473』の 数に ついて 答えなさい。（1つ10点・30点）

❶ 『3』は 何の くらいですか。

答え

❷ 『4』は 何の くらいですか。

答え

❸ 千の くらいの 数字を 答えなさい。

答え

2 □に あてはまる 数を 書きなさい。（1つ10点・30点）

❶ 1000を 2こ、100を 3こ、10を 8こ、1を 9こ 合わせた 数は、□です。

❷ 千の くらいの 数字と 百の くらいの 数字を 入れかえると、9423に なりました。もとの 数は、□です。

❸ 8050は、100が □こと 50です。

3 つぎの 数に ついて 答えなさい。（1つ10点・30点）

❶ いちばん 大きい 数を 書きなさい。

答え

❷ 5016より 大きく 5106より 小さい 数を ぜんぶ 書きなさい。

答え

❸ 十の くらいの 数字が、百の くらいの 数字より 大きい 数は、何こ ありますか。

答え

4 お父さんの さいふの 中には、五千円さつが 1まいと、千円さつが 4まいと、五百円玉が 1まい 入って います。ぜんぶで 何円 入って いますか。（10点）

しき

答え

テスト70 標準 レベル2

⑱ 10000までの 数（くらいどり）

じかん 10ぷん　ごうかくてん 80てん　　てん

1 □に あてはまる 数を 書きなさい。（1つ5点・25点）

❶ 一の くらいが 4、十のくらいが 2、百のくらいが 8、千の くらいが 1の 数は □ です。

❷ 100を 27こ あわせた 数は、□ です。

❸ 5678は 1000を □ こ、100を □ こ、10を □ こ、1を □ こ あわせた 数です。

❹ 10000は、500を 10こと □ を 500こ あわせた 数です。

❺ 1000を 7こ、100を 1こ、10を 5こ、1を 2こ あわせた 数は、□ です。

2 つぎの かん数字を 数字で 書きなさい。（1つ5点・15点）

❶ 千二百三　答え

❷ 四千三百十五　答え

❸ 六千八百四十二　答え

3 つぎの 数字を かん数字で 書きなさい。（1つ10点・40点）

❶ 1745　答え

❷ 3504　答え

❸ 6732　答え

❹ 8009　答え

4 東町の 子どもの 数は、西町より 130人 少なく、西町は 800人より 20人 多い そうです。東町の 子どもの 数は 何人ですか。（10点）

しき

答え

5 わたしは 5000円、お姉さんも 5000円 もって います。2人の お金を いっしょに して、6000円の 本を 買うと のこりは いくらですか。（10点）

しき

答え

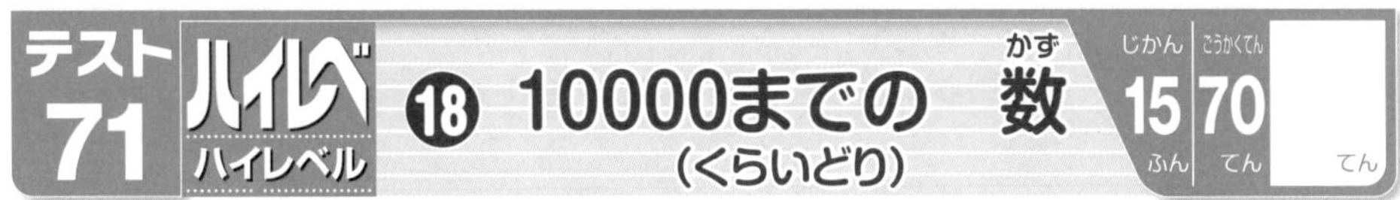

1 同じ 数に なるものを ——で つなぎなさい。 (1つ6点・18点)

❶	5000と 100を あわせた 数 ●	● 4000と 80を あわせた 数
❷	10000より 200 小さい 数 ●	● 5500より 400 小さい 数
❸	100を 40こと 10を 8こ あわせた 数 ●	● 5000と 4000と 800を あわせた 数

2 つぎの 4つの カードを ならべて、4けたの 数を つくります。小さい じゅんに 3つ 書きなさい。 (1つ6点・12点)

❶ 0 5 4 7

答え ➡ ➡

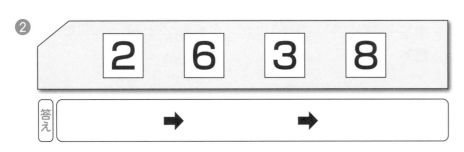

❷ 2 6 3 8

答え ➡ ➡

3 □に 入る 0~9までの 数を ぜんぶ 書きなさい。 (1つ5点・10点)

❶ $\square 805 > 7637$ 答え

❷ $3480 > 3\square 80$ 答え

4 □に 数を 書きなさい。 (1つ5点・10点)

❶ 4750—4850—□—□—5150

❷ 9050—8900—□—8600—□

5 下の カードの うち 4まいを つかって、4けたの 数を つくります。 (1つ5点・20点)

1 7 9 0 8

❶ いちばん 大きい 数は 何ですか。 答え

❷ いちばん 小さい 数は 何ですか。 答え

❸ 上の カードを つかって 十の くらいが 1、百の くらいが 9に なる 数を ぜんぶ 書きなさい。

答え

❹ 8000に いちばん 近い 数を 書きなさい。 答え

6 あてはまる 数 ぜんぶに ○を つけなさい。 (1つ6点・12点)

❶ 3000より 小さい 数

❷ 8650より 大きく 9050より 小さい 数

7 下の 6まいの カードの 中から 4まいを つかって、4けたの 数を つくります。 (1つ6点・18点)

❶ いちばん 大きい 数は いくつですか。

❷ 5番目に 小さい 数は いくつですか。

❸ 5000に もっとも 近い 数は いくつですか。

テスト 72

最高レベルにチャレンジ!!

⑱ 10000までの 数 (くらいどり)

じかん 10ぷん ごうかくてん 60てん てん

● おもてと うらに 数字を 書いた カードが 4まい あります。うらの 数字は おもての 数字より 2小さい 数で、この 4まいを ならべて、4けたの 数を 作ります。おもてと うらは 同時には つかえません。

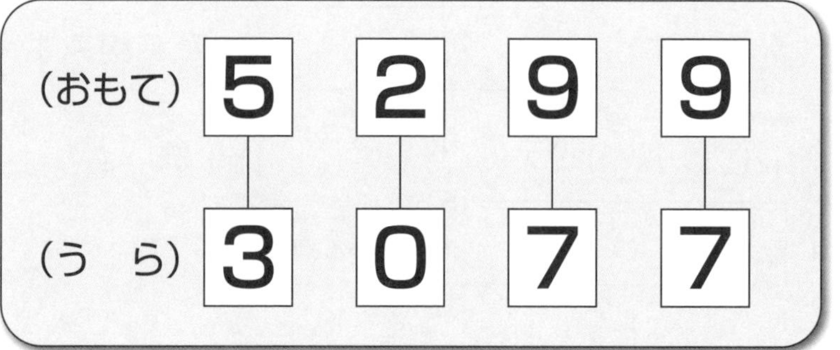

❶ いちばん 大きい 数は いくつですか。 (30点)

答え

❷ いちばん 小さい 数は いくつですか。 (30点)

答え

❸ 3700より 大きく 3750より 小さい 数を ぜんぶ 書きなさい。 (40点)

答え

テスト73 標準レベル1 ⑲ かさ（L，dL，mL）

じかん 10ぷん　ごうかくてん 80てん　　てん

1 □に あてはまる ことばを 書きなさい。（1つ10点・30点）

❶ 小さな 水の かさを はかるには、1dLの たんいを つかいます。1（いち）□と 読みます。

❷ 大きな 水の かさを はかるには、1Lの たんいを つかいます。1（いち）□と 読みます。

❸ 1dLより 小さい たんいに 1mLが あります。1（いち）□と 読みます。

2 つぎの たんいを 書きなさい。（1つ10点・20点）

❶ 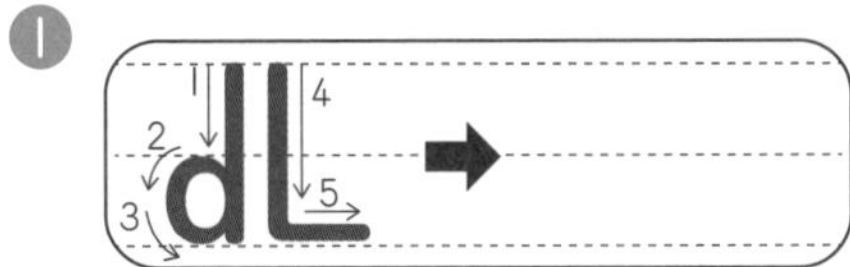

❷ 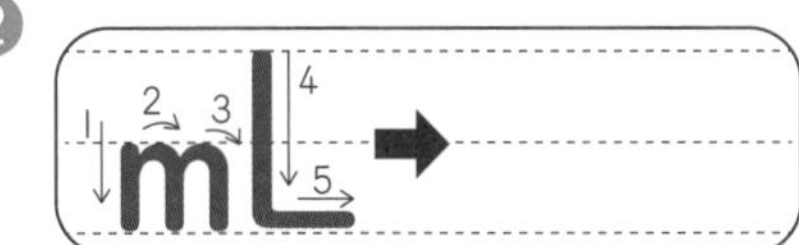

3 ペットボトルに 入って いる 水の かさを はかると、下のように なりました。何dLの 水が 入って いますか。たんいも 正しく 書きなさい。（10点）

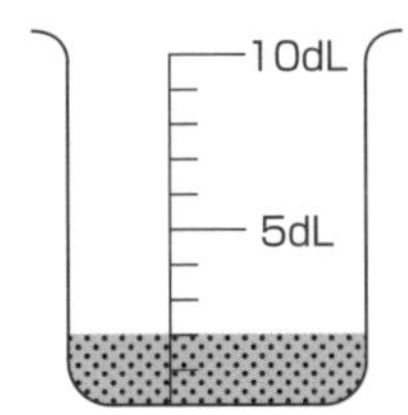

答え

4 入れものに 入って いる 水の かさは 何dLですか。また、何mLですか。2通りで 書きなさい。（1つ10点・20点）

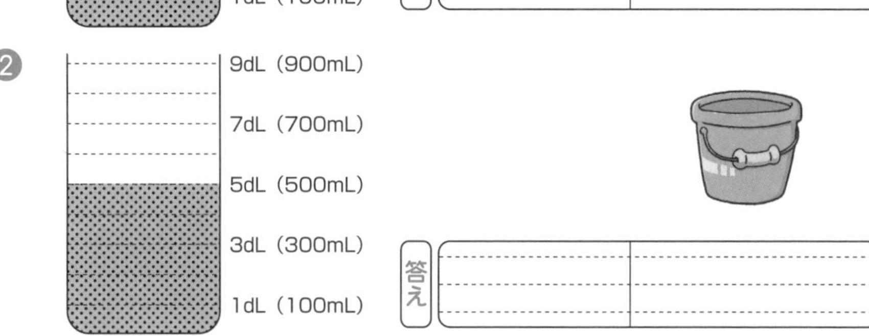

答え

答え

5 びんに 入って いる オレンジジュースの かさを はかると、下のように なりました。何dLの オレンジジュースが 入って いますか。（10点）

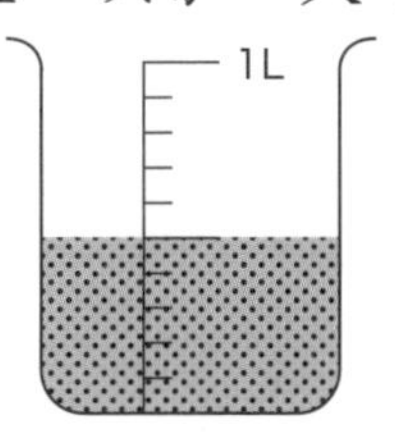

答え

6 びんに 入って いる メロンジュースの かさを はかると、下のように なりました。何dLの メロンジュースが 入って いますか。（10点）

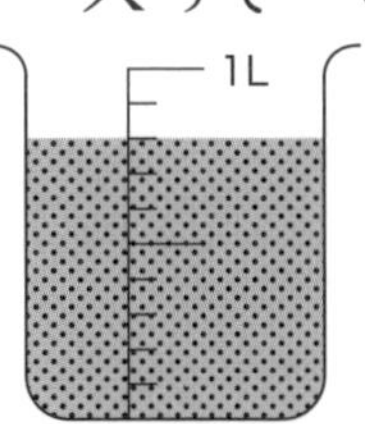

答え

テスト74 標準 レベル2 ⑲ かさ（L，dL，mL）

じかん 10ぷん ごうかくてん 80てん　　てん

1 つぎの □ に あてはまる 数を 書きなさい。 （1つ10点・30点）

❶ 1dLを 10こ あつめた かさを 1Lと いいます。だから、1L＝□dLです。

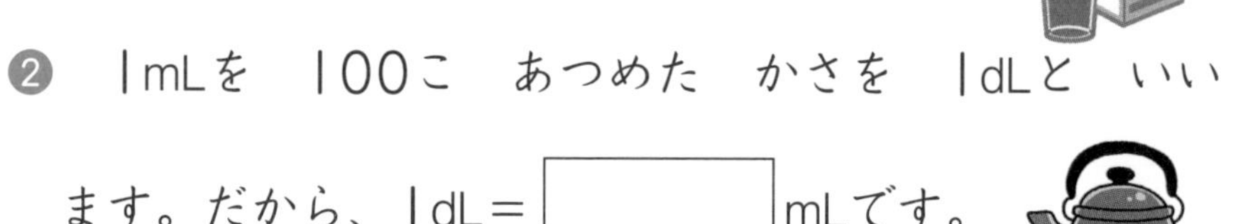

❷ 1mLを 100こ あつめた かさを 1dLと いいます。だから、1dL＝□mLです。

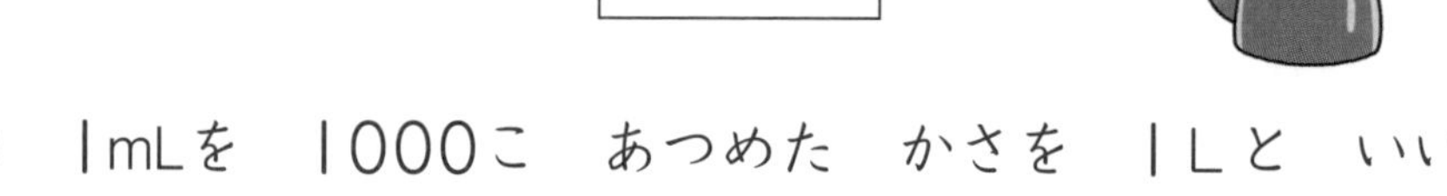

❸ 1mLを 1000こ あつめた かさを 1Lと いいます。だから、1L＝□mLです。

2 つぎの 水の かさを dLを つかって 書きなさい。 （1つ10点・30点）

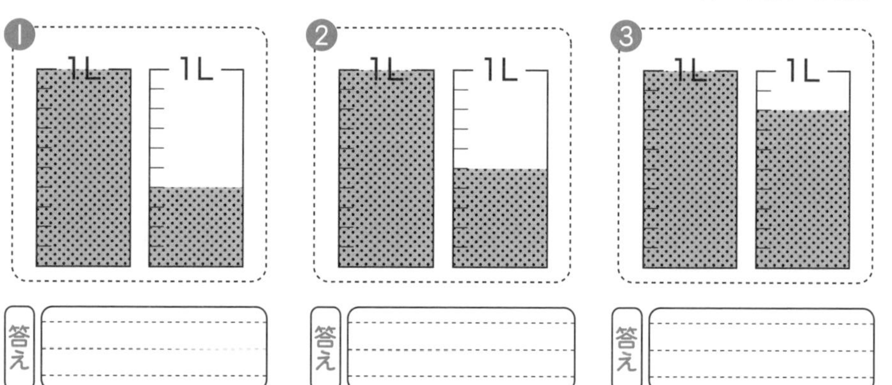

❶ 答え □　❷ 答え □　❸ 答え □

れい ゆりさんの 水とうには 2L、ひできさんの 水とうには 1L2dLの 水が 入って います。合わせると 何L何dLに なりますか。

しき 2L＋1L2dL＝3L2dL

答え 3L2dL

3 かずおさんの 水とうには 1L3dL、みどりさんの 水とうには 1L5dLの 水が 入って います。合わせると 何L何dLに なりますか。 （20点）

しき

答え □

れい ㋐の バケツには 2L5dL、㋑の コップには 3dLの 水が 入ります。㋐と ㋑に 入る 水の かさの ちがいは 何L何dLですか。

㋐　㋑

しき 2L5dL－3dL＝2L2dL

答え 2L2dL

4 あきらさんの バケツには 2L7dL、さちこさんの バケツには 2L3dLの 水が 入って います。水の かさの ちがいは どれだけですか。 （20点）

しき

答え □

⑲ かさ（L，dL，mL）

じかん 15ふん　ごうかくてん 70てん　てん

れい
5dLの　水と　18dLの　水を　つかいました。ぜんぶで　何L何dLの　水を　つかいましたか。

しき　5 dL＋ 18 dL＝ 23 dL
23 dL＝ 2 L 3 dL

答え　2L3dL

1　2L5dLの　水と　38dLの　水を　つかいました。ぜんぶで　何L何dLの　水を　つかいましたか。（20点）

しき

れい
2Lの　ジュースが　あります。このうち　400mL　のむと、のこりは　何L何mLですか。

2L＝ 2000 mLだから

しき　2000 mL－ 400 mL＝ 1600 mL
1600 mLは 1 L 600 mL

答え　1L600mL

2　水が　3L　入って　いる　バケツから　800mL　つかうと　何L何mL　のこりますか。（20点）

しき

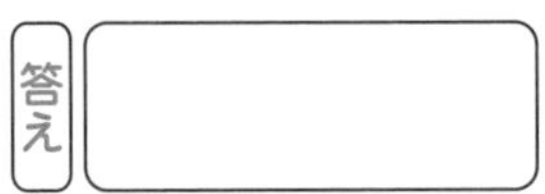

れい
2Lの　ジュースが　ありました。わたしと　妹で　300mLずつ　のみました。のこりは　何L何mLですか。

しき　のんだ　ジュースは

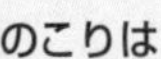

300 mL＋ 300 mL＝ 600 mL
2 L＝ 2000 mLだから

のこりは
2000 mL－ 600 mL＝ 1400 mL
1400 mL＝ 1 L 400 mL

答え　1L400mL

3　5Lの　水が　ありました。わたしと　弟が　花の　水やりで　800mLずつ　つかいました。のこりは　何L何mLですか。（20点）

しき

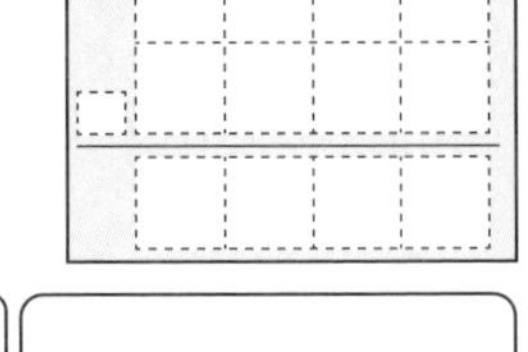

答え

4　2L300mLの　水が　ありました。わたしと　妹と　弟が　400mLずつ　のみました。のこりは　何L何mLですか。（20点）

しき

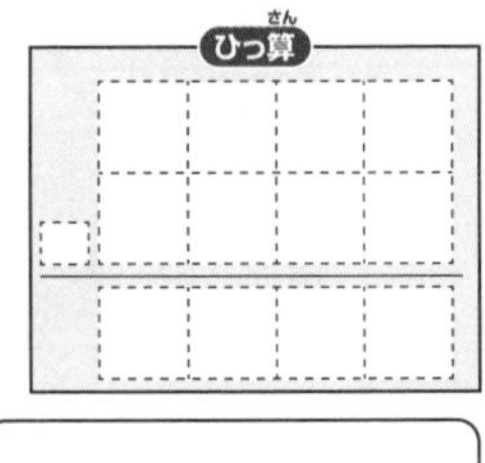

答え

れい

まきさんの　水とうには　17dLの　水が　入り、弟の　水とうに　入る　水を　合わせると、3L2dLに　なる　そうです。

❶ 弟の　水とうには、何L何dLの　水が　入りますか。

しき　3L2dL＝［32］dLだから

［32］dL－［17］dL＝［15］dL

［15］dL＝［1］L［5］dL

答え　1L5dL

❷ 6Lの　お茶を　2人の　水とうが　いっぱいに　なるまで　入れると、お茶は　何L何dL　のこりますか。

しき　6L＝［60］dL　3L2dL＝［32］dL

［60］dL－［32］dL＝［28］dL

［28］dL＝［2］L［8］dL

答え　2L8dL

5　あきらさんの　バケツは　35dL　水が　入り、妹の　バケツより　12dL　たくさん　水が　入る　そうです。水が　8L　入って　いる　タンクから　2人の　バケツが　いっぱいに　なるまで　水を　入れると、タンクの　水の　のこりは　何L何dLに　なりますか。（20点）

しき

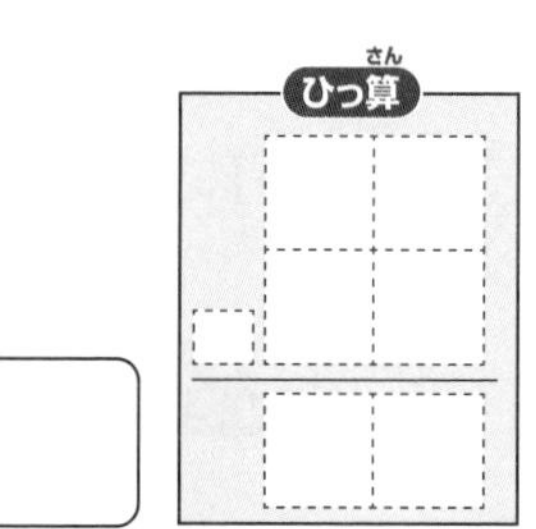

答え

テスト 76

最高レベルにチャレンジ!!

⑲ かさ（L,dL,mL）

じかん 10ぷん　ごうかくてん 50てん　てん

れい

水そうに　4Lの　水が　入って　います。その　水そうの　上から　1分間に　300mLの　水を　入れ、同時に　下から　1分間に　8dLの　水を　ぬいて　いきます。3分後に、水そうの　水は　何L何mLに　なりますか。

しき（1分間に　入る　水）…300mL（出る　水）…8dL＝800mL

800mL－300mL＝500mL…（1分間に　へる　水）

（3分間では）500mL＋500mL＋500mL＝1500mL　へる

4L＝4000mL　4000mL－1500mL＝2500mL

2500mL＝2L500mL

答え　2L500mL

●　水そうに　5Lの　水が　入って　います。その　水そうの　上から　1分間に　200mLの　水を　入れ、同時に　下から　1分間に　9dLの　水を　ぬいて　いきます。5分後には、水そうの　水は　何L何mLに　なりますか。

（100点）
（とちゅうまで…50点）

しき

答え

テスト77 標準レベル1 ⑳（ ）や＝の ある しき　じかん10ぷん　ごうかくてん80てん　てん

1 ＝を つかった 1つの しきを 作りなさい。（1つ10点・20点）

れい
25から 4を ひいた 数は、10より 11大きい 数です。

答え しき $25-4=10+11$

❶ 63に 9を たした 数は、78から 6を ひいた 数と 同じです。

答え しき

❷ 158から 29を ひいた 数は、100に 29を たした 数と 同じです。

答え しき

2 ＝を つかった 1つの しきを 作りなさい。
あきらさんは 80円の りんごを 1こ 買って 100円はらうと 20円 おつりを もらいました。

（20点）

答え しき

3 （ ）や ＝を つかった 1つの しきを 作りなさい。（1つ20点・40点）

れい
4と3を たした 数を 7ばい すると、49に なります。

答え しき $(4+3)\times7=49$

❶ 8から 6を ひいた 数を 9ばい すると、18に なります。

答え しき

❷ 7と 1の ちがいの 数を 5ばい すると、30に なります。

答え しき

4 （ ）や ＝を つかった 1つの しきを 作りなさい。
みどりさんは 色紙を 35まい もっていました。弟に 20まい、妹に 10まい あげたので、のこりは 5まいに なりました。

（20点）

答え しき

テスト78 標準レベル2

⑳ ( )や=の ある しき

じかん 10ぷん　ごうかくてん 80てん　　てん

れい

ともみさんは 270円 ちょ金して いました。今週と 来週で 50円ずつ つかう つもりです。ともみさんの ちょ金は、何円に なりますか。つかう お金に ( )を つかった 1つの しきを 作って 答えなさい。

しき 270−(50+50)
=270−100
=170

答え 170円

1 180円の りんごと 130円の みかんを 1こずつ 買って、500円 はらいました。おつりは いくらですか。( )を つかった 1つの しきを 作って 答えなさい。(20点)

しき

答え

2 9円の あめを 5こ 買うと、あめの ねだんを 1こにつき 1円 やすく してくれました。いくら はらえば よいですか。( )を つかった 1つの しきを 作って 答えなさい。(20点)

しき

答え

3 さくらさんは 1まい 10円の 色紙を 4まい 買いました。お店の 人が 1まいにつき 2円 やすく してくれました。さくらさんは いくら はらいましたか。( )を つかった 1つの しきを 作って 答えなさい。(20点)

しき

答え

4 やすこさんは おはじきを 250こ もって います。妹と 弟に 80こずつ あげます。のこりは 何こに なりますか。( )を つかった 1つの しきを 作って 答えなさい。(20点)

しき

答え

5 えりさんの 学校の 男の子は 195人で 女の子より 17人 少ない そうです。えりさんの 学校の 子どもは みんなで 何人 いますか。( )を つかった 1つの しきを 作って 答えなさい。(20点)

しき

答え

テスト79 ハイレベ ハイレベル

⑳ ( )や=の ある しき

じかん 15ふん ごうかくてん 70てん　てん

れい　1まい 3円の 色紙(いろがみ)を 4まいと、1まい 8円の 画用紙(がようし)を 6まい 買(か)って 100円 はらいました。おつりは いくらですか。( )を つかった 1つの しきを 作(つく)って 答(こた)えなさい。

しき
$100-(3\times4+8\times6)$
$=100-(12+48)$
$=100-60$
$=40$

答え　40円

1　1こ 4円の ビー玉を 8こと、1こ 7円の おはじきを 9こ 買(か)って、100円 はらいました。おつりは いくらですか。( )を つかった 1つの しきを 作(つく)って 答(こた)えなさい。(10点)

しき

答え

2　3人の 男の子と 5人の 女の子に みかんを 6こずつ くばろうと すると、3こ たりませんでした。みかんは ぜんぶで 何(なん)こ ありますか。( )を つかった 1つの しきを 作(つく)って 答(こた)えなさい。(10点)

しき

答え

3　石けんが 6こずつ 入って いる はこが 5はこ あります。そのうち 2はこ つかいました。石けんは あと 何(なん)こ のこって いますか。( )を つかった 1つの しきを 作(つく)って 答(こた)えなさい。(10点)

しき

答え

4　子どもが 40人います。4人がけの いすが 3きゃくと、6人がけの いすが 4きゃく あります。すわれない 人は 何人(なんにん)ですか。( )を つかった 1つの しきを 作(つく)って 答(こた)えなさい。(15点)

しき

答え

5　1mの リボンから 5cmの リボンを 6本と、8cmの リボンを 6本 切(き)りました。リボンは 何(なん)cm のこって いますか。( )を つかった 1つの しきを 作(つく)って 答(こた)えなさい。(15点)

しき

答え

6 5円の　あめを　3こと、6円の　キャラメルを　5こと、8円の　ガムを　4こ　買って、100円　はらいました。おつりは　何円ですか。(　)を　つかった　1つの　しきを　作って　答えなさい。(20点)

しき

答え

7 みかんが　6こ　入った　はこが　5はこと、りんごが　3こ　入った　はこが　5はこ　あります。

❶ みかんと　りんごでは、どちらが　何こ　多いですか。(　)を　つかった　1つの　しきを　作って　答えなさい。(10点)

しき

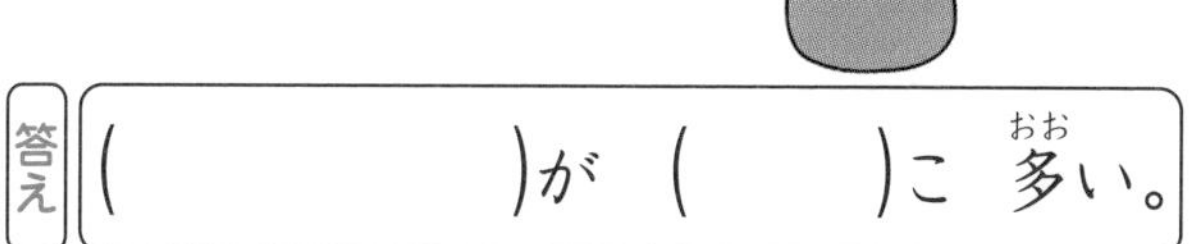

答え　(　　　　　)が　(　　　)こ　多い。

❷ みかんと　りんごを　合わせると　ぜんぶで　何こ　ありますか。(　)を　つかった　1つの　しきを　作って　答えなさい。(10点)

しき

答え

テスト80 最レベ　最高レベルにチャレンジ!!

⑳ (　)や=の　ある　しき

じかん 10ぷん　ごうかくてん 50てん　　てん

● 1まい　8円の　画用紙と、1まい　6円の　色紙を　買おうと　思います。どちらも　5まいより　たくさん　買ったときは　5まいより　多い　分だけ　1まいにつき　2円　やすく　なります。(　)を　つかった　1つの　しきを　作って　答えなさい。

❶ 画用紙を　7まい　買うと、代金は　いくらに　なりますか。(50点)

しき

答え

❷ どちらも　9まいずつ　買うと、代金は　ぜんぶで　いくらに　なりますか。(50点)

しき

答え

リビューテスト 4-①
（ふくしゅうテスト）

じかん 15ふん　ごうかくてん 70てん　てん

1 ひさしさんの お母さんは、6800円の ふくと 1300円の ぼうしを 買いました。ぜんぶで いくらでしたか。

しき　（15点）

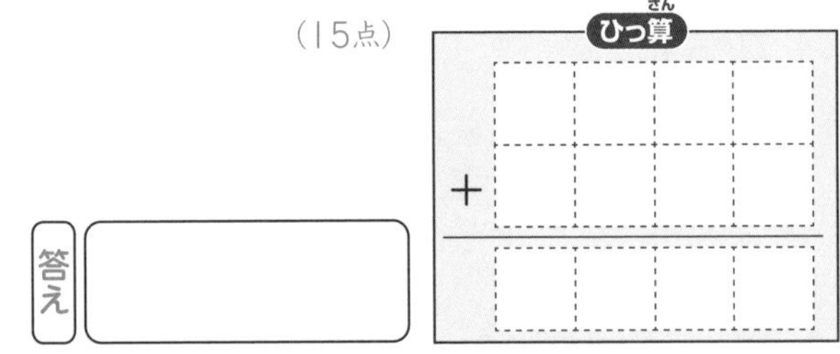

答え

2 1385円の 本と 865円の 本を 1さつずつ 買って 3000円 はらいました。おつりは いくらですか。

（15点）

しき

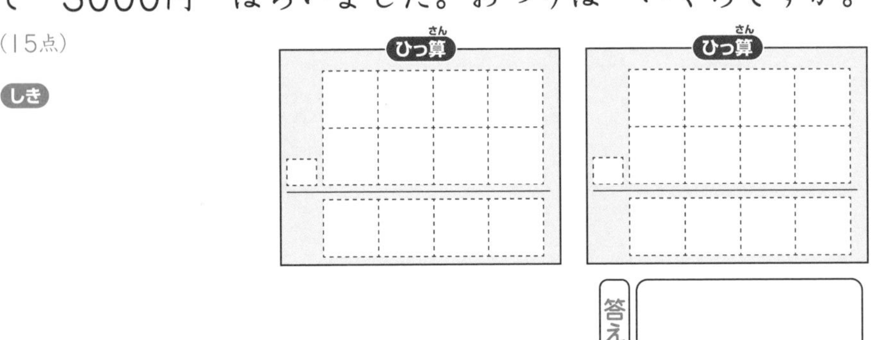

答え

3 わたしの ちょ金は、1695円です。お姉さんは 2718円で、弟は 1237円です。3人 合わせると 何円に なりますか。（15点）

しき

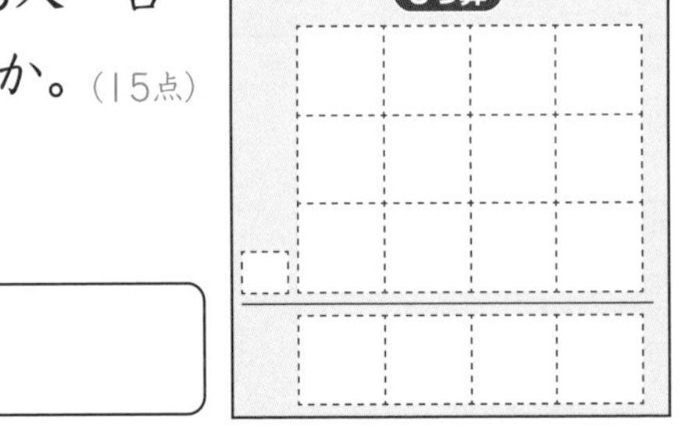

答え

4 つぎの 分数の 大きさに なるように 図に 色を ぬりなさい。（1つ5点・20点）

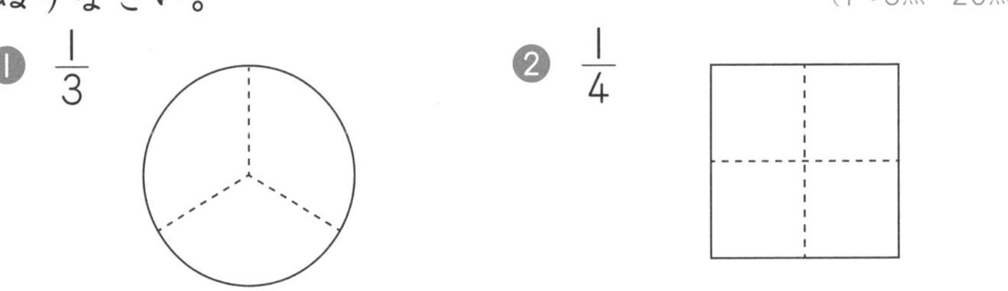

❶ $\frac{1}{3}$　❷ $\frac{1}{4}$

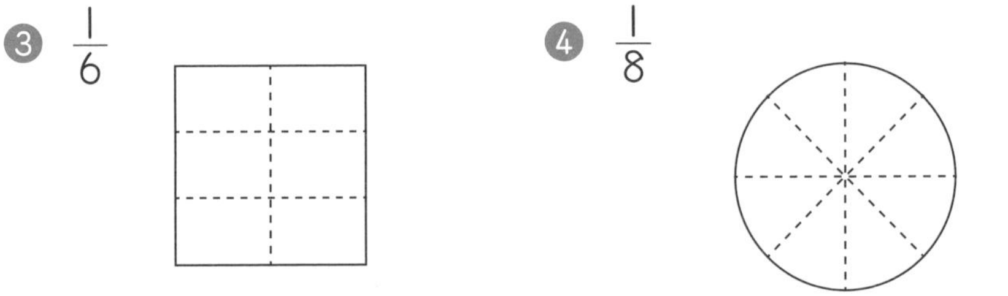

❸ $\frac{1}{6}$　❹ $\frac{1}{8}$

5 2L入りの 入れものに 水が 半分 入って います。この 水を 5dL つかうと、のこりは 何dL ですか。

しき　（15点）

答え

6 □に あてはまる 数を 書きなさい。（1つ5点・20点）

❶ 1200は 100を □ こ あわせた 数です。

❷ 2800は 100を □ こ あわせた 数です。

❸ 7400は 100を □ こ あわせた 数です。

❹ 9000は 100を □ こ あわせた 数です。

リビューテスト 4-②
（ふくしゅうテスト）

じかん 15ふん　ごうかくてん 70てん　　てん

1 □に　あてはまる　数を　書きなさい。（1つ5点・10点）

❶ $\frac{1}{2}$を □ こ　あつめると　1に　なります。

❷ $\frac{1}{4}$を □ こ　あつめると　1に　なります。

2 どちらが　大きいですか。○で　かこみなさい。（1つ4点・20点）

❶ （$\frac{1}{2}$，$\frac{1}{3}$）　❷ （$\frac{1}{5}$，$\frac{1}{4}$）　❸ （$\frac{1}{6}$，$\frac{1}{5}$）

❹ （$\frac{1}{7}$，$\frac{1}{8}$）　❺ （$\frac{1}{10}$，1）

3 お茶が　3L　あります。弟と　妹に　8dLずつ　あげると、のこりは　何L何dLに　なりますか。（10点）

しき

答え

4 （　）や　＝を　つかった　しきを　作りなさい。（1つ10点・20点）

❶ 34と　26の　ちがいの　数を　7ばい　すると、56に　なります。

答え

❷ 56と　37を　たした　数から　89を　ひいた　数を　8ばい　すると、32に　なります。

答え

5 □に　あてはまる　数を　書きなさい。（1つ5点・20点）

❶ 1000を　3こ　100を　2こ　10を　4こ　1を　7こ　あわせた　数は、□です。

❷ 1000を　6こ　100を　5こ　1を　23こ　あわせた　数は、□です。

❸ 1000を　4こ　10を　72こ　1を　8こ　あわせた　数は、□です。

❹ 100を　87こ　10を　4こ　1を　9こ　あわせた　数は、□です。

6 ももかさんの　町には　男の人が　2947人　すんでいます。女の人は　男の人より　185人　多い　そうです。ももかさんの　町に　すんで　いる　人は、みんなで　何人ですか。（10点）

しき

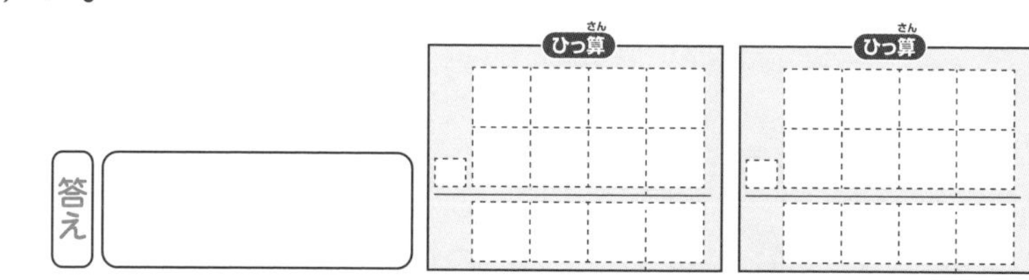

答え

7 色紙が　2000まい　ありましたが、456人の　子どもたちに　3まいずつ　くばりました。のこりは　何まいですか。（10点）

しき

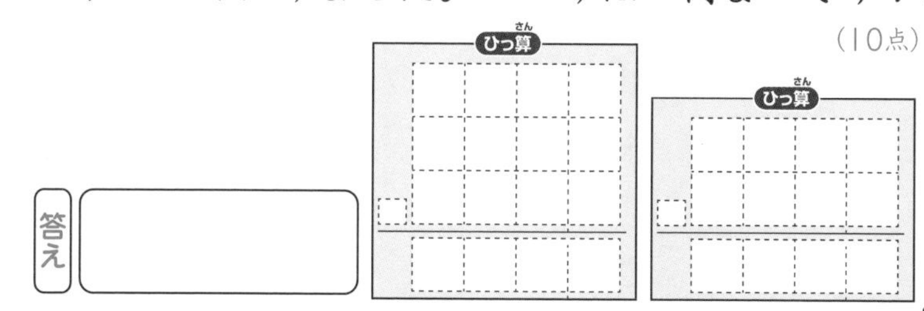

答え

テスト 81 標準 レベル 1 ㉑ 文章題特訓

じかん 10ぷん ごうかくてん 50てん てん

れい

1こ　2円の　おはじきを　まことさんは　2こ、ももかさんは　3こ　買いました。2人　合わせて　いくら　はらいましたか。

❶　2人が　買った　おはじきの　数を　先に　もとめてから、答えを　出しなさい。

しき　2+3=5　2×5=10

答え　10円

❷　それぞれが　はらった　お金を　先に　もとめてから、答えを　出しなさい。

しき　2×2=4(まことさん)　2×3=6(ももこさん)
4+6=10

答え　10円

1　1こ　4円の　あめを　みちこさんは　3こ、つよしさんは　5こ　買いました。2人　合わせて　いくら　はらいましたか。
（1つ20点・40点）

❶　2人が　買った　あめの　数を　先に　もとめてから、答えを　出しなさい。

しき

答え

❷　それぞれが　はらった　お金を　先に　もとめてから、答えを　出しなさい。

しき

答え

れい

はなこさんは　1まい　5円の　色紙を　4まい　買いました。お店の　人が　1まいに　つき　2円　やすく　してくれました。はなこさんは　いくら　はらいましたか。

❶　やすく　して　もらう　まえの　色紙の　ぜんぶの　ねだんを　先に　もとめてから、答えを　出しなさい。

しき　5×4=20　2×4=8
20−8=12

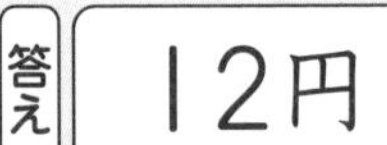

答え　12円

❷　やすく　なった　色紙の　1まいの　ねだんを　先に　もとめてから、答えを　出しなさい。

しき　5−2=3　3×4=12

答え　12円

2　ごろうさんは　1こ　8円の　ビー玉を　7こ　買いました。お店の　人が　1こに　つき　3円　やすく　してくれました。ごろうさんは　いくら　はらいましたか。
（1つ30点・60点）

❶　やすく　して　もらう　前の　ビー玉　ぜんぶの　ねだんを　先に　もとめてから、答えを　出しなさい。

しき

答え

❷　やすく　なった　ビー玉の　1この　ねだんを　先に　もとめてから、答えを　出しなさい。

しき

答え

テスト 82 標準 レベル 2

㉑ やりとり算（算術特訓）

じかん 10ぷん　ごうかくてん 50てん　てん

れい

まりさんは　おはじきを　63こ　もって　いました。みどりさんから　12こ　もらうと、まりさんと　みどりさんの　おはじきの　数は　同じに　なりました。みどりさんは　はじめに　おはじきを　何こ　もって　いましたか。

ず

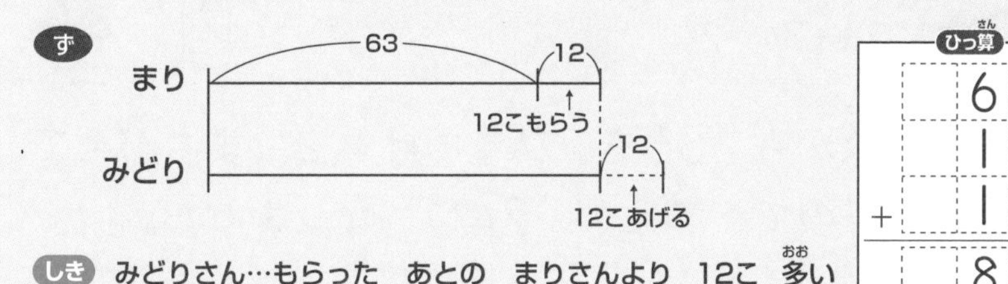

ひっ算

	6	3
	1	2
+	1	2
	8	7

しき　みどりさん…もらった　あとの　まりさんより　12こ　多い

63 + 12 + 12 = 87

もらった　あとの　まりさん　数

答え　87こ

1　まことさんは　色紙を　56まい　もって　いました。ひろしさんから　23まい　もらうと、2人の　色紙の　数は　同じに　なりました。ひろしさんは　はじめに　色紙を　何まい　もって　いましたか。（25点）

ず

まこと

ひろし

しき

ひっ算

答え

2　たろうさんは　画用紙を　42まい　もって　いました。お姉さんから　13まい　もらっても　お姉さんより　5まい　少ないです。お姉さんは　はじめに　何まい　もって　いましたか。（25点）

ず

たろう

お姉さん

しき

ひっ算

答え

3　かずおさんは　くりを　20こ　もって　いました。まきさんに　5こ　あげると、まきさんの　方が　2こ　多く　なりました。まきさんは　はじめに　くりを　何こ　もって　いましたか。（25点）

ず

かずお

まき

しき

かずおさんが　あげた　あと　□－5＝□

かずおさんより　2こ　多くなった

□＋2＝□

はじめ

□－□＝□

答え

4　えりさんは　どんぐりを　30こ　もって　います。ひろとさんに　7こ　あげると、ひろとさんの　方が　3こ　多く　なりました。ひろとさんは　はじめに　どんぐりを　何こ　もって　いましたか。（25点）

ず

えり

ひろと

しき

答え

テスト83 ハイレベル ㉑ 還元算（算術特訓）

じかん 15ふん　ごうかくてん 60てん　　てん

れい

ある　数に　4を　かける　計算を　まちがえて、3を　かけて　しまったので、答えが　27に　なりました。

❶ ある　数は　いくつですか。

しき　ある　数を　□と　すると
□×3=27　□=9

答え　9

❷ 正しい　答えは　いくつですか。

しき　9×4=36

答え　36

1 ある　数に　6を　かける　計算を　まちがえて、7を　かけて　しまったので、答えが　35に　なりました。

❶ ある　数は　いくつですか。（10点）

しき

答え

❷ 正しい　答えは　いくつですか。（5点）

しき

答え

2 ある　数に　8を　かける　計算を　まちがえて、9を　かけて　しまったので、答えが　63に　なりました。

❶ ある　数は　いくつですか。（10点）

しき

答え

❷ 正しい　答えは　いくつですか。（5点）

しき

答え

れい

ある　数から　34を　ひく　計算を　まちがえて、43を　ひいたので、答えが　15に　なりました。

❶ ある　数は　いくつですか。

しき　ある　数を　□と　すると
□−43=15　□=58

答え　58

❷ 正しい　答えは　いくつですか。

しき　58−34=24

答え　24

3 ある　数から　56を　ひく　計算を　まちがえて、65を　ひいたので、答えが　24に　なりました。

❶ ある　数は　いくつですか。（10点）

しき

答え

❷ 正しい　答えは　いくつですか。（5点）

しき

答え

4 ある　数に　45を　たす　計算を　まちがえて、54を　たしたので、答えが　77に　なりました。

❶ ある　数は　いくつですか。（10点）

しき

答え

❷ 正しい　答えは　いくつですか。（5点）

しき

答え

れい

ある　数に　2を　たしてから　5を　かける　計算を　まちがえて、2を　かけてから　5を　たしたので、答えが　11に　なりました。

❶　ある　数は　いくつですか。

しき　ある　数を　□と　すると

□×2+5=11　□×2=6　□=3

答え　3

❷　正しい　答えは　いくつですか。

しき　(3+2)×5=25

答え　25

5　ある　数に　6を　たしてから　2を　かける　計算を　まちがえて、6を　かけてから　2を　たしたので、答えが　14に　なりました。（1つ10点・20点）

❶　ある　数は　いくつですか。

しき

答え

❷　正しい　答えは　いくつですか。

しき

答え

6　ある　数に　3を　かけてから　2を　ひく　計算を　まちがえて、2を　ひいてから　3を　かけたので、答えが　9に　なりました。（1つ10点・20点）

❶　ある　数は　いくつですか。

しき

答え

❷　正しい　答えは　いくつですか。

しき

答え

テスト84　最レベ　最高レベルにチャレンジ!!

㉑ 推論（算術特訓）

じかん　10ぷん　ごうかくてん　40てん　　てん

1　まこと、げんき、かおる、のぞみの　4人が　せの　たかさくらべを　しました。

- まことは　かおるより　せが　高い。
- げんきは　かおるより　せが　ひくい。
- かおるは　のぞみより　せが　ひくい。
- のぞみは　まことより　せが　高い。

文を　読んで　せの　高い　じゅんに　4人の　名前を　書きなさい。（50点）

答え　　→　　→　　→

2　1組、2組、3組、4組の　子どもたちが　じゃんけんを　して、1番から　4番まで　じゅん番を　きめました。

- 1組の　人…「4組より　じゅん番が　あとだ。」
- 2組の　人…「4組より　じゅん番が　前だ。」
- 3組の　人…「4番だった。」
- 4組の　人…「1番では　ないが、3番までに　入れた。」

文を　読んで　じゅん番を　書きなさい。（50点）

答え　1組…□　2組…□　3組…□　4組…□

テスト85 標準 レベル1

㉒ 図形の まわりの 長さ

じかん 10ぷん ごうかくてん 70てん　　てん

れい

長方形の 紙から、1つの へんが 2cmの 正方形を 1つ 切りとりました。のこりの 形の まわりの 長さは 何cmですか。

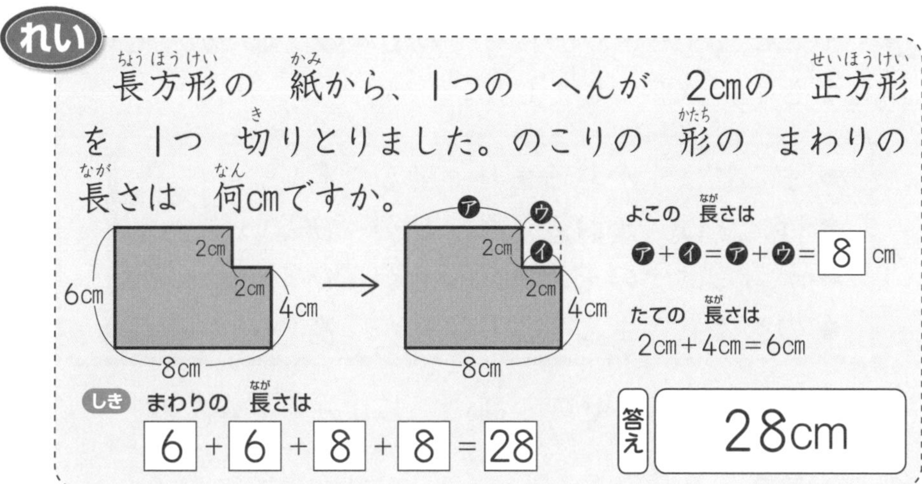

1 たて8cm、よこ10cmの 長方形の 紙から、1つの へんが 3cmの 正方形を 2つ 切りとりました。のこりの 形の まわりの 長さは 何cmですか。 (20点)

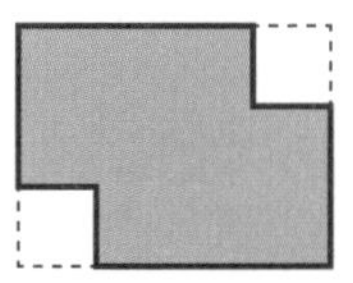

答え

2 たて 7cm、よこ 8cmの 長方形の 紙から、1つの へんが 2cmの 正方形を 4つ 切りとりました。のこりの 形の まわりの 長さは 何cmですか。 (20点)

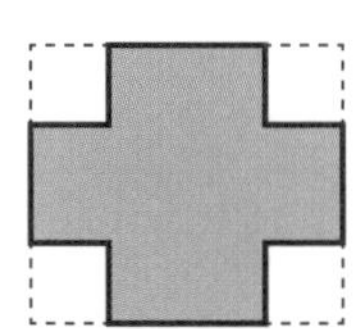

答え

れい

たて 4cm よこ 6cmの 長方形の 紙から、たて 1cm よこ 2cmの 長方形を 1つ 切りとりました。のこりの 形の まわりの 長さは 何cmですか。

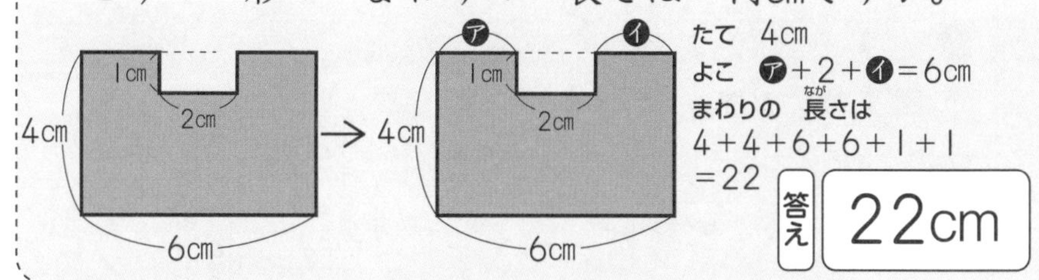

3 たて 8cm よこ 12cmの 長方形の 紙から、たて 4cm よこ 2cmの 長方形を 2つ 切りとりました。のこりの 形の まわりの 長さは 何cmですか。 (30点)

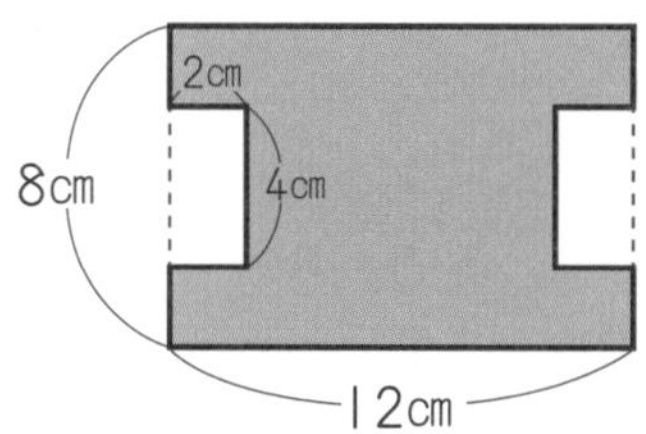

答え

4 たて 12cm よこ 18cmの 長方形の 紙から、たて 3cm よこ 6cmの 長方形を 4つ 切りとりました。のこりの 形の まわりの 長さは 何cmですか。 (30点)

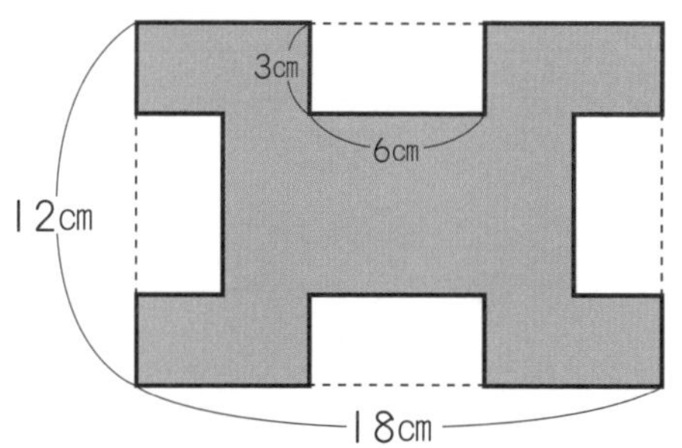

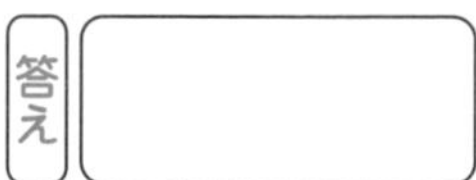

答え

テスト86 標準 レベル2 ㉒ 図形の まわりの 長さ

じかん 10ぷん　ごうかくてん 70てん　　てん

れい

たて 4cm、よこ 6cmの 長方形の 紙から、下の ような 長方形を 2つ 切りとりました。のこりの 形の まわりの 長さは 何cmですか。

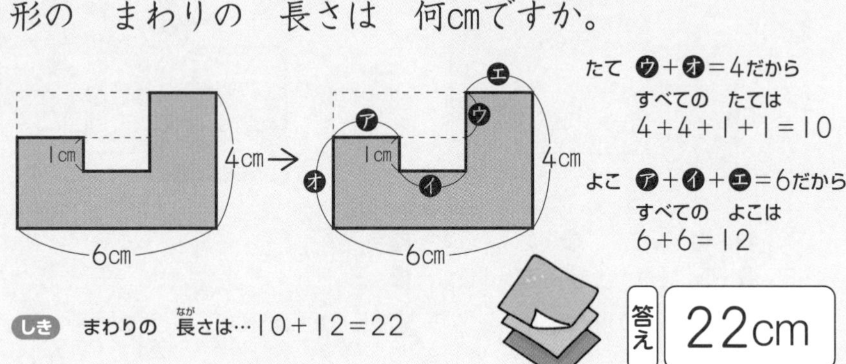

たて ウ＋オ＝4だから
すべての たては
4＋4＋1＋1＝10

よこ ア＋イ＋エ＝6だから
すべての よこは
6＋6＝12

しき まわりの 長さは…10＋12＝22

答え 22cm

1 たて 6cm、よこ 9cmの 長方形の 紙から、下の ような 長方形を 2つ 切りとりました。のこりの 形の まわりの 長さは 何cmですか。（40点）

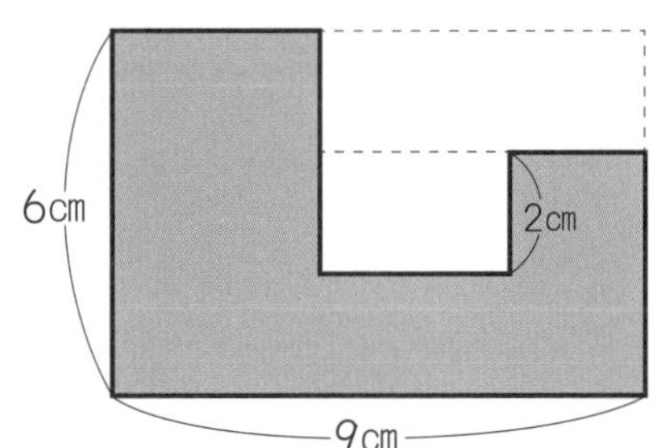

答え

れい

たて 1cm、よこ 3cmの 紙を 下の ように ならべました。下の かたちの まわりの 長さは 何cmですか。

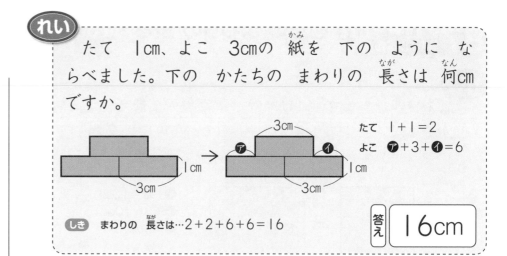

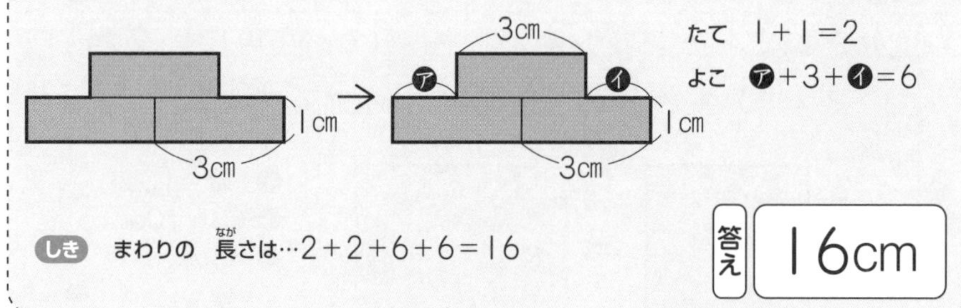

たて 1＋1＝2
よこ ア＋3＋イ＝6

しき まわりの 長さは…2＋2＋6＋6＝16

答え 16cm

2 たて 1cm、よこ 4cmの 紙を 下の ように ならべました。下の かたちの まわりの 長さは 何cmですか。（1つ30点・60点）

❶

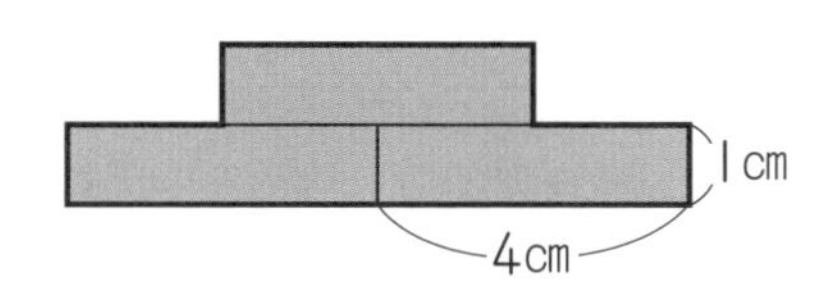

答え

❷

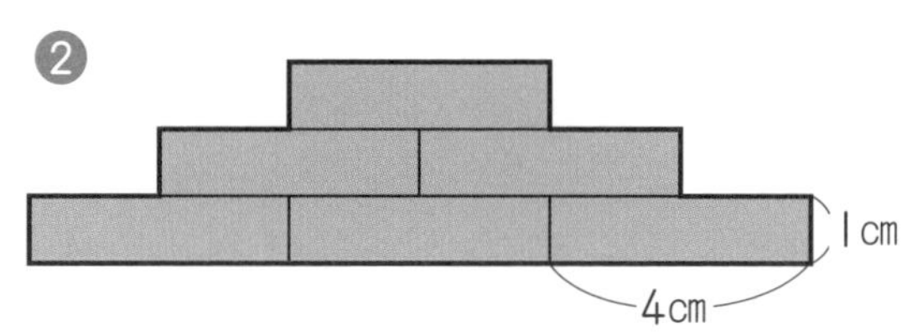

答え

テスト 87 ハイレベル

㉒ 図形の まわりの 長さ

じかん 15ふん　ごうかくてん 60てん　　てん

れい

１つの　へんが　10cmの　正方形の　紙を　2まい　かさねました。（へんと　へんは　直角に　交わって　います。）まわりの　長さは　何cmですか。

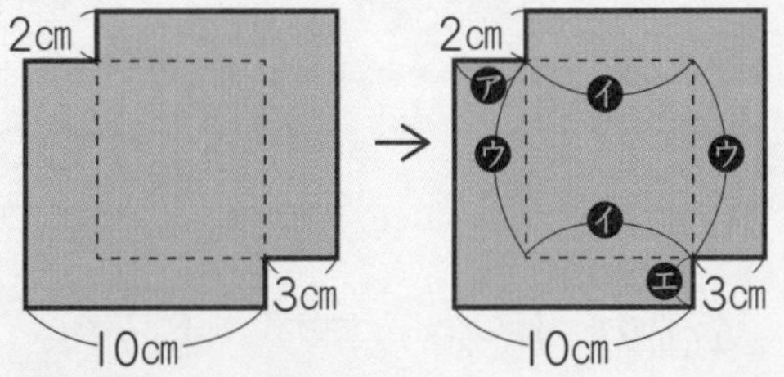

ア＋イ＝10cm
イ＋3＝10cm
ア＝3cm
2＋ウ＝10cm　　ウ＝8cm
ウ＋エ＝10cm
エ＝2cm

しき　まわりの　長さは
10+10+2+3+10+10+2+3=50

答え　50cm

べつの　しき
（たて　2+10=12　　よこ　10+3=13　　まわり　12+12+13+13=50）

れい

１つの　へんが　10cmの　正方形の　紙を　3まい　かさねました。（へんと　へんは　直角に　交じわって　います。）まわりの　長さは　何cmですか。

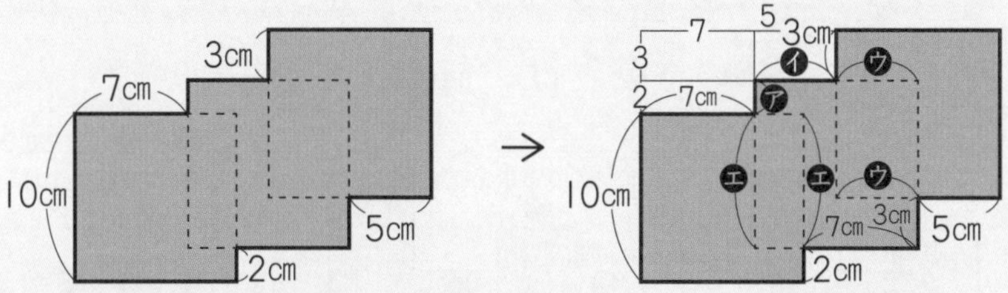

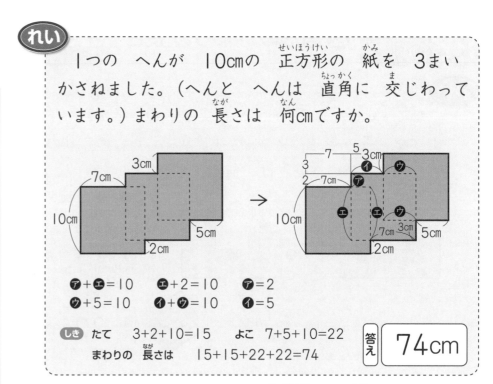

ア＋エ＝10　　エ＋2＝10　　ア＝2
ウ＋5＝10　　イ＋ウ＝10　　イ＝5

しき　たて　3+2+10=15　　よこ　7+5+10=22
まわりの　長さは　15+15+22+22=74

答え　74cm

1　１つの　へんが　12cmの　正方形の　紙を　2まい　かさねました。（へんと　へんは　直角に　交じわって　います。）まわりの　長さは　何cmですか。（30点）

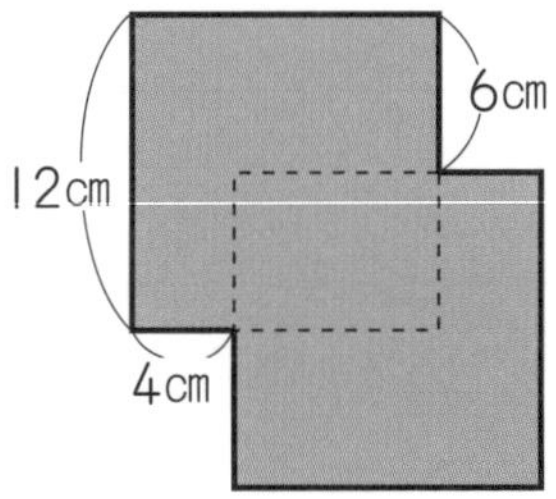

答え

2　１つの　へんが　12cmの　正方形の　紙を　3まい　かさねました。（へんと　へんは　直角に　交じわって　います。）まわりの　長さは　何cmですか。（30点）

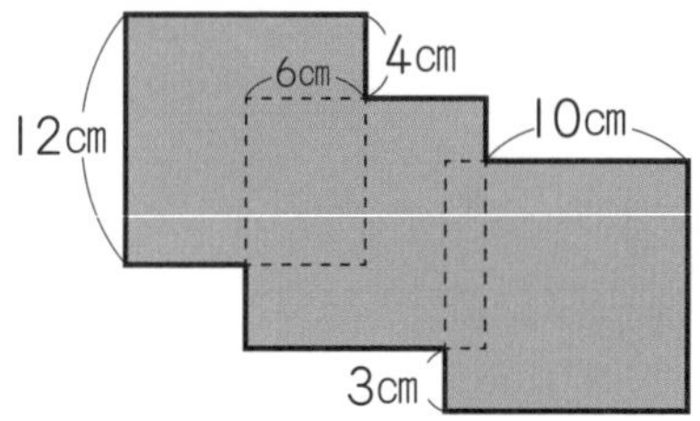

答え

れい

2つの へんが 9cmと 5cmの 長方形の 紙を 3まい かさねました。まわりの 長さは 何cmですか。(へんと へんは、直角に 交じわって います。)

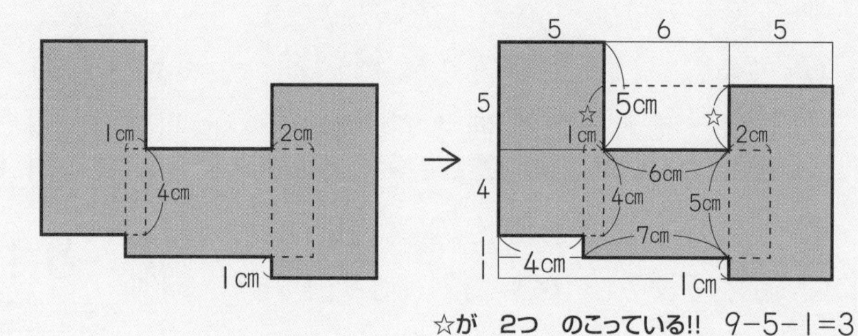

☆が 2つ のこっている!! 9−5−1=3

しき たて 5+4+1+1=11　よこ 5+6+5=16

まわりの 長さは 11+11+16+16+3+3=60

答え 60cm

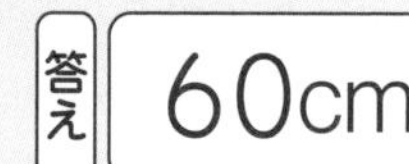

3 2つの へんが 10cmと 6cmの 長方形の 紙を 3まい かさねました。まわりの 長さは 何cmですか。(へんと へんは、直角に 交じわって います。) (40点)

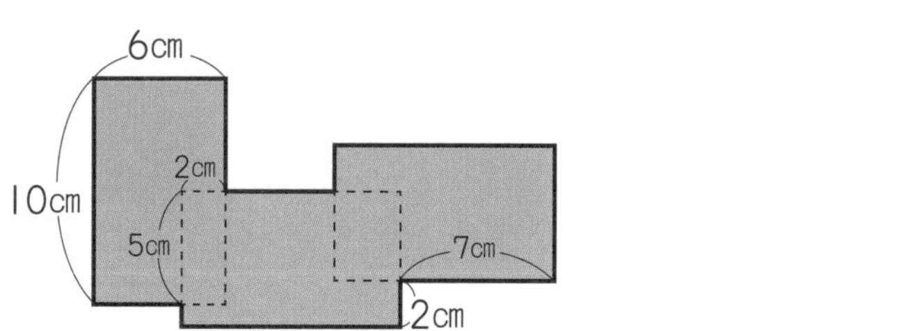

答え

テスト 88 最レベ 最高レベルにチャレンジ!!

㉒ 図形の まわりの 長さ

じかん 10ぷん ごうかくてん 50てん　てん

● 1辺の 長さが それぞれ 7cm、3cmの 正方形の 紙を、下の 図のように、大、小、大、小、大、小…の じゅんに、きそく 正しく ならべて いきました。

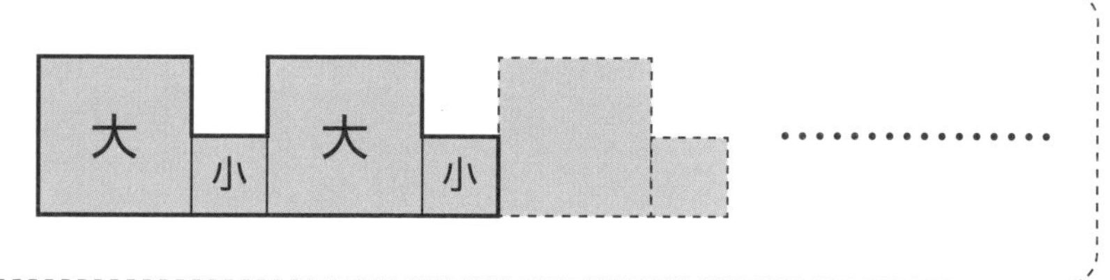

❶ 2まい ならべると、右の図のように なります。この 図形の まわり の 長さは 何cmですか。 (50点)

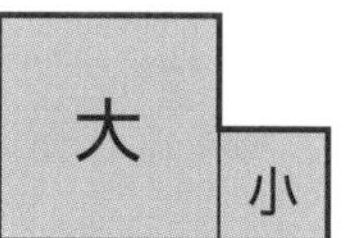

しき

答え

❷ 6まい ならべると、下の図のように なります。この 図形の まわりの 長さは 何cmですか。(50点)

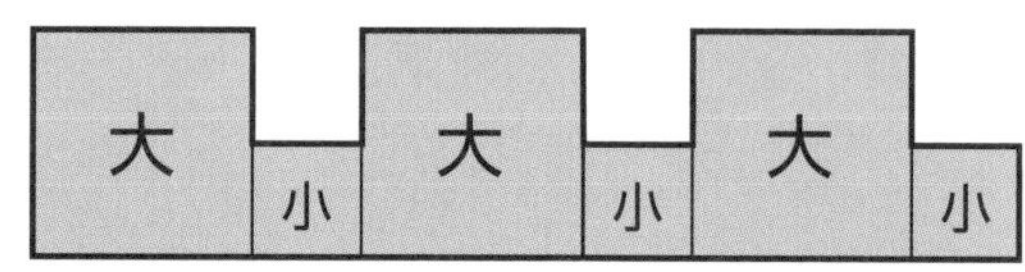

しき

答え

テスト 89 標準レベル1 ㉓ 年れい算（算術特訓）

じかん 10ぷん　ごうかくてん 50てん　　てん

れい

今、お兄さんと　お姉さんの　としを　たすと、23才です。5年前、お兄さんは　8才でした。では、お姉さんは　3年前　何才でしたか。

❶ 今、お兄さんの　としは　何才ですか。　しき 8+5=13　答え 13才

❷ 今、お姉さんの　としは　何才ですか。　しき 23−13=10　答え 10才

❸ 3年前の　お姉さんの　としは　何才ですか。　しき 10−3=7　答え 7才

1 今、まさのりさんと　ももかさんの　としを　たすと、25才です。5年前、まさのりさんは　9才でした。では、ももかさんは　3年前　何才でしたか。

❶ 今の　まさのりさんの　としは　何才ですか。（15点）　しき

答え

❷ 今の　ももかさんの　としは　何才ですか。（15点）　しき

答え

❸ 3年前の　ももかさんの　としは　何才ですか。（20点）　しき

答え

れい

今、はるおさんと　なつおさんと　あきおさんの　としを　たすと、32才です。4年前、はるおさんは　9才、なつおさんは　7才でした。では、あきおさんは　4年前　何才でしたか。

❶ 今の　はるおさんの　としと　なつおさんの　としは、それぞれ　何才ですか。　しき 9+4=13　しき 7+4=11　答え はるお…13才　なつお…11才

❷ 今の　あきおさんの　としは　何才ですか。　しき 32−13−11=8　答え 8才

❸ 4年前の　あきおさんの　としは　何才ですか。　しき 8−4=4　答え 4才

2 今、はるこさんと　なつこさんと　あきこさんの　としを　たすと、35才です。3年前、はるこさんは　12才、なつこさんは　8才でした。では、あきこさんは　3年前　何才でしたか。

❶ 今の　はるこさんと　なつこさんの　としは　何才ですか。（15点）　しき

答え　はるこ　　なつこ

❷ 今の　あきこさんの　としは　何才ですか。（15点）　しき

答え

❸ 3年前の　あきこさんの　としは　何才ですか。（20点）　しき

答え

テスト90 標準レベル2

㉓ 年れい算（算術特訓）

じかん 10ぷん　ごうかくてん 50てん　　てん

れい

今、まさのりさんは　7才、よしあきさんは　5才で、お姉さんは　15才です。あと　何年　たつと、まさのりさんと　よしあきさんの　としを　たした　数が、お姉さんの　としと　同じに　なりますか。

答え　3年

●下の　ひょうに　数を　書いて　答えを　見つけなさい。

	今	1年後	2年後	3年後	4年後	5年後	6年後
㋐お姉さんの　とし	15	16	17	18	19	20	21
㋑2人の　としを　あわせた　数	7+5 =12	8+6 =14	9+7 =16	10+8 =18	11+9 =20	12+10 =22	13+11 =24
㋐と　㋑の　ちがい	3	2	1	0			

1　今、わたしは　8才、妹は　4才で、お兄さんは　17才です。あと　何年　たつと、わたしと　妹の　としを　たした　数が、お兄さんの　としと　同じに　なりますか。

（50点）

●下の　ひょうに　数を　書いて　答えを　見つけなさい。

	今	1年後	2年後	3年後	4年後	5年後	6年後
㋐お兄さんの　とし	17						
㋑2人の　としを　あわせた　数	8+4 =12						
㋐と　㋑の　ちがい	5						

答え

れい

今、えりさんは　5才、ももさんは　7才、まきさんは　9才で、先生は　29才です。あと　何年　たつと、えりさんと　ももさんと　まきさんの　としを　たした　数が、先生の　としと　同じに　なりますか。

答え　4年

●下の　ひょうに　数を　書いて　答えを　見つけなさい。

	今	1年後	2年後	3年後	4年後	5年後	6年後
㋐先生の　とし	29	30	31	32	33	34	35
㋑3人の　としを　あわせた　数	5+7+9 =21	6+8+10 =24	7+9+11 =27	8+10+12 =30	9+11+13 =33		
㋐と　㋑の　ちがい	8	6	4	2	0		

2　今、かずおさんは　4才、ゆうきさんは　8才、ひろとさんは　11才で、先生は　33才です。あと　何年　たつと、かずおさんと　ゆうきさんと　ひろとさんの　としを　たした　数が、先生の　としと　同じに　なりますか。

（50点）

●下の　ひょうに　数を　書いて　答えを　見つけなさい。

	今	1年後	2年後	3年後	4年後	5年後	6年後
㋐先生の　とし	33	34	35	36	37	38	39
㋑3人の　としを　あわせた　数	4+8+11 =23						
㋐と　㋑の　ちがい	10						

答え

㉓ 100この　つみ木

じかん 15ふん　ごうかくてん 50てん　　てん

れい

同（おな）じ　大きさの　つみ木を　へやの　すみに　つみました。つみ木は　ぜんぶで　なんこ　ありますか。

2だん目からは
(1つ　上の　だんの　つみ木の　数（かず）)＋(その　だんの　つみ木の　数（かず）)
を　計算（けいさん）します。

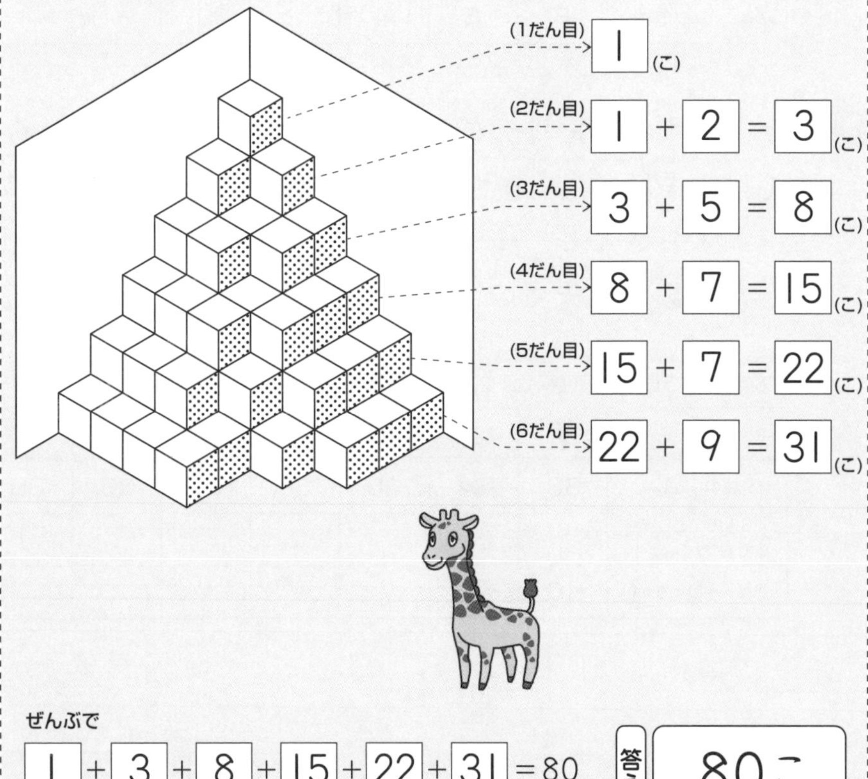

ぜんぶで
1 + 3 + 8 + 15 + 22 + 31 = 80

答え　80こ

1 同（おな）じ　大きさの　つみ木を　へやの　すみに　つみました。つみ木は　ぜんぶで　なんこ　ありますか。

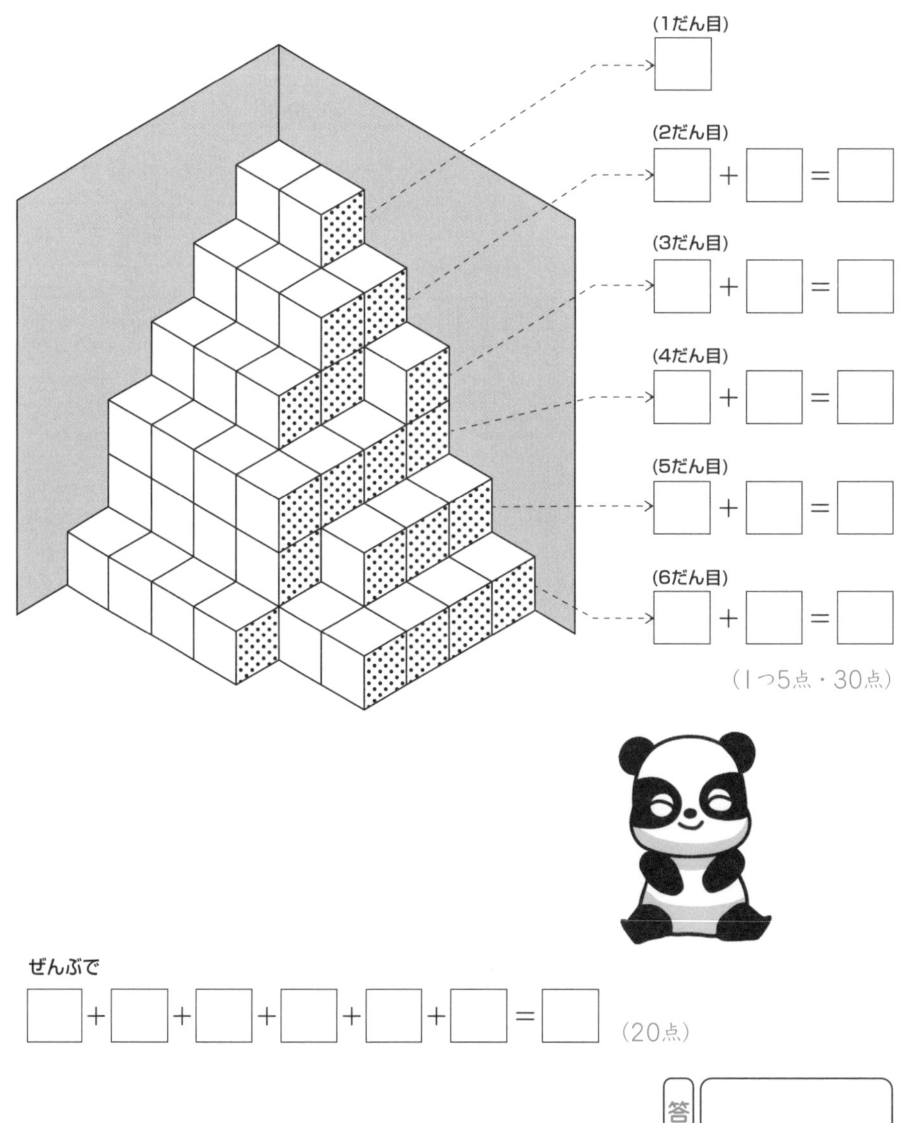

(1つ5点・30点)

ぜんぶで
□ + □ + □ + □ + □ + □ = □　(20点)

答え　□

2 同じ　大きさの　つみ木を　へやの　すみに　つみました。つみ木は　ぜんぶで　なんこ　ありますか。

(1だん目) □

(2だん目) □＋□＝□

(3だん目) □＋□＝□

(4だん目) □＋□＝□

(5だん目) □＋□＝□

(6だん目) □＋□＝□

(7だん目) □＋□＝□

(1つ5点・35点)

ぜんぶで

□＋□＋□＋□＋□＋□＋□＝□ (15点)

答え □

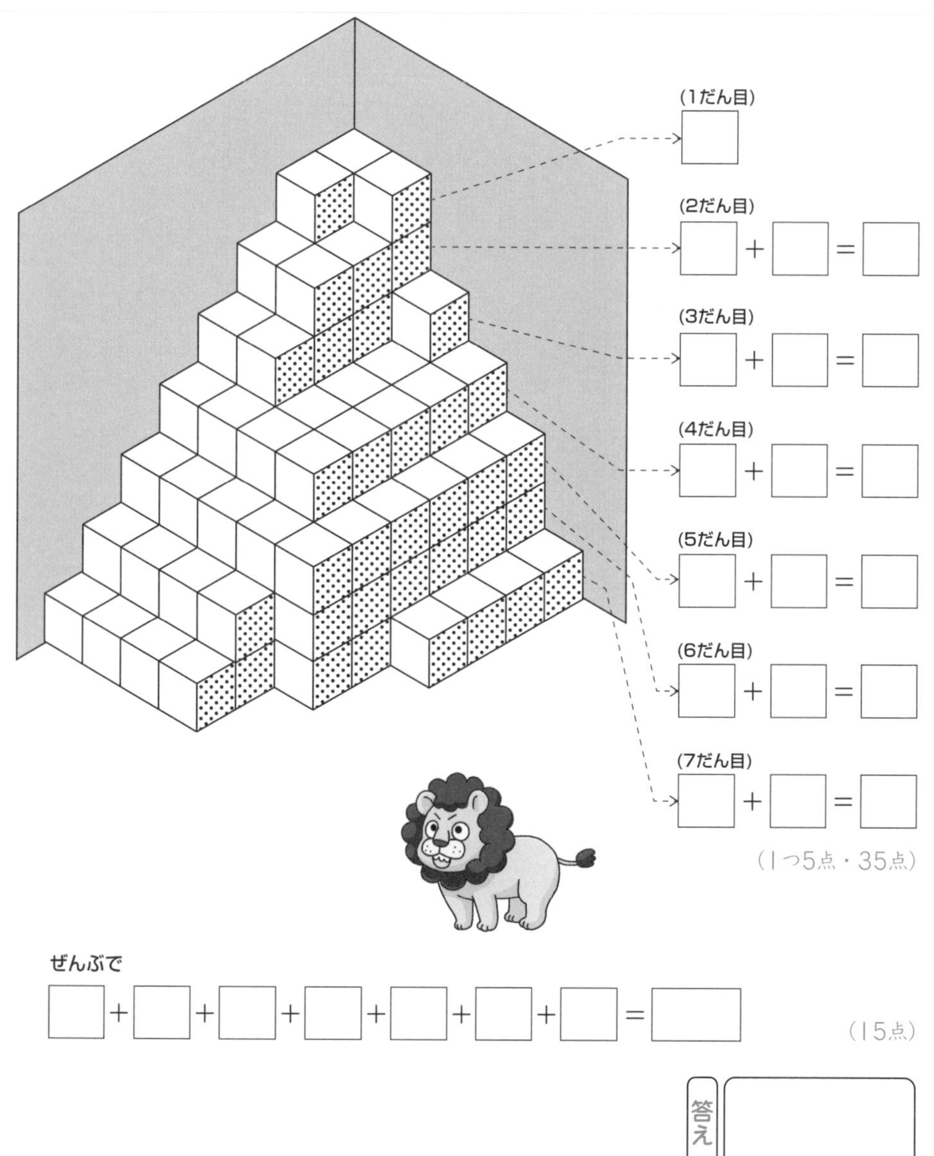

テスト 92 最レベ 最高レベルにチャレンジ!! ㉓ 100この つみ木

じかん 10ぷん　ごうかくてん 50てん　てん

● 同じ　大きさの　つみ木を　へやの　すみに　つみました。つみ木は　ぜんぶで　なんこ　ありますか。

(1だん目) □

(2だん目) □＋□＝□

(3だん目) □＋□＝□

(4だん目) □＋□＝□

(5だん目) □＋□＝□

(6だん目) □＋□＝□

(7だん目) □＋□＝□

(8だん目) □＋□＝□

(1つ10点・80点)

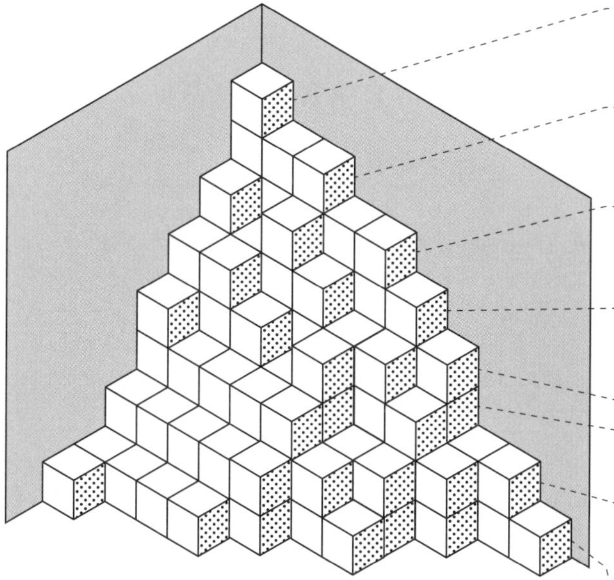

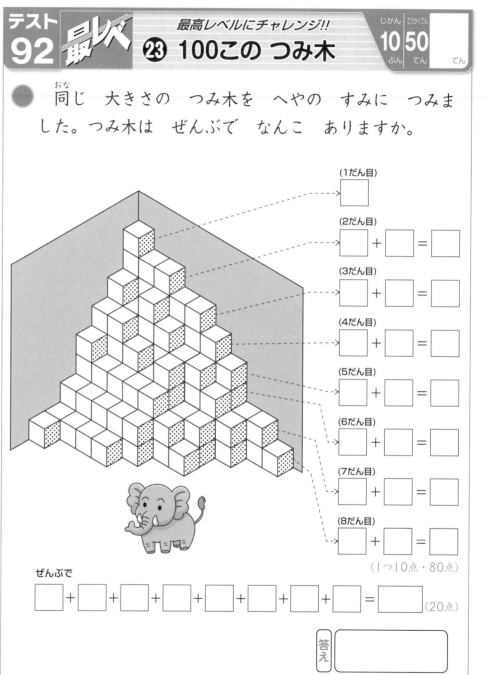

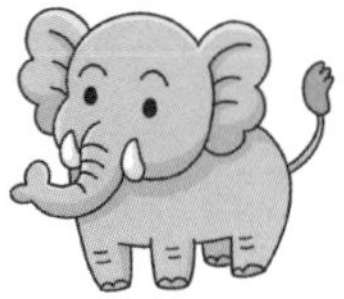

ぜんぶで

□＋□＋□＋□＋□＋□＋□＋□＝□ (20点)

答え □

テスト93 標準 レベル1

㉔ 日暦算（算術特訓）

じかん 10ぷん　ごうかくてん 60てん　てん

大の　月・小の　月を　おぼえよう!!

1か月は　31日　ある　月と、30日　ある　月が　あります。
31日　まで　ある月…大の　月と　いいます。
30日　までの　月…小の　月と　いいます。

大の　月　1月・3月・5月・7月・8月・10月・12月

小の　月　2月・4月・6月・9月・11月

（2月は　28日　あります。4年に　1ど　29日　まで　あります。その　年を　うるう年と　いいます。）

小の　月を　2・4・6・9・11と　おぼえましょう。

れい

日数の　けいさんを　しなさい。

❶ 4月1日から　4月4日までは、何日間　ありますか。

しき [4]－[1]＋[1]＝[4]　　答え 4日間

❷ 7月5日から　7月23日までは、何日間　ありますか。

しき [23]－[5]＋[1]＝[19]　　答え 19日間

1　10月18日から　10月26日までは、何日間　ありますか。(30点)

しき [ ]－[ ]＋[ ]＝[ ]　　答え [ ]

れい

みどりさんは　2月4日から　2月21日まで　毎日　ピアノの　れんしゅうを　する　つもりです。

❶ みどりさんは　何日間　ピアノを　れんしゅう　する　つもりですか。

しき [21]－[4]＋[1]＝[18]　　答え 18日間

❷ みどりさんは　2月8日から　2月13日まで　かぜを　ひいて、れんしゅうを　休みました。れんしゅうを　したのは　何日間ですか

しき [13]－[8]＋1＝[6]（れんしゅうを休んだ　日数）
[18]－[6]＝[12]　　答え 12日間

2　たかしさんは　6月18日から　6月30日まで　毎日　サッカーの　れんしゅうを　する　つもりです。

❶ たかしさんは　何日間　サッカーの　れんしゅうを　する　つもりですか。(30点)

しき　　答え [ ]

❷ 6月20日から　6月24日まで　雨で　サッカーの　れんしゅうが　できませんでした。たかしさんは　何日間　サッカーの　れんしゅうを　しましたか。(40点)

しき　　答え [ ]

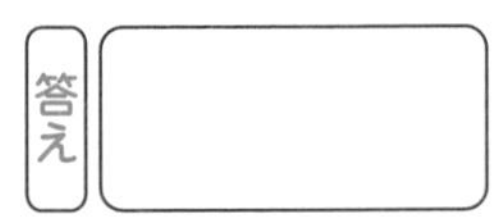

テスト94 標準レベル2

㉔ 日暦算（算術特訓）

じかん 10ぷん　ごうかくてん 50てん　　てん

上手に　日数の　計算を　しよう。

● 4月20日の　30日後は　何月何日ですか。
4月20日の　30日後は　20+30=50　だから
4月50日として　考えます。
4月は　30日　までなので　4月30日+20日となり
5月20日に　なります。

● 4月20日の　30日前は　何月何日ですか。
3月は　31日　までなので　4月20日は　31+20で
3月51日と　考えます。
30日前は　51−30=21　3月21日に　なります。

れい

8月10日の　30日後は、何月何日ですか。

しき
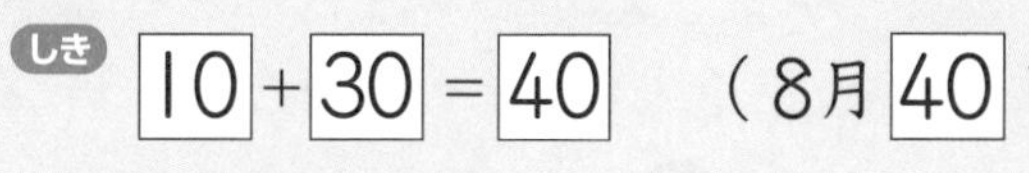

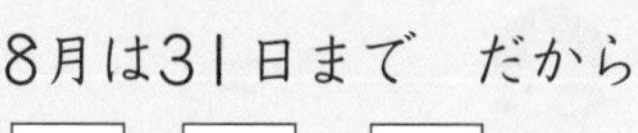

答え 9月9日

1 10月15日の　40日後は、何月何日ですか。（20点）

しき □+□=□　（□月□日）
□月は　□日まで　だから、
□−□=□

答え □

2 4月20日の　50日後は、何月何日ですか。（20点）

しき

答え □

れい

7月7日の　20日前は、何月何日ですか。

しき 6月は30日まで　だから、7月7日は
30 + 7 = 37　（6月 37 日と　考える。）
37 − 20 = 17

答え 6月17日

3 12月10日の　14日前は、何月何日ですか。（30点）

しき （12月10日は　11月□日と　考える。）
□+□=□　（11月□日）
□−□=□

答え □

4 4月15日の　26日前は、何月何日ですか。（30点）

しき

答え □

㉔ 旅人算（算術特訓）

じかん 15ふん　ごうかくてん 60てん　　てん

れい

たろうさんと　花子さんは、500m　はなれた　ところから　右へ　すすみます。たろうさんは　1分で　120m、花子さんは　1分で　150m　すすみます。3分後、2人は何m　はなれて　いますか。

❶ たろうさんが　左、花子さんが　右に　いるとき。

（右の　人の　方が　はやいので、2人が　はなれて　いく　ばあい。）

☆1分で　何m　はなれるかを　考えます。

1分で、［150m－120m＝30m］はなれる。

3分では、［30m＋30m＋30m＝90m］はなれる。

はじめから　500m　はなれて　いるから

3分後は、［500m＋90m＝590m］

答え　590m

❷ 花子さんが　左、たろうさんが　右に　いるとき。

（左の　人の　方が　はやいので、2人が　近づく　ばあい。）

☆1分で　何m　近づくかを　考えます。

1分で、［150m－120m＝30m］近づく。

3分では、［30m＋30m＋30m＝90m］近づく。

はじめは　500m　はなれて　いるから、

3分後は、［500m－90m＝410m］

答え　410m

1　さちおさんと　みきさんは、300m　はなれた　ところから　右へ　すすみます。さちおさんは　1分で　150m、みきさんは　1分で　130m　すすみます。5分後、2人は何m　はなれて　いますか。

❶ みきさんが　左、さちおさんが　右に　いるとき

（右の　人の　方が　はやいので、2人が　はなれて　いく　ばあい。）（30点）

☆1分で　何m　はなれるかを　考えます。

1分で、［　　　　］はなれる。

5分では、［　　　　］

はじめから［　　　］はなれて　いるから、

5分後は、［　　　　］

答え［　　　］

❷ さちおさんが　左、みきさんが　右に　いるとき

（左の　人の　方が　はやいので、2人が　近づく　ばあい。）（30点）

さちお　1分で　150m　300m　みき　1分で　130m

☆1分で　何m　近づくかを　考えます。

1分で、［　　　　］近づく。

5分では、［　　　　］近づく。

はじめは［　　　］はなれて　いるから、

5分後は、［　　　　］

答え［　　　］

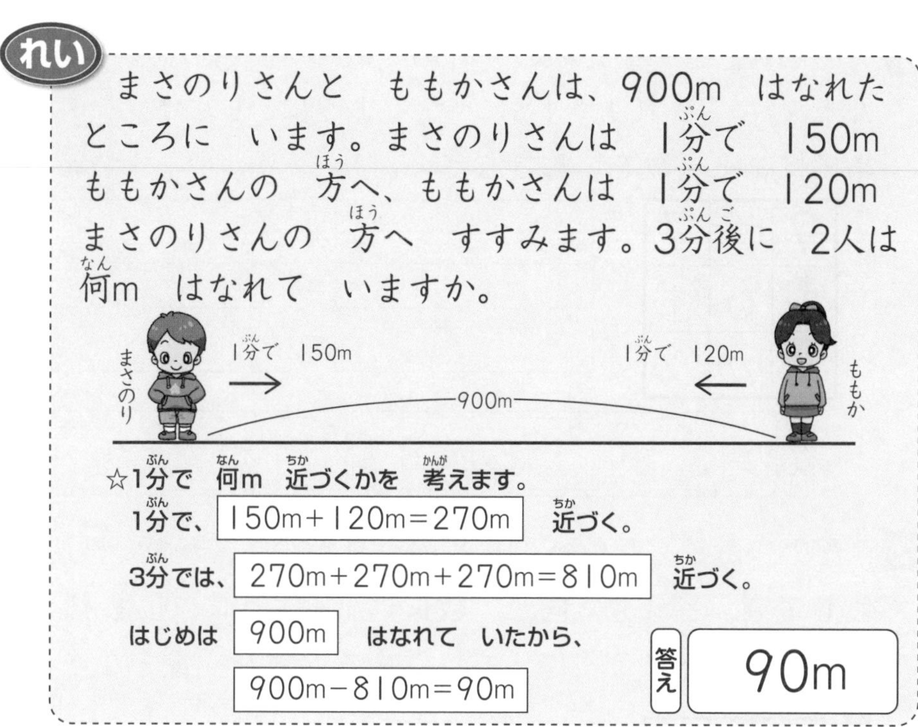

れい まさのりさんと ももかさんは、900m はなれた ところに います。まさのりさんは 1分で 150m ももかさんの 方へ、ももかさんは 1分で 120m まさのりさんの 方へ すすみます。3分後に 2人は 何m はなれて いますか。

☆1分で 何m 近づくかを 考えます。

1分で、 150m+120m=270m 近づく。

3分では、 270m+270m+270m=810m 近づく。

はじめは 900m はなれて いたから、

900m−810m=90m

答え 90m

2 かずおさんと まきさんは、1200m はなれた ところに います。かずおさんは 1分で 150m まきさんの 方へ、まきさんは 1分で 200m かずおさんの 方へ すすみます。3分後 2人は 何m はなれていますか。 (40点)

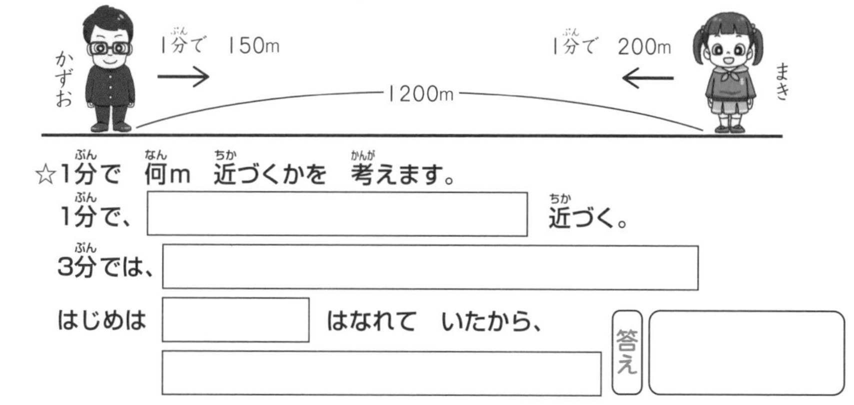

☆1分で 何m 近づくかを 考えます。

1分で、 ＿＿＿＿ 近づく。

3分では、 ＿＿＿＿

はじめは ＿＿＿＿ はなれて いたから、

＿＿＿＿

答え ＿＿＿＿

テスト 96 最レベ 最高レベルにチャレンジ!! ㉔ 日暦算（算術特訓）

じかん 10ぷん ごうかくてん 50てん ＿＿てん

れい

❶ 5月5日の 100日後は 何月何日ですか。

5+100=105 5月105日と 考えます。

ふつうの 日暦に します。

5月は 31日 だから 105−31=74 6月74日

6月は 30日 だから 74−30=44 7月44日

7月は 31日 だから 44−31=13

答え 8月13日

❷ 10月10日の 100日前は 何月何日ですか。

9月は 30日 だから、10月10日は 10+30=40 9月40日

8月は 31日 だから、9月40日は 40+31=71 8月71日

7月は 31日 だから、8月71日は 71+31=102 7月102日

7月102日の 100日前は、 102−100=2

答え 7月2日

1 4月10日の 100日後は 何月何日ですか。 (50点)

答え ＿＿＿＿

2 9月20日の 100日前は 何月何日ですか。 (50点)

答え ＿＿＿＿

テスト97 標準レベル1

㉕ 魔方陣（算術特訓）

じかん 10ぷん ごうかくてん 70てん ／ てん

魔方陣とは 下の 図の ように たて よこ ななめ の どの れつの 3つの 数字を たしても、どれも 同じ 数に なるものです。

2	9	4
7	5	3
6	1	8

たて
2+7+6=15
9+5+1=15
4+3+8=15

よこ
2+9+4=15
7+5+3=15
6+1+8=15

ななめ
2+5+8=15
4+5+6=15

★ はじめから たてと よこと ななめの 3つの れつの 数を たした 数が わかっている とき

れい

つぎの □に 1から 9までの 数を 1つずつ 入れて、たて よこ ななめの どの れつの 3つの 数を たしても、どれも 15に なるように しなさい。

㋐	㋓	6
㋔	5	㋑
㋒	㋕	8

㋐ 15−5−8=2　㋑ 15−6−8=1
㋒ 15−6−5=4　㋓ 15−2−6=7
㋔ 15−5−1=9　㋕ 15−7−5=3

答え ㋐ 2 ㋑ 1 ㋒ 4 ㋓ 7 ㋔ 9 ㋕ 3

1 たて よこ ななめの どの れつの 3つの 数を たしても、どれも 18に なるように します。□に あてはまる 数を 書きなさい。（40てん）

9	㋐	7
㋓	6	㋔
㋑	㋕	㋒

㋐ □　㋑ □
㋒ □　㋓ □
㋔ □　㋕ □

答え ㋐ □ ㋑ □ ㋒ □ ㋓ □ ㋔ □ ㋕ □

2 たて よこ ななめの どの れつの 3つの 数を たしても、どれも 同じ 数に なるように します。あいて いる ところに あてはまる 数を 書きなさい。

❶

㋐	5	㋒
㋔	7	㋓
㋑	9	4

3つの 数を たすと、□＋□＋□＝□

㋐ □　㋑ □
㋒ □　㋓ □
㋔ □

（30点）答え ㋐ □ ㋑ □ ㋒ □ ㋓ □ ㋔ □

❷

㋑	35	㋒
㋓	㋐	㋔
20	15	40

□＋□＋□＝□

㋐ □　㋑ □
㋒ □　㋓ □
㋔ □

（30点）答え ㋐ □ ㋑ □ ㋒ □ ㋓ □ ㋔ □

㉕ 魔方陣（算術特訓）

じかん 10ぷん　ごうかくてん 70てん　てん

★たて　よこ　ななめの　3つの　れつの　数を　たした数が　わからない　とき

れい

たて　よこ　ななめの　どの　れつの　3つの　数を　たしても、どれも　同じ　数に　なるように　します。㋐〜㋕に　あてはまる　数を　書きなさい。

㋐	㋓	6
㋔	5	㋒
㋑	㋕	8

魔方陣では

まん中の　5を　とおる　たて　よこ　ななめの　どの　れつの　3つの　数を　たしても、まん中の　数の　5の　3ばいに　なります。

だから、3つの　数を　たした　数は、5 ×3= 15

㋐ 15−5−8=2　㋑ 15−6−5=4

㋒ 15−6−8=1　㋓ 15−2−6=7

㋔ 15−5−1=9　㋕ 15−7−5=3

答え　㋐ 2　㋑ 4　㋒ 1　㋓ 7　㋔ 9　㋕ 3

● たて　よこ　ななめの　どの　れつの　3つの　数を　たしても、どれも　同じ　数に　なるように　します。あてはまる　数を　かきなさい。

1

5	㋓	㋐
㋑	6	㋔
3	㋕	㋒

□ × □ = □

㋐　　㋑

㋒　　㋓

㋔　　㋕

（30点）答え　㋐　㋑　㋒　㋓　㋔　㋕

2

11	㋐	9
㋓	8	㋔
㋑	㋕	㋒

□ × □ = □

㋐　　㋑

㋒　　㋓

㋔　　㋕

（30点）答え　㋐　㋑　㋒　㋓　㋔　㋕

3

㋐	㋓	㋑
㋔	9	㋕
10	㋒	6

□ × □ = □

㋐　　㋑

㋒　　㋓

㋔　　㋕

（40点）答え　㋐　㋑　㋒　㋓　㋔　㋕

テスト 99 ハイレベ ハイレベル

㉕ 魔方陣（算術特訓）

じかん 15ふん　ごうかくてん 60てん　　てん

れい

たて　よこ　ななめの　どの　れつの　3つの　数を　たしても、どれも　同じ　数に　なるように　します。㋐の　数を　かきなさい。

4		
	㋐	
2		6

魔方陣では

まん中の　数㋐の　3ばいの　数が、㋐を　とおる　1れつの　3つの　数を　たした　数と　同じ　数に　なります。

だから、まん中の　数㋐は、その　りょうはしの　2つの　数を　たした　数の　半分です。

㋐＋㋐＋㋐＝4＋㋐＋6
㋐＋㋐＝4＋6
（㋐×2＝10）
㋐＝5

答え　㋐＝5

れい

たて　よこ　ななめの　どの　れつの　3つの　数を　たしても、どれも　同じ　数に　なるように　します。1れつの　3つの　数を　たした　数を　答えなさい。

5	㋑	1
	㋐	
	2	

1れつの　3つの　数を　たすと　どれも　同じ　数だから、
㋑＋㋐＋2＝5＋㋑＋1
㋑は　どちらにも　あるので、
㋐＋2＝5＋1
㋐＋2＝6　㋐＝4　4×3＝12

答え　12

1　たて　よこ　ななめの　どの　れつの　3つの　数を　たしても、どれも　同じ　数に　なるように　します。㋐の　数と　1れつの　3つの　数を　たした　数を　答えなさい。

（1つ15点・30点）

①

7		9
	㋐	
3		

□＋□＝□
□の　半分は　□
答え　㋐＝□

1れつの　3つの　数を　たした　数は、

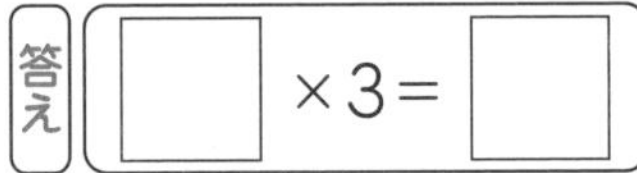

答え　□×3＝□

②

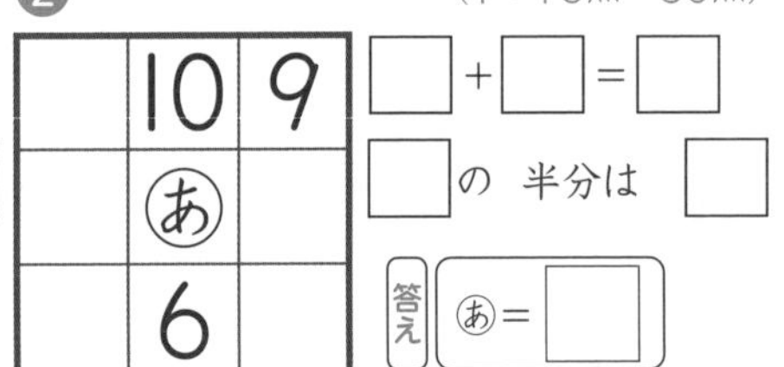

	10	9
	㋐	
	6	

□＋□＝□
□の　半分は　□
答え　㋐＝□

1れつの　3つの　数を　たした　数は、

答え　□×□＝□

2　たて　よこ　ななめの　どの　れつの　3つの　数を　たしても、どれも　同じ　数に　なるように　します。㋐の　数と　1れつの　3つの　数を　たした　数を　答えなさい。

（1つ15点・30点）

①

		4
5	㋐	㋑
		8

1れつの　3つの　数を　たすと　どれも　同じ　数だから、
5＋㋐＋㋑＝4＋㋑＋8
5＋㋐＝4＋8　　5＋㋐＝□
答え　㋐＝□
1れつを　たした　数は、
□×□＝□
答え　□

②

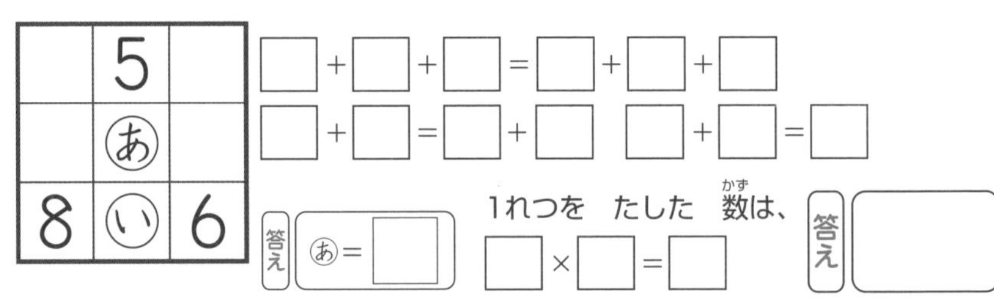

	5	
	㋐	
8	㋑	6

□＋□＋□＝□＋□＋□
□＋□＝□＋□　　□＋□＝□
答え　㋐＝□
1れつを　たした　数は、
□×□＝□
答え　□

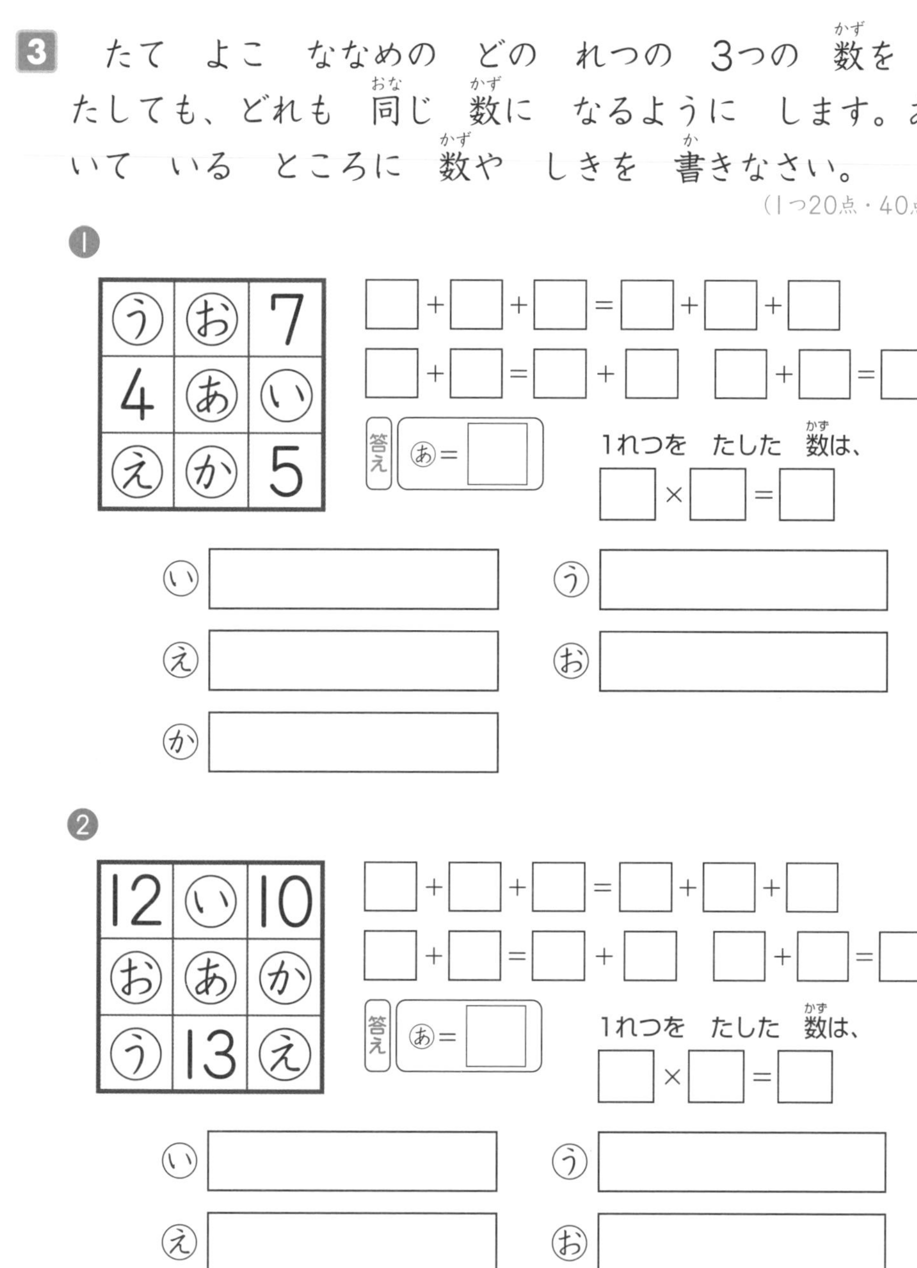

3 たて　よこ　ななめの　どの　れつの　3つの　数を　たしても、どれも　同じ　数に　なるように　します。あいて　いる　ところに　数や　しきを　書きなさい。（1つ20点・40点）

❶

う	お	7
4	あ	い
え	か	5

□＋□＋□＝□＋□＋□

□＋□＝□＋□　□＋□＝□

答え　あ＝□

1れつを　たした　数は、

□×□＝□

い □　う □

え □　お □

か □

❷

12	い	10
お	あ	か
う	13	え

□＋□＋□＝□＋□＋□

□＋□＝□＋□　□＋□＝□

答え　あ＝□

1れつを　たした　数は、

□×□＝□

い □　う □

え □　お □

か □

テスト100　最レベ　最高レベルにチャレンジ!!

㉕ 魔方陣（算術特訓）

じかん 10ぷん　ごうかくてん 50てん　てん

● たて　よこ　ななめの　どの　れつの　3つの　かずを　たしても、どれも　同じ　数に　なるように　します。あいて　いる　ところに　数を　書きなさい。

❶（50点）

う	18	え
お	あ	か
12	い	16

□＋□＋□＝□＋□＋□

□＋□＝□＋□　□＋□＝□

答え　あ＝□

1れつを　たした　数は、

□×□＝□

い □　う □

え □　お □

か □

❷（50点）

5	い	13
お	あ	3
う	か	え

□＋□＋□＝□＋□＋□

□＋□＝□＋□　□＋□＝□

答え　あ＝□

1れつを　たした　数は、

□×□＝□

い □　う □

え □　お □

か □

総合実力テスト（1）

じかん 10ぷん　ごうかくてん 70てん　てん

1　左の　ひょうは、今日　学校を　休んだ　人の　数です。右の　グラフに　まとめて、もんだいに　答えなさい。

1年生	3
2年生	2
3年生	5
4年生	4
5年生	1
6年生	4

→　○を　つける

○					
○					
○					
1年生	2年生	3年生	4年生	5年生	6年生

❶　上の　グラフに　休んだ　人の　数だけ　○を　かきなさい。（1つ2点・10点）

❷　一番　たくさん　休んだのは　何年生ですか。（10点）

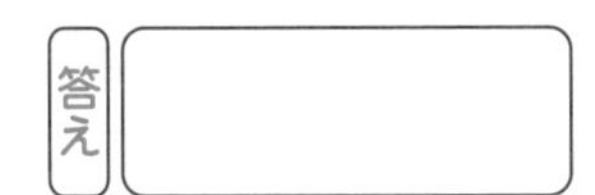

答え

❸　休んだ　数が　同じなのは、何年生と　何年生ですか。

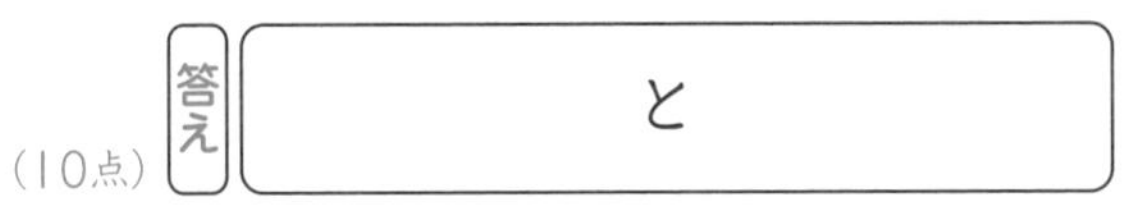

（10点）答え　と

2　ひかりさんが　テーブルの　よこの　長さを　はかると、30cmの　ものさしで　4つ分と　10cm　ありました。テーブルの　よこの　長さは　何m何cmですか。（10点）

しき

答え

3　みかんが　50こ　あります。8人の　友だちに　6こずつ　くばると、何こ　あまりますか。（15点）

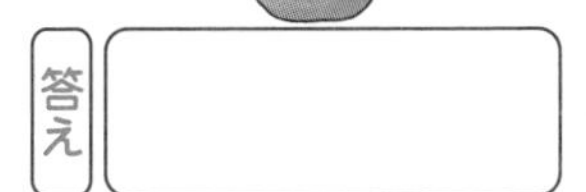

しき

答え

4　2Lの　水が　あります。このうち　わたしと　弟で　300mLずつ　のむと、何L何mL　のこりますか。（15点）

しき

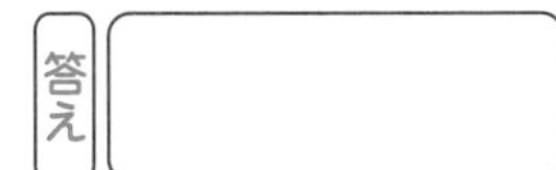

答え

5　トラック　1台で　みかんを　2850こ　はこべます。この　トラック　3台では、みかんを　何こ　はこぶことが　できますか。（15点）

しき

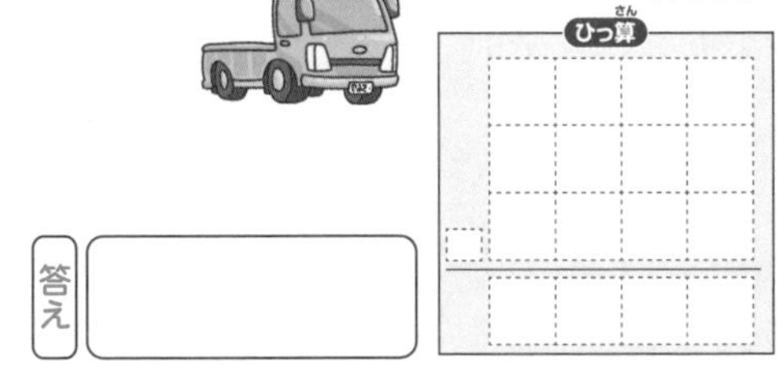

答え

6　ひろとさんの　町には　女の人が　1963人　すんで　います。男の人は　女の人より　319人　多いです。ひろとさんの　町に　すんでいる　人は、みんなで　何人ですか。（15点）

しき

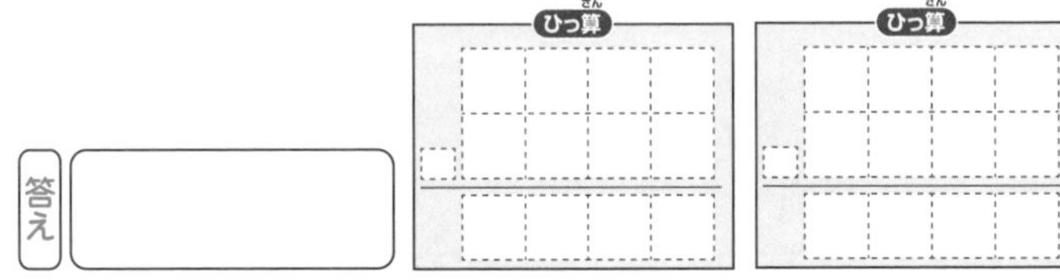

答え

総合実力テスト (2)

じかん 10ぷん　ごうかくてん 70てん　　てん

1 つぎの 時こくを 答えなさい。(1つ5点・20点)

❶

から
㋐30分後は　　時　　分
㋑30分前は　　時　　分

❷

から
㋐25分後は　　時　　分
㋑25分前は　　時　　分

2 つぎの もんだいに 答えなさい。(1つ10点・30点)

7143・7002・7135・7232・7201・7155

❶ ちがいが いちばん 大きい 2つの 数を 書きなさい。

答え

❷ 7140 より 大きく 7160より 小さい 数を ぜんぶ 書きなさい。

答え

❸ 十の くらいの 数字が 百の くらいの 数字より 大きい 数は 何こ ありますか。

答え

3 わたしの 水とうに 500mLの 水が 入って います。弟と 妹の 水とうには 300mLずつ 水が 入って います。3人の 水とうの 水を 合わせると、何L何mLに なりますか。(15点)

しき

答え

4 つぎの もんだいに ㋐〜㋓で 答えなさい。(1つ10点・20点)

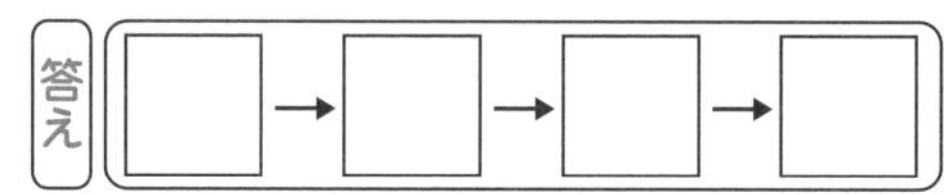
㋐1m40cm　㋑1m30cm　㋒1m60cm　㋓1m45cm

❶ 長い じゅんに 書きなさい。

答え　→　→　→

❷ たすと 3mに なるのは、どれと どれですか。

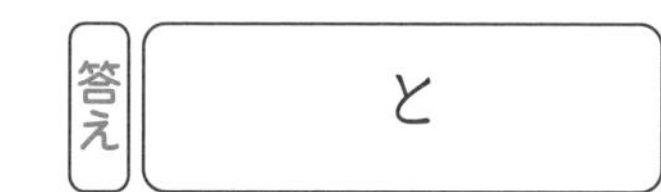
答え　と

5 まことさんは みなみさんに カードを 250まい あげました。でも、まだ まことさんの 方が 30まい 多い そうです。はじめに まことさんは、みなみさんより 何まい 多く カードを もって いましたか。(15点)

しき

答え

総合実力テスト (3)

1 つぎの □に あてはまる 数を 書きなさい。 (1つ5点・20点)

❶ $\frac{1}{3}$を □こ あつめると、1に なります。

❷ $\frac{1}{8}$を □こ あつめると、1に なります。

❸ $\frac{1}{\square}$を 5こ あつめると、1に なります。

❹ $\frac{1}{\square}$を 10こ あつめると、1に なります。

2 1mの リボンから 8cmの リボンを 7本 切りとりました。リボンは 何cm のこって いますか。 (10点)

しき

答え □

3 男の子 4人と 女の子 5人に 色紙を 7まいずつ くばろうと しましたが、5まい たりません。色紙は 何まい ありますか。 (15点)

しき

答え □

4 下の 図を 見て 答えなさい。 (1つ10点・20点)

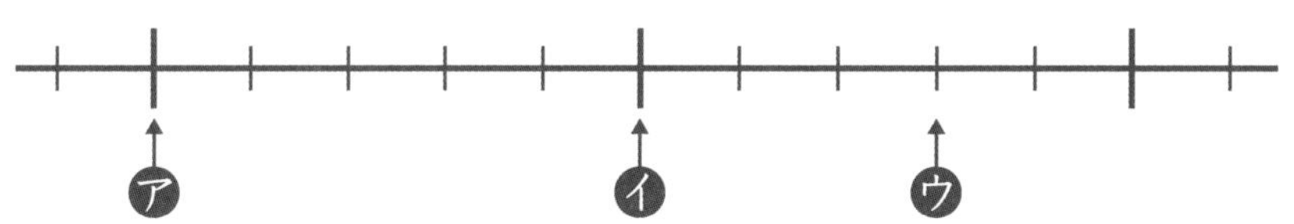

❶ アが 1000、イが 1500の とき、ウは いくつですか。

❷ アが 3000、イが 4000の とき、ウは いくつですか。

答え □

5 つぎの 数を 書きなさい。 (1つ10点・20点)

❶ 9999より 1 大きい 数

答え □

❷ 10000より 1 小さい 数

6 3000人が マラソンを して います。てつやさんは 前から 1850番目を 走って いましたが、350人に ぬかれました。今、てつやさんは 後ろから 何番目ですか。 (15点)

しき

ハイレベル
ハイレベ100

100回のテストで、算数の力を大きく伸ばそう!!

小学2年 文章題（ぶんしょうだい）

〈きりとり線〉

縮小版解答の使い方

問題ページの
縮小版の解答!!

お子様自身で答え合わせがしやすいように問題ページをそのまま縮小して、読みやすく工夫した解説といっしょに答えが載っています。

答え合わせをしたあとで、できなかったところは、もう一度考えて、必ずチェックして、正しい答えをていねいに書きこんでおきましょう!!

チェックしたところは、繰り返し練習してください。

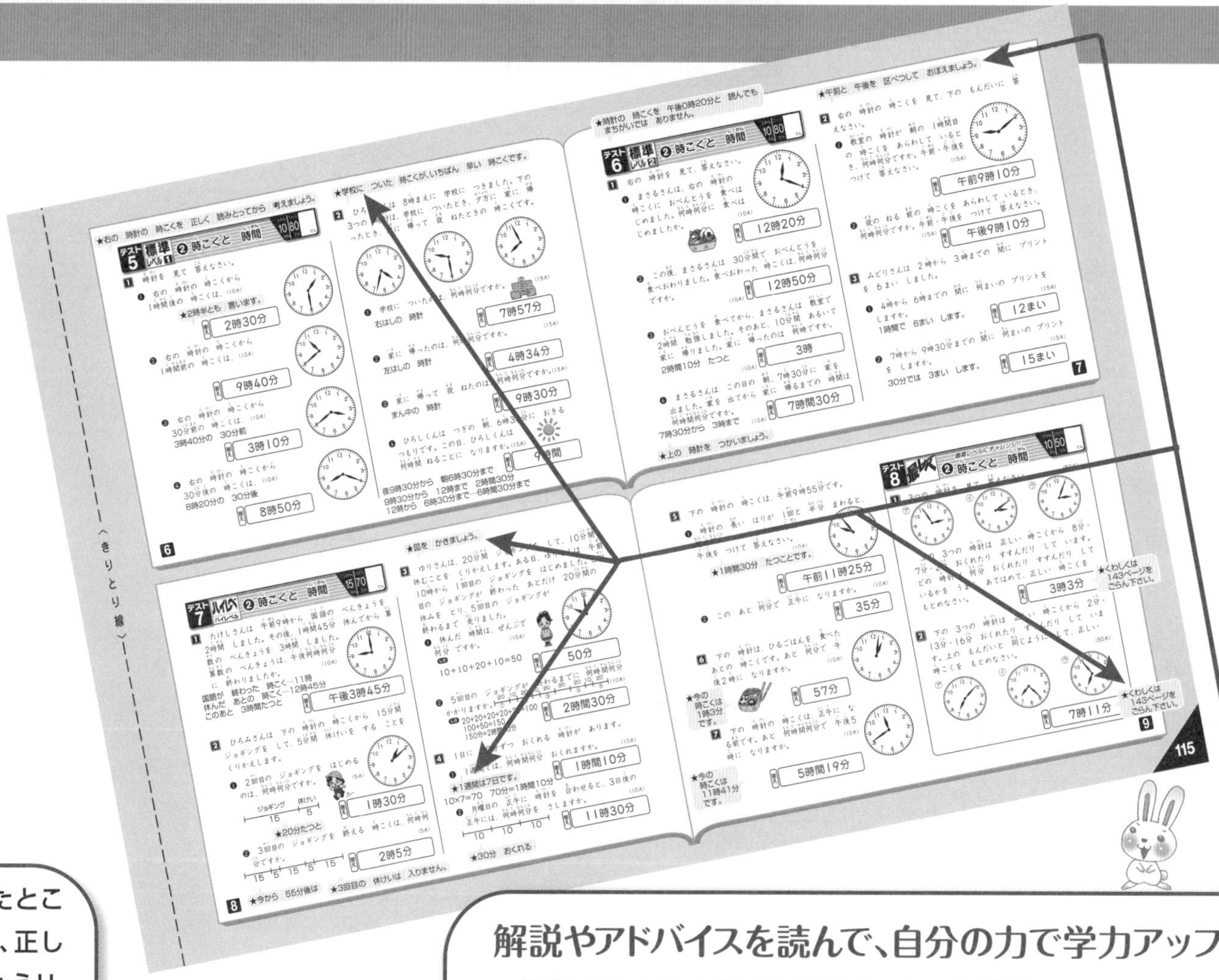

解説やアドバイスを読んで、自分の力で学力アップ!!

学習する内容の解説や覚え方のヒントが載っています。お子様が自分ひとりで答え合わせをしながら、理解することができます。

1 3人が　わなげを　して、つぎのように　言いました。

たけし……「1回目は　5こ、2回目と　3回目は　4こ　入ったよ。」
ひろみ……「1回目も　2回目も　3回目も　6こ　入ったよ。」
めぐみ……「1回目と、2回目は　7こ　入って、3回目は　2こ　入ったよ。」

❶ 1回目に　いちばん　たくさん　入ったのは　だれですか。(10点)

答え　めぐみ

❷ 下の　ひょうに　数を　書いて、3かい　なげた　合計が、いちばん　多い　人を　答えなさい。(10点)

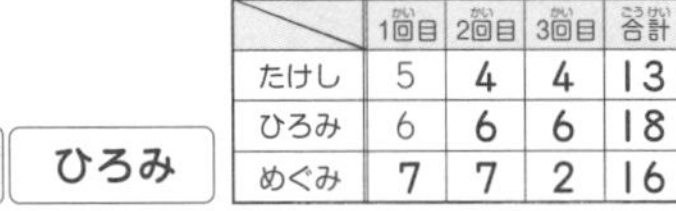

	1回目	2回目	3回目	合計
たけし	5	4	4	13
ひろみ	6	6	6	18
めぐみ	7	7	2	16

答え　ひろみ

★5+4+4=13
6+6+6=18
7+7+2=16
のように　しきを　書いて　考えましょう。

2 右の　グラフは、ひろしさんの　もって　いる　1円玉　10円玉　50円玉　100円玉の　数を　あらわして　います。ぜんぶで　何円　もって　いますか。
(●1つは　玉1つを　あらわしています。)(10点)

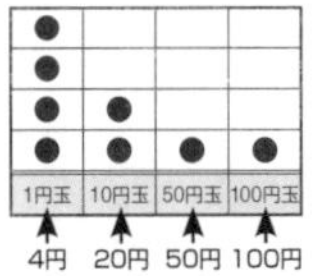

1円玉	10円玉	50円玉	100円玉
4円	20円	50円	100円

答え　174円

3 まと当てゲームを　グラフに　しました。

❶ いちばん　たくさん　まとに　当てたのは、だれですか。(10点)

答え　たける

❷ けんじさんは　何回　当てましたか。(15点)

答え　8回

❸ まとに　同じ　数だけ　当てた　人は、だれと　だれですか。その　名前を　書きなさい。(15点)

答え　けんじ　とおる

❹ まなみさんと　さとこさんは、合わせて　何回　当てましたか。(15点)

答え　7回

❺ さとこさんと　とおるさんの　当てた　数は、何回　ちがいますか。(15点)

3回　8回

答え　5回

テスト2 標準レベル2　①ひょうと　グラフ　じかん 10ぷん　ごうかくてん 80てん

1 魚つりに　行って、つった　魚の　数を　しらべました。●1つは　魚1ぴきを　あらわして　います。

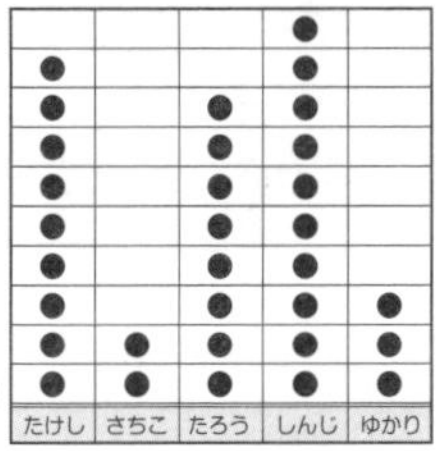

(グラフ：たけし・さちこ・たろう・しんじ・ゆかり)

❶ いちばん　たくさん　つったのは　だれですか。(10点)

★●の　数が　いちばん　多い　人が、いちばん　たくさん　つった　人です。

答え　しんじ

❷ 男の子の　つった　魚は、ぜんぶで　何びきですか。(10点)

たけし　たろう　しんじ
9 + 8 + 10 = 27

答え　27ひき

❸ ぜんぶで　何びき　つれましたか。ひょうの　㋐～㋕に　数を　書いて　答えなさい。(1つ5点・30点)

答え　32ひき

	たけし	さちこ	たろう	しんじ	ゆかり	合計
つった数	㋐9	㋑2	㋒8	㋓10	㋔3	㋕32

2 お店で　売れた　のみものの　数を　まとめると、下のように　なりました。

❶ 売れた　のみものの　数を　ひょうに　まとめなさい。(1つ2点・40点)

	日	月	火	水	木	金	土	合計
コーヒー	2	5	4	5	5	5	8	34
ジュース	6	3	4	3	3	3	4	26
コーラ	3	3	3	4	3	3	0	19
合計	11	11	11	12	11	11	12	79

❷ コーヒーが　いちばん　たくさん　売れたのは、何よう日ですか。(10点)

★34+26+19=79と
11+11+11+12+11+11+12=79が
同じ　数に　なることを　たしかめましょう。

答え　土よう日

★じゃんけんが　おわったとき、1回ずつ　おはじきの　数を　書こう！

テスト3 ハイレベル　①ひょうと　グラフ　じかん 15ぷん　ごうかくてん 70てん

1 つよしさんと　ももかさんは、それぞれ　10こずつ　おはじきを　もって　います。じゃんけんで　かった　人は、まけた　人から　1こ　おはじきを　もらう　ことに　しました。あいこの　ときは　そのままです。

	10	9	10	10	9	8	9	9	10	10	9
名前＼回		1	2	3	4	5	6	7	8	9	10
つよし		●	◯▲	●	▲	■	◯■	▲	◯●	■	●
ももか		◯■	■	●	◯●	◯▲	●	▲	▲	■	◯■
	10	11	10	10	11	12	11	11	10	10	11

(■…パー・●…グー・▲…チョキ)

★かった方に　○を　つけましょう。

❶ どちらの　方が　たくさん　かちましたか。(5点)

つよし　3回
ももか　4回

答え　ももか

❷ あいこは　何回　ありましたか。(5点)

答え　3回

❸ 6回目の　じゃんけんが　おわった　とき、つよしさんは　おはじきを　何こ　もって　いましたか。(10点)

答え　9こ

❹ 10回目の　じゃんけんが　おわった　とき、それぞれ　何この　おはじきを　もって　いましたか。(10点)

答え　つよし…9こ　ももか…11こ

2 ★やくそくに　したがって　○と　×を　ひょうの　中に　書きましょう。

下の　ひょうは、さとみさんと　しおりさんが　8月に　水えい教室へ　行く　日と、休む　日を　あらわした　ものです。○が　行く　日、×が　休む　日です。さとみさんは　2日　行って　1日　休む　ことを　くりかえし、しおりさんは　4日　行って　1日　休むと　いう　ことを　くりかえします。8月は　31日まで　あります。

	1日	2日	3日	4日	5日	6日	7日	8日	9日
さとみ	○	○	×	○	○	×	○	○	×
しおり	○	○	○	○	×	○	○	○	○

❶ 2人とも　休む　日で　いちばん　早い　日は、8月何日ですか。下の　ひょうに　○や　×を　書いて　答えなさい。

	1	2	3	4	5	6	7	8	9	10	11	12	13	14	15	16
さとみ	○	○	×	○	○	×	○	○	×	○	○	×	○	○	×	○
しおり	○	○	○	○	×	○	○	○	○	×	○	○	○	○	×	○

	17	18	19	20	21	22	23	24	25	26	27	28	29	30	31	
さとみ	○	×	○	○	×	○	○	×	○	○	×	○	○	×	○	
しおり	○	○	○	×	○	○	○	○	×	○	○	○	○	×	○	

2人とも　休む日→×/×の　日(10点)

答え　8月15日

❷ 2人とも　休む　日は、8月に　何回　ありますか。(10点)

答え　2回

❸ 2人とも　行く　日は、8月に　何回　ありますか。(10点)

○/○の　日

答え　17回

3 かずおさんと　なおこさんの　クラスの　算数の　テストを　まとめました。ひょうの　中で　④と　あるのは、算数の　テストで　90～99点の　人が　4人　いる　ことを　あらわして　います。

	算数
100点	2
90～99点	④
80～89点	8
70～79点	12
60～69点	9
50～59点	3
0～49点	2

❶ 100点の　人は、何人いますか。(5点)

答え　2人

❷ 70点から　79点までの　人は、何人　いますか。(5点)

答え　12人

❸ 0点から　49点までの　人は、何人　いますか。(10点)

答え　2人

❹ なおこさんの　算数の　点は　89点でした。なおこさんの　算数の　点数の　じゅん番は、たかい　ほうから　数えると　何番目ですか。(10点)

★100点→2人、
90～99点→4人
2+4=6の
つぎです。
6+1=7

答え　7番目

❺ かずおさんの　算数の　点は　70点でした。かずおさんの　算数の　じゅん番は、点数の　ひくい　人から　数えると　何番目ですか。(10点)

★0～49点→2人、
50～59点→3人
60～69点→9人
2+3+9=14の
つぎです。
14+1=15

答え　15番目

★なぜ+1に　なるかを　しっかり　考えましょう。

★ひょうの　中の　どの　数を　たしていくのかを　わかるように　なりましょう。

テスト4 最高レベル　最高レベルにチャレンジ!!　①ひょうと　グラフ　じかん 10ぷん　ごうかくてん 50てん

● 右の　ひょうは、計算テストと　かん字テストを　点数ごとに　人数を　まとめた　ものです。

計算＼かん字	0点	2点	4点	6点	8点	10点
0点						
2点	①	△3				
4点		②	△1	①	2	
6点			④	△2	①	1
8点			3	②	△2	
10点			1	1	①	△2

★計算テストも
かん字テストも
6点より　高い人

❶ かん字の　テストが　6点より　高い　人は、何人ですか。(25点)

★6点は入りません。

2+1+2+1+1+2=9

答え　9人

❷ 計算テストと　かん字テストの　点数が　同じ　人は、何人ですか。(25点)

3+1+2+2+2=10　★△の人

答え　10人

❸ 計算テストも　かん字テストも　6点より　高い　人は、何人ですか。(25点)

2+1+2=5

答え　5人

❹ 計算テストと　かん字テストの　点数が　2点ちがいの　人は、何人ですか。(25点)

1+2+4+2+1+1+1=12

答え　12人

★○の　人が　2点　ちがいの　人です。

★右の　時計の　時こくを　正しく　読みとってから　考えましょう。

テスト5 標準レベル1 ② 時こくと　時間　10分 80点

1 時計を　見て　答えなさい。

❶ 右の　時計の　時こくから　1時間後の　時こくは、(10点)

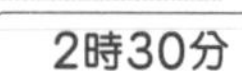

★2時半とも　言います。

答え 2時30分

❷ 右の　時計の　時こくから　1時間前の　時こくは、(10点)

答え 9時40分

❸ 右の　時計の　時こくから　30分前の　時こくは、(10点)

3時40分の　30分前

答え 3時10分

❹ 右の　時計の　時こくから　30分後の　時こくは、(10点)

8時20分の　30分後

答え 8時50分

★学校に　ついた　時こくが、いちばん　早い　時こくです。

2 ひろしさんは　8時まえに　学校に　つきました。下の　3つの　時計は、学校に　ついたとき、夕方に　家に　帰ったとき、家に　帰って　夜　ねたときの　時こくです。

❶ 学校に　ついたのは、何時何分ですか。(15点)

右はしの　時計

答え 7時57分

❷ 家に　帰ったのは、何時何分ですか。(15点)

左はしの　時計

答え 4時34分

❸ 家に　帰って　夜　ねたのは、何時何分ですか。(15点)

まん中の　時計

答え 9時30分

❹ ひろしくんは　つぎの　朝、6時30分に　おきる　つもりです。この日、ひろしくんは　何時間　ねることに　なりますか。(15点)

答え 9時間

夜9時30分から　朝6時30分まで
9時30分から　12時まで　2時間30分
12時から　6時30分まで…6時間30分まで

★時計の　時こくを　午後0時20分と　読んでも　まちがいでは　ありません。

テスト6 標準レベル2 ② 時こくと　時間　10分 80点

1 右の　時計を　見て、答えなさい。

❶ まさるさんは、右の　時計の　時こくに　おべんとうを　食べはじめました。何時何分に　食べはじめましたか。(10点)

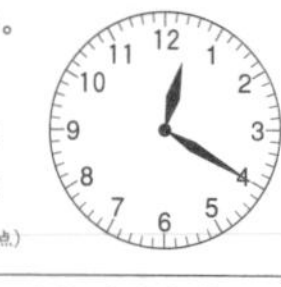

答え 12時20分

❷ この後、まさるさんは　30分間で　おべんとうを　食べおわりました。食べおわった　時こくは、何時何分ですか。(10点)

答え 12時50分

❸ おべんとうを　食べてから、まさるさんは　教室で　2時間　勉強しました。そのあと、10分間　あるいて　家に　帰りました。家に　帰ったのは　何時ですか。(10点)

2時間10分　たつと

答え 3時

❹ まさるさんは　この日の　朝、7時30分に　家を　出ました。家を　出てから　家に　帰るまでの　時間は　何時間何分ですか。(10点)

7時30分から　3時まで

答え 7時間30分

★上の　時計を　つかいましょう。

★午前と　午後を　区べつして　おぼえましょう。

2 右の　時計の　時こくを　見て、下の　もんだいに　答えなさい。

❶ 教室の　時計が　朝の　1時間目の　時こくを　あらわして　いるとき、何時何分ですか。午前・午後を　つけて　答えなさい。(15点)

答え 午前9時10分

❷ 夜の　ねる　前の　時こくを　あらわして　いるとき、何時何分ですか。午前・午後を　つけて　答えなさい。(15点)

答え 午後9時10分

3 みどりさんは　2時から　3時までの　間に　プリントを　6まい　しました。

❶ 4時から　6時までの　間に　何まいの　プリントを　しますか。(15点)

1時間で　6まい　します。

答え 12まい

❷ 7時から　9時30分までの　間に　何まいの　プリントを　しますか。(15点)

30分では　3まい　します。

答え 15まい

テスト7 ハイレベル ② 時こくと　時間　15分 70点

1 たけしさんは　午前9時から　国語の　べんきょうを　2時間　しました。その後、1時間45分　休んでから　算数の　べんきょうを　3時間　しました。算数の　べんきょうは、午後何時何分に　終わりましたか。(10点)

国語が　終わった　時こく…11時
休んだ　あとの　時こく…12時45分
このあと　3時間たつと

答え 午後3時45分

2 ひろみさんは　下の　時計の　時こくから　15分間　ジョギングを　して、5分間　休けいを　する　ことを　くりかえします。

❶ 2回目の　ジョギングを　はじめるのは、何時何分ですか。(5点)

ジョギング　休けい
15　5

★20分たつと

答え 1時30分

❷ 3回目の　ジョギングを　終える　時こくは、何時何分ですか。(5点)

15　5　15　5　15

答え 2時5分

★今から　55分後は

★3回目の　休けいは　入りません。

★図を　かきましょう。

3 ゆりさんは、20分間　ジョギングを　して、10分間　休むことを　くりかえします。ある日、ゆりさんは　午前10時から　1回目の　ジョギングを　はじめました。3回目の　ジョギングが　終わった　あとだけ　20分間の　休みを　とり、5回目の　ジョギングが　終わるまで　走りました。

❶ 休んだ　時間は、ぜんぶで　何分　ですか。(10点)

しき　10+10+20+10=50

答え 50分

❷ 5回目の　ジョギングが　終わるまでに　何時間何分かかりますか。(10点)

20　10　20　10　20　20　10　20
①　②　③　④　⑤

しき　20+20+20+20+20=100
100+50=150
150分=2時間30分

答え 2時間30分

4 1日に　10分ずつ　おくれる　時計が　あります。

❶ 1週間では、何時間何分　おくれますか。(10点)

★1週間は7日です。

10×7=70　70分=1時間10分

答え 1時間10分

❷ 月曜日の　正午に　時計を　合わせると、3日後の　正午には、何時何分を　さしますか。(10点)

10　10　10

★30分　おくれる

答え 11時30分

5 下の　時計の　時こくは、午前9時55分です。

❶ 時計の　長い　はりが　1回と　半分　まわると、何時何分に　なりますか。午前か　午後を　つけて　答えなさい。(10点)

★1時間30分　たつことです。

答え 午前11時25分

❷ この　あと　何分で　正午に　なりますか。(10点)

答え 35分

6 下の　時計は、ひるごはんを　食べた　あとの　時こくです。あと　何分で　午後2時に　なりますか。(10点)

★今の　時こくは　1時3分　です。

答え 57分

7 下の　時計の　時こくは、正午に　なる前です。あと　何時間何分で　午後5時に　なりますか。(10点)

★今の　時こくは　11時41分　です。

答え 5時間19分

テスト8 最レベ ② 時こくと　時間　10分 50点

最高レベルにチャレンジ!!

1 3つの　時計を　見て、答えなさい。(50点)

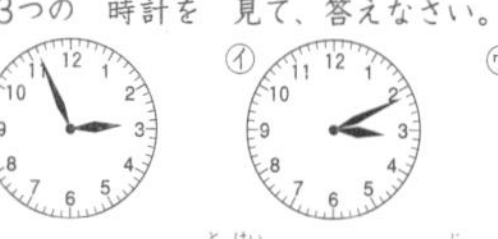

㋐　㋑　㋒

上の　3つの　時計は　正しい　時こくから　8分・7分・2分　おくれたり　すすんだり　して　います。どの　時計が　何分　おくれたり　すすんだり　して　いるかを　うまく　あてはめて、正しい　時こくを　もとめなさい。

答え 3時5分

★くわしくは　143ページを　ごらん下さい。

2 下の　3つの　時計は　正しい　時こくから　2分・13分・16分　おくれたり　すすんだり　して　います。上の　もんだいと　同じように　して、正しい　時こくを　もとめなさい。(50点)

答え 7時11分

★くわしくは　143ページを　ごらん下さい。

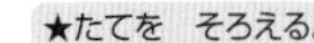

テスト9 標準 レベル1　③ 2けたの　たし算と　ひき算(1)（くり上がりや くり下がりの ない 計算）　10分 80点

1 やおやに　行きました。きゅうりが　26本、にんじんが　12本　ありました。ぜんぶで　何本ありますか。(15点)

しき　26+12=38

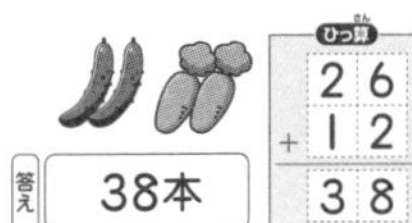

ひっ算　$\begin{array}{r}26\\+12\\\hline 38\end{array}$

答え　38本

2 いちごがりに　行きました。わたしは　37こ　とりました。妹は　13こ　とりました。ちがいは　何こですか。(15点)

しき　37−13=24

ひっ算　$\begin{array}{r}37\\-13\\\hline 24\end{array}$

答え　24こ

3 バスで　えんそくに　行きました。1ごう車には　32人、2ごう車には　24人　のりました。みんなで　何人のりましたか。(15点)

しき　32+24=56

ひっ算　$\begin{array}{r}32\\+24\\\hline 56\end{array}$

答え　56人

★かならず　ひっ算を　しましょう。

4 お店に　りんごが　22こ、みかんが　65こ　あります。ちがいは　何こですか。(15点)

しき　65−22=43

ひっ算　$\begin{array}{r}65\\-22\\\hline 43\end{array}$

答え　43こ

5 赤い　おはじきが　74こ、青い　おはじきが　13こ、白い　おはじきが　12こ　あります。

❶ 赤と　青の　おはじきを　合わせると　何こですか。(10点)

しき　74+13=87

ひっ算　$\begin{array}{r}74\\+13\\\hline 87\end{array}$

答え　87こ

❷ おはじきは　ぜんぶで　何こ　ありますか。(10点)

しき　87+12=99

ひっ算　$\begin{array}{r}87\\+12\\\hline 99\end{array}$

答え　99こ

6 あめを　47こ　もって　います。弟と　妹に　13こずつ　あげました。あめは　なんこに　なりましたか。(20点)

しき　13+13=26　47−26=21

ひっ算　$\begin{array}{r}13\\+13\\\hline 26\end{array}$　$\begin{array}{r}47\\-26\\\hline 21\end{array}$

答え　21こ

★たし算と　ひき算を　くべつしましょう。

テスト10 標準 レベル2　③ 2けたの　たし算と　ひき算(1)（くり上がりや くり下がりの ない 計算）　10分 80点

1 わたしは　どんぐりを　21こ　ひろいました。弟は　16こ　ひろいました。合わせて　何こ　ひろいましたか。(15点)

しき　21+16=37

ひっ算　$\begin{array}{r}21\\+16\\\hline 37\end{array}$

答え　37こ

2 赤い　おはじきが　66こ、青い　おはじきが　34こあります。ちがいは　何こ　ですか。(15点)

しき　66−34=32

ひっ算　$\begin{array}{r}66\\-34\\\hline 32\end{array}$

答え　32こ

3 赤い　色紙が　35まい、青い　色紙が　44まい　あります。色紙は　合わせて　何まい　ありますか。(20点)

しき　35+44=79

ひっ算　$\begin{array}{r}35\\+44\\\hline 79\end{array}$

答え　79まい

4 買い物を　しました。買った　ものは、52円の　チョコレートと　12円の　あめと　20円の　クッキーと　13円の　キャンディです。

❶ クッキーと　あめを　買うと　いくらですか。(10点)

しき　20+12=32

ひっ算　$\begin{array}{r}20\\+12\\\hline 32\end{array}$

答え　32円

❷ キャンディと　チョコレートを　買うと　いくらですか。(10点)

しき　13+52=65

ひっ算　$\begin{array}{r}13\\+52\\\hline 65\end{array}$

答え　65円

❸ ぜんぶで　いくらですか。(10点)

しき　32+65=97

ひっ算　$\begin{array}{r}32\\+65\\\hline 97\end{array}$

答え　97円

5 赤い　玉が　37こ、白い　玉は　赤い　玉より　15こ少ないです。白い　玉は、何こ　ありますか。(20点)

しき　37−15=22

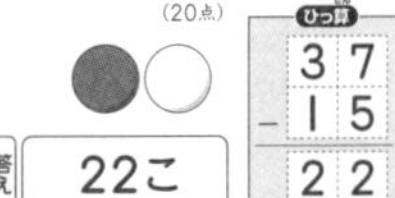

ひっ算　$\begin{array}{r}37\\-15\\\hline 22\end{array}$

答え　22こ

テスト11 ハイレベ ハイレベル　③ 2けたの　たし算と　ひき算(1)（くり上がりや くり下がりの ない 計算）　15分 70点

れい　みどりさんの　もって　いる　おはじきは、お母さんより　23こ　少なくて　14こ　です。お姉さんは　お母さんより　22こ　多く　もって　います。お姉さんは、おはじきを　何こ　もって　いますか。

お母さんの　おはじきは　みどりさんより　23こ　多いから、
14 + 23 = 37

お姉さんの　おはじきは　お母さんより　22こ　多いから、
37 + 22 = 59

ひっ算　$\begin{array}{r}14\\+23\\\hline 37\end{array}$　$\begin{array}{r}37\\+22\\\hline 59\end{array}$

答え　59こ

1 かきの　数は、りんごより　21こ　少なくて　13こです。みかんの　数は、りんごより　15こ　多いです。みかんは　何こ　ありますか。(20点)

★まず　りんごの　数を　もとめましょう。

りんごは　かきより　21こ　多いから
13 + 21 = 34

みかんは　りんごより　15こ　多いから、
34 + 15 = 49

ひっ算　$\begin{array}{r}13\\+21\\\hline 34\end{array}$　$\begin{array}{r}34\\+15\\\hline 49\end{array}$

答え　49こ

★まず　パンの　数を　もとめましょう。

2 ケーキは　パンより　12こ　少なくて　23こ　あります。ドーナツは　パンより　32こ　多いです。ドーナツは　何こ　ありますか。(20点)

しき　23+12=35　35+32=67

ひっ算　$\begin{array}{r}23\\+12\\\hline 35\end{array}$　$\begin{array}{r}35\\+32\\\hline 67\end{array}$

答え　67こ

れい　58人の　子どもが　1れつに　ならんで　います。はじめさんの　前に　25人　います。はじめさんの　後ろには　何人　いますか。

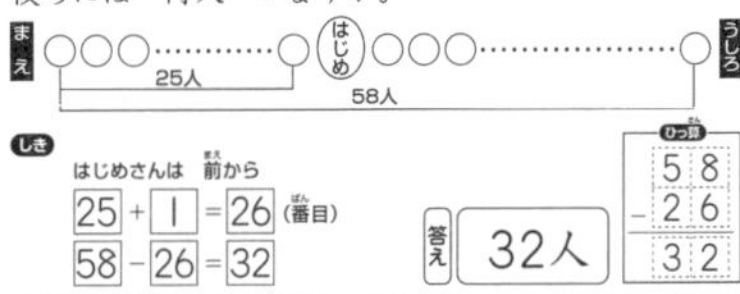

はじめさんは　前から
25 + 1 = 26（番目）
58 − 26 = 32

ひっ算　$\begin{array}{r}58\\-26\\\hline 32\end{array}$

答え　32人

3 98人の　子どもが　1れつに　ならんで　います。ゆかりさんの　前に　32人　います。ゆかりさんの　後ろには　何人　いますか。(20点)

しき　32+1=33　98−33=65

ひっ算　$\begin{array}{r}98\\-33\\\hline 65\end{array}$

答え　65人

★まず　ゆかりさんは　前から　何番目かを　考えましょう。

れい　ひろしさんの　クラスの　男の子は　13人です。女の子は　男の子より　3人　多い　そうです。ひろしさんの　クラスは、みんなで　何人　いますか。

★まず　女の子が　何人かを　計算します。

女の子は　男の子より　3人　多いから
13 + 3 = 16

みんなで
13 + 16 = 29

ひっ算　$\begin{array}{r}13\\+16\\\hline 29\end{array}$

答え　29人

4 やねに　カラスが　13わ　とまって　います。すずめは　カラスより　21わ　多く　とまって　います。鳥は、ぜんぶで　なんわ　いますか。(20点)

★まず　すずめの　数を　もとめましょう。

しき　13+21=34　13+34=47

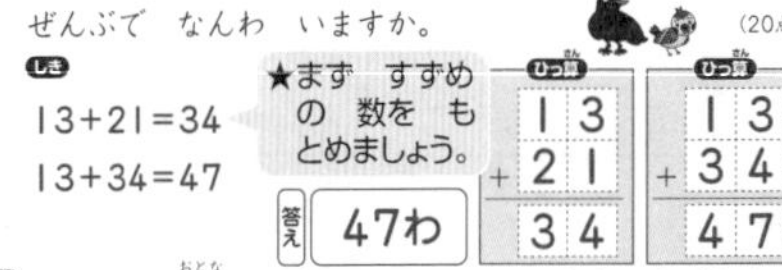

ひっ算　$\begin{array}{r}13\\+21\\\hline 34\end{array}$　$\begin{array}{r}13\\+34\\\hline 47\end{array}$

答え　47わ

5 バスに　大人が　36人　のって　います。子どもは　大人より　15人　少ないです。みんなで　何人　のって　いますか。(20点)

★まず　子どもの　数を　もとめましょう。

しき　36−15=21　36+21=57

ひっ算　$\begin{array}{r}36\\-15\\\hline 21\end{array}$　$\begin{array}{r}36\\+21\\\hline 57\end{array}$

答え　57人

テスト12 最レべ　最高レベルにチャレンジ!!　③ 2けたの　たし算と　ひき算(1)（くり上がりや くり下がりの ない 計算）　10分 60点

● 40人のりの　バスが　しゅっぱつ　したとき、ちょうど　半分の　せきが　あいて　いました。

❶ バスに　おきゃくさんは　何人　のって　いましたか。(30点)

★40の　半分は

答え　20人

❷ 1番目の　バスていでは、のって　きた　人が　おりた　人より　15人　多かったです。1番目の　バスていを　出たとき、おきゃくさんは　何人　のって　いましたか。(30点)

しき　のっている　人が　15人　ふえたから
20+15=35

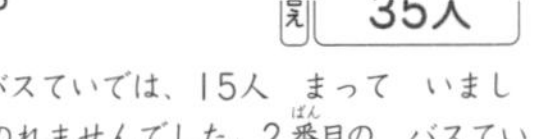

答え　35人

❸ 2番目の　バスていでは、15人　まって　いましたが、3人　のれませんでした。2番目の　バスていでは、何人　おりましたか。(40点)

しき　2番目の　バスていで　のれた人は
15−3=12

だれも　おりなかったら
35+12=47

このバスは　40人のり　だから
47−40=7

べつの　とき方
2番目の　バスに　つく前
40−35=5…のれる
15−3=12…のれた方
12−5=7…おりた人

答え　7人

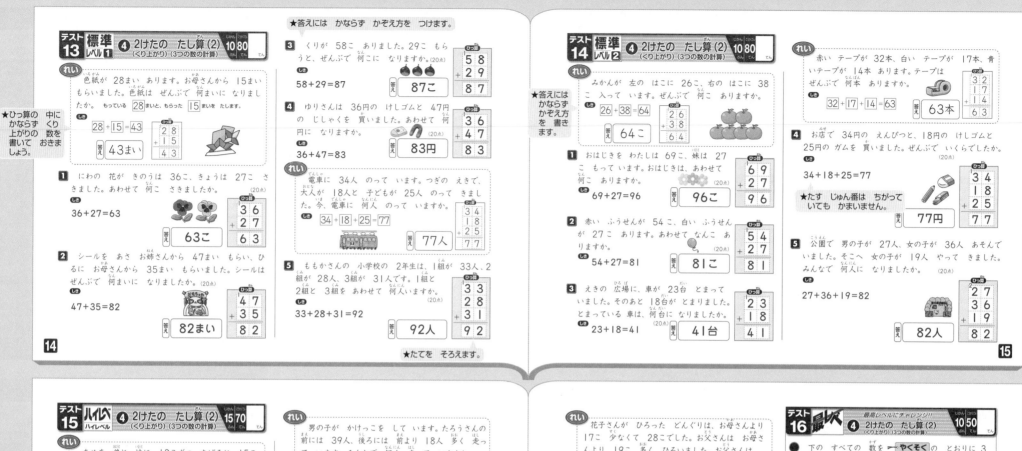

★答えには　かならず　かぞえ方を　つけます。

テスト13 標準 レベル1　④ 2けたの　たし算(2)（くり上がり）（3つの数の計算）　じかん10ふん　ごうかくてん80てん

れい　色紙が　28まい　あります。お母さんから　15まい　もらいました。色紙は　ぜんぶで　何まいに　なりましたか。　もっている　28まいと、もらった　15まいを　たします。

しき　28＋15＝43　（ひっ算　28＋15＝43）　答え　43まい

★ひっ算の　中に　かならず　くり上がりの　数を　書いて　おきましょう。

1　にわの　花が　きのうは　36こ、きょうは　27こ　さきました。あわせて　何こ　さきましたか。(20点)

しき　36＋27＝63　（ひっ算　36＋27＝63）　答え　63こ

2　シールを　あさ　お姉さんから　47まい　もらい、ひるに　お母さんから　35まい　もらいました。シールは　ぜんぶで　何まいに　なりましたか。(20点)

しき　47＋35＝82　（ひっ算　47＋35＝82）　答え　82まい

3　くりが　58こ　ありました。29こ　もらうと、ぜんぶで　何こに　なりますか。(20点)

しき　58＋29＝87　（ひっ算　58＋29＝87）　答え　87こ

4　ゆりさんは　36円の　けしゴムと　47円の　じしゃくを　買いました。あわせて　何円に　なりますか。(20点)

しき　36＋47＝83　（ひっ算　36＋47＝83）　答え　83円

れい　電車に　34人　のって　います。つぎの　えきで、大人が　18人と　子どもが　25人　のって　きました。今、電車に　何人　のって　いますか。

しき　34＋18＋25＝77　（ひっ算　34＋18＋25＝77）　答え　77人

5　ももかさんの　小学校の　2年生は、1組が　33人、2組が　28人、3組が　31人です。1組と　2組と　3組を　あわせて　何人いますか。(20点)

しき　33＋28＋31＝92　（ひっ算　33＋28＋31＝92）　答え　92人

★たてを　そろえます。

テスト14 標準 レベル2　④ 2けたの　たし算(2)（くり上がり）（3つの数の計算）　じかん10ふん　ごうかくてん80てん

れい　みかんが　左の　はこに　26こ、右の　はこに　38こ　入って　います。ぜんぶで　何こ　ありますか。

しき　26＋38＝64　（ひっ算　26＋38＝64）　答え　64こ

★答えには　かならず　かぞえ方を　書きます。

1　おはじきを　わたしは　69こ、妹は　27こ　もって　います。おはじきは、あわせて　何こ　ありますか。(20点)

しき　69＋27＝96　（ひっ算　69＋27＝96）　答え　96こ

2　赤い　ふうせんが　54こ、白い　ふうせんが　27こ　あります。あわせて　なんこ　ありますか。(20点)

しき　54＋27＝81　（ひっ算　54＋27＝81）　答え　81こ

3　えきの　広場に、車が　23台　とまって　いました。そのあと　18台が　とまりました。とまっている　車は、何台に　なりましたか。(20点)

しき　23＋18＝41　（ひっ算　23＋18＝41）　答え　41台

れい　赤い　テープが　32本、白い　テープが　17本、青いテープが　14本　あります。テープは　ぜんぶで　何本　ありますか。

しき　32＋17＋14＝63　（ひっ算　32＋17＋14＝63）　答え　63本

4　お店で　34円の　えんぴつと、18円の　けしゴムと　25円の　ガムを　買いました。ぜんぶで　いくらでしたか。(20点)

しき　34＋18＋25＝77　（ひっ算　34＋18＋25＝77）　答え　77円

★たす　じゅん番は　ちがっても　かまいません。

5　公園で　男の子が　27人、女の子が　36人　あそんでいました。そこへ　女の子が　19人　やって　きました。みんなで　何人に　なりましたか。(20点)

しき　27＋36＋19＝82　（ひっ算　27＋36＋19＝82）　答え　82人

テスト15 ハイレベ ハイレベル　④ 2けたの　たし算(2)（くり上がり）（3つの数の計算）　じかん15ふん　ごうかくてん70てん

れい　あめを　弟と　妹に　18こずつ　あげると、15こ　のこりました。はじめに　あめは、何こ　ありましたか。

しき　弟と　妹に　18こずつ　あげたから　あげた　数は　18＋18＝36

15こ　のこったから　36＋15＝51

（ひっ算　18＋18＝36、36＋15＝51）　答え　51こ

1　2人の　友だちに　色紙を　26まいずつ　くばると、19まい　のこりました。はじめに　色紙は、何まい　ありましたか。(15点)

しき　26＋26＝52　52＋19＝71　（ひっ算　26＋26＝52、52＋19＝71）　答え　71まい

★まず　友だちに　くばった　数を　もとめましょう。

2　お父さんと　お母さんと　弟に　カードを　16まいずつ　くばると、15まい　のこりました。はじめに　カードは　何まい　ありましたか。(15点)

しき　16＋16＋16＝48　48＋15＝63　（ひっ算　16＋16＋16＝48、48＋15＝63）　答え　63まい

れい　男の子が　かけっこを　して　います。たろうさんの　前には　39人、後ろには　前より　18人　多く　走って　います。みんなで　何人　走って　いますか。

まえ　○○○……○（39人）　たろう　○○○……○（39人＋18人）　うしろ

しき　たろうさんは　前から　39＋1＝40番目　後ろは　39＋18＝57　40＋57＝97

べつの　とき方　後ろの　人は　39＋18＝57　みんなで　39（前の人）＋57（後ろの人）＋1（たろう）＝97

（ひっ算　39＋18＝57、40＋57＝97）　答え　97人

3　子どもが　1れつに　ならんで　います。まきさんの　左に　18人、右には　左より　15人　多く　ならんで　います。みんなで　何人　ならんで　いますか。(15点)

しき　まきさんの　右の　人は　18＋15＝33　みんなで　18＋33＋1＝52（左の人　右の人　まき）

（ひっ算　18＋15＝33、18＋33＝51）　答え　52人

4　本が　よこに　1れつに　ならんで　います。わたしの　すきな　本の　右に　27さつ、左には　右より　19さつ　多く　ならんで　います。本は　ぜんぶで　何さつ　ならんで　いますか。(15点)

しき　右に27　左に27＋19＝46　ぜんぶで　27＋46＋1＝74（右）（左）（わたしの　すきな本）

（ひっ算　27＋19＝46、27＋46＝73）　答え　74さつ

れい　花子さんが　ひろった　どんぐりは、お母さんより　17こ　少なくて　28こでした。お父さんは　お母さんより　19こ　多く　ひろいました。お父さんは、どんぐりを　何こ　ひろいましたか。

花子さんの　ひろった　数…28こ

しき　お母さん　28＋17＝45　お父さん　45＋19＝64

（ひっ算　28＋17＝45、45＋19＝64）　答え　64こ

5　わたしは　7才で　お母さんより　26才　年下です。おばあちゃんは　お母さんより　28才　年上です。では、おばあちゃんは　何才ですか。(20点)

しき　お母さん…7＋26＝33　おばあちゃん…33＋28＝61

（ひっ算　7＋26＝33、33＋28＝61）　答え　61才

★はじめに　お母さんの　としを　もとめます。

6　妹の　もって　いる　おはじきは、わたしより　19こ　少なくて　14こです。お父さんの　おはじきは、わたしより　18こ　多いです。3人の　おはじきを　あわせると　何こですか。(20点)

しき　わたし…14＋19＝33　お父さん…33＋18＝51　14＋33＋51＝98

（ひっ算　14＋19＝33、33＋18＝51、14＋33＋51＝98）　答え　98こ

テスト16 最レベ　最高レベルにチャレンジ!!　④ 2けたの　たし算(2)（くり上がり）（3つの数の計算）　じかん10ふん　ごうかくてん50てん

●　下の　すべての　数を　やくそくの　とおりに　3つ　ずつ　つなぎます。

やくそく　たてや　よこの　3つの　数を　せんで　つなぎます。つないだ　3つの　数の　まん中の　数は、りょうはしの　2つの　数を　たした　数に　なります。（ななめの　数を　つないでは　いけません。）

❶　つなぐ　ことが　できなかった　数を　1つ　見つけなさい。(50点)

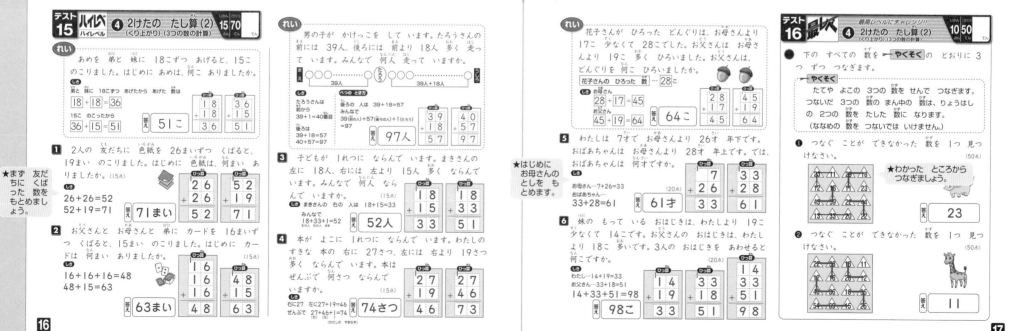

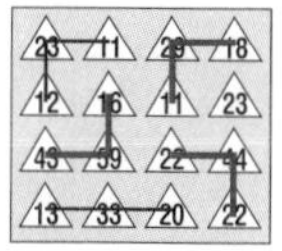

★わかった　ところから　つなぎましょう。

答え　23

❷　つなぐ　ことが　できなかった　数を　1つ　見つけなさい。(50点)

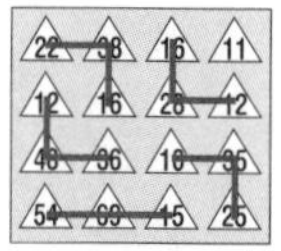

答え　11

〈きりとり線〉

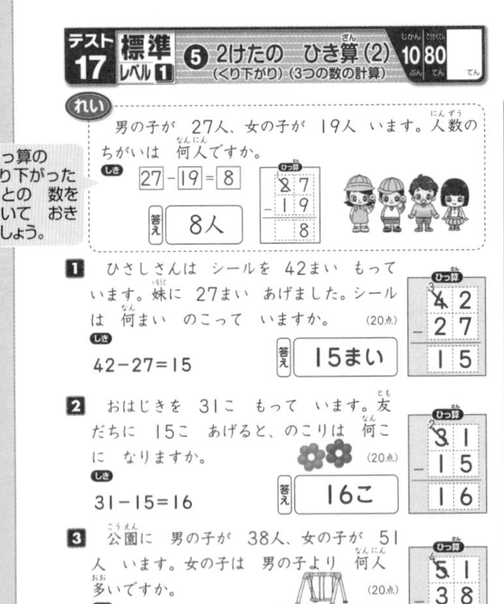
テスト17 標準 レベル1 ⑤ 2けたの ひき算(2)（くり下がり）（3つの数の計算） 10分 80点

れい 男の子が 27人、女の子が 19人 います。人数の ちがいは 何人ですか。

しき 27−19＝8　答え 8人

★ひっ算の くり下がった あとの 数を 書いて おき ましょう。

1 ひさしさんは シールを 42まい もって います。妹に 27まい あげました。シールは 何まい のこって いますか。(20点)

しき 42−27＝15　答え 15まい

2 おはじきを 31こ もって います。友だちに 15こ あげると、のこりは 何こに なりますか。(20点)

しき 31−15＝16　答え 16こ

3 公園に 男の子が 38人、女の子が 51人 います。女の子は 男の子より 何人 多いですか。(20点)

しき 51−38＝13　答え 13人

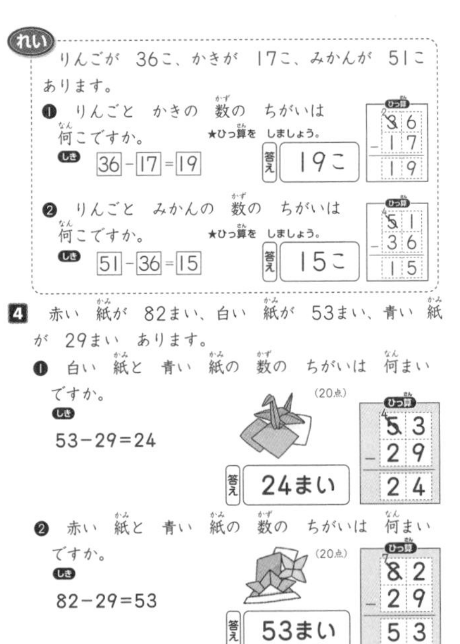
れい りんごが 36こ、かきが 17こ、みかんが 51こ あります。

❶ りんごと かきの 数の ちがいは 何こですか。★ひっ算を しましょう。

しき 36−17＝19　答え 19こ

❷ りんごと みかんの 数の ちがいは 何こですか。★ひっ算を しましょう。

しき 51−36＝15　答え 15こ

4 赤い 紙が 82まい、白い 紙が 53まい、青い 紙が 29まい あります。

❶ 白い 紙と 青い 紙の 数の ちがいは 何まいですか。(20点)

しき 53−29＝24　答え 24まい

❷ 赤い 紙と 青い 紙の 数の ちがいは 何まいですか。(20点)

しき 82−29＝53　答え 53まい

18

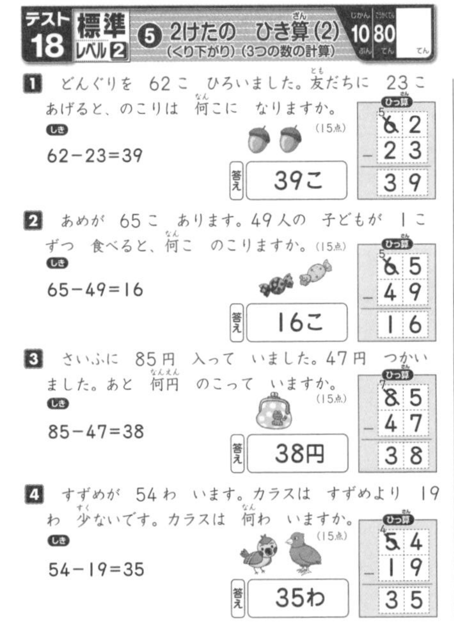
テスト18 標準 レベル2 ⑤ 2けたの ひき算(2)（くり下がり）（3つの数の計算） 10分 80点

1 どんぐりを 62こ ひろいました。友だちに 23こ あげると、のこりは 何こに なりますか。(15点)

しき 62−23＝39　答え 39こ

2 あめが 65こ あります。49人の 子どもが 1こずつ 食べると、何こ のこりますか。(15点)

しき 65−49＝16　答え 16こ

3 さいふに 85円 入って いました。47円 つかいました。あと 何円 のこって いますか。(15点)

しき 85−47＝38　答え 38円

4 すずめが 54わ います。カラスは すずめより 19わ 少ないです。カラスは 何わ いますか。(15点)

しき 54−19＝35　答え 35わ

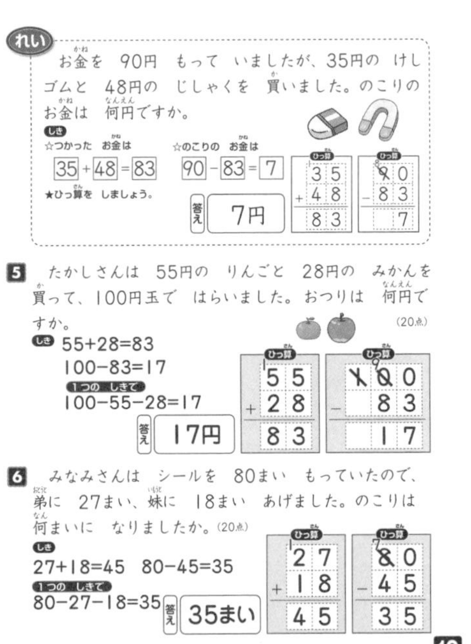
れい お金を 90円 もって いましたが、35円の けしゴムと 48円の じしゃくを 買いました。のこりの お金は 何円ですか。

しき ☆つかった お金は 35＋48＝83　☆のこりの お金は 90−83＝7

★ひっ算を しましょう。　答え 7円

5 たかしさんは 55円の りんごと 28円の みかんを 買って、100円玉で はらいました。おつりは 何円ですか。(20点)

しき 55＋28＝83
100−83＝17
1つの しきで
100−55−28＝17　答え 17円

6 みなみさんは シールを 80まい もっていたので、弟に 27まい、妹に 18まい あげました。のこりは 何まいに なりましたか。(20点)

しき 27＋18＝45　80−45＝35
1つの しきで
80−27−18＝35　答え 35まい

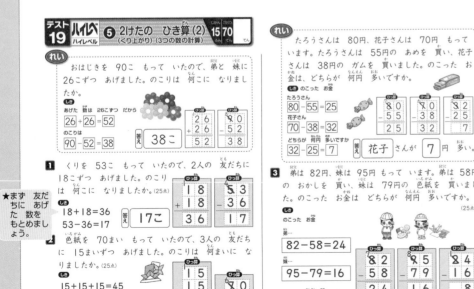

19

テスト19 ハイレベ ハイレベル ⑤ 2けたの ひき算(2)（くり上がり）（3つの数の計算） 15分 70点

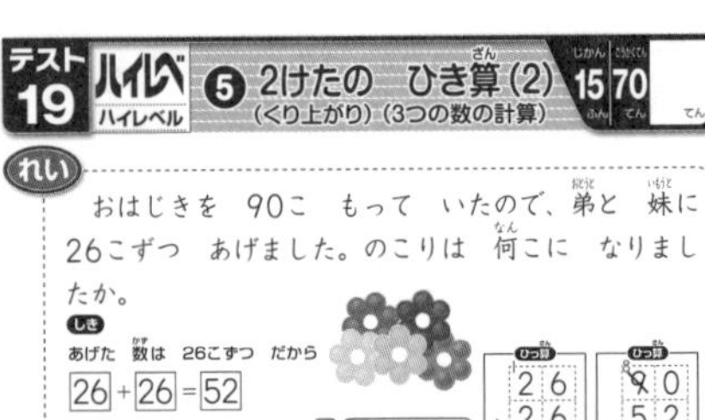
れい おはじきを 90こ もって いたので、弟と 妹に 26こずつ あげました。のこりは 何こに なりましたか。

しき あげた 数は 26こずつ だから 26＋26＝52
のこりは 90−52＝38　答え 38こ

1 くりを 53こ もって いたので、2人の 友だちに 18こずつ あげました。のこりは 何こに なりましたか。(25点)

しき 18＋18＝36
53−36＝17　答え 17こ

★まず 友だちに あげた 数を もとめましょう。

2 色紙を 70まい もって いたので、3人の 友だちに 15まいずつ あげました。のこりは 何まいに なりましたか。(25点)

しき 15＋15＋15＝45
70−45＝25　答え 25まい

れい たろうさんは 80円、花子さんは 70円 もって います。たろうさんは 55円の あめを 買い、花子さんは 38円の ガムを 買いました。のこった お金は、どちらが 何円 多いですか。

しき のこった お金
たろうさん 80−55＝25
花子さん 70−38＝32
どちらが 何円 多いですか 32−25＝7

答え 花子 さんが 7 円 多い。

3 弟は 82円、妹は 95円 もって います。弟は 58円の おかしを 買い、妹は 79円の 色紙を 買いました。のこった お金は どちらが 何円 多いですか。(25点)

しき のこった お金
弟… 82−58＝24
妹… 95−79＝16
どちらが 何円 多いですか 24−16＝8

答え 弟 が 8 円 多い。

20

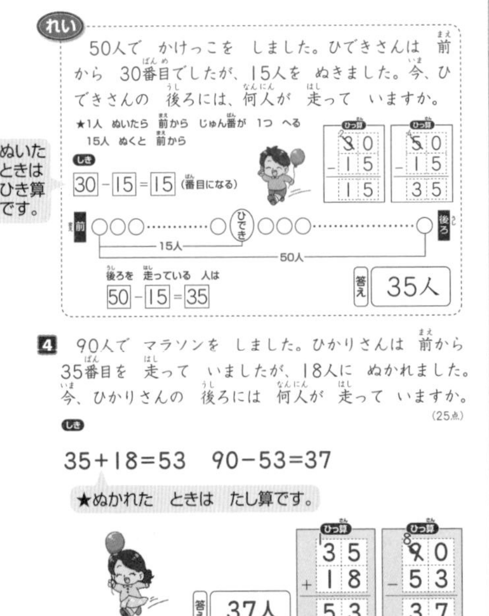
れい 50人で かけっこを しました。ひできさんは 前から 30番目でしたが、15人を ぬきました。今、ひできさんの 後ろには、何人が 走って いますか。

★1人 ぬいたら 前から じゅん番が 1つ へる
15人 ぬくと 前から 30−15＝15（番目になる）

後ろを 走っている 人は 50−15＝35　答え 35人

★ぬいた ときは ひき算 です。

4 90人で マラソンを しました。ひかりさんは 前から 35番目を 走って いましたが、18人に ぬかれました。今、ひかりさんの 後ろには 何人が 走って いますか。(25点)

しき 35＋18＝53　90−53＝37

★ぬかれた ときは たし算です。　答え 37人

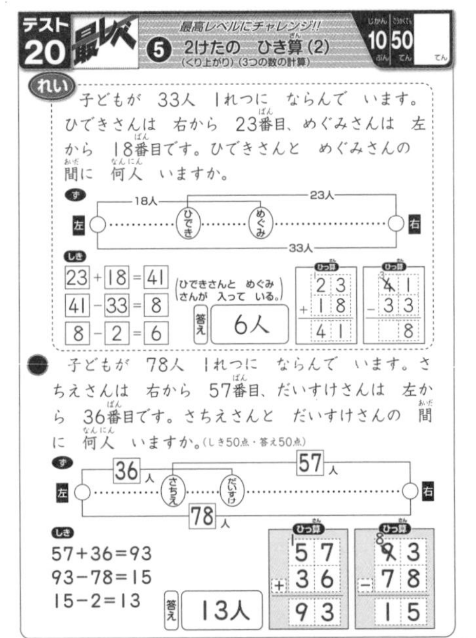
テスト20 最レベ 最高レベルにチャレンジ!! ⑤ 2けたの ひき算(2)（くり上がり）（3つの数の計算） 10分 50点

れい 子どもが 33人 1れつに ならんで います。ひできさんは 右から 23番目、めぐみさんは 左から 18番目です。ひできさんと めぐみさんの 間に 何人 いますか。

しき 23＋18＝41
41−33＝8
8−2＝6（ひできさんと めぐみさんが 入って いる。）　答え 6人

● 子どもが 78人 1れつに ならんで います。さちえさんは 右から 57番目、だいすけさんは 左から 36番目です。さちえさんと だいすけさんの 間に 何人 いますか。(しき50点・答え50点)

しき 57＋36＝93
93−78＝15
15−2＝13　答え 13人

21

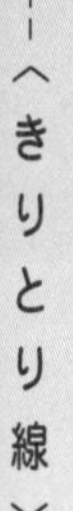

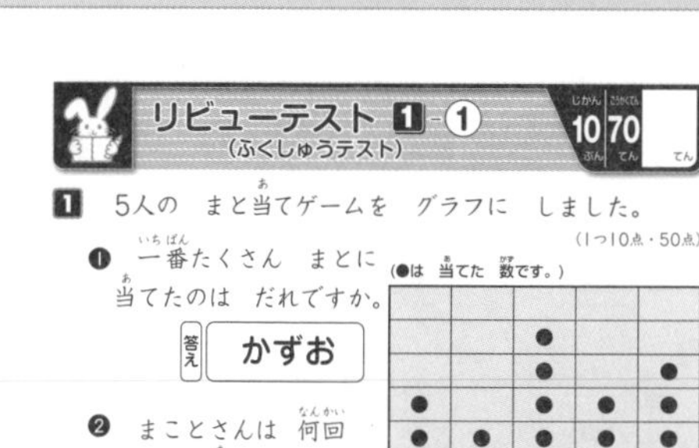

リビューテスト 1-① (ふくしゅうテスト)

10ぷん 70てん

1 5人の まと当てゲームを グラフに しました。(1つ10点・50点)

❶ 一番たくさん まとに 当てたのは だれですか。

答え かずお

❷ まことさんは 何回 まとに 当てましたか。

答え 8かい

★5人の ●の 数を かぞえ ましょう。

(●は 当てた 数です。)

つよし	のぞみ	かずお	あゆみ	まこと
		●		
		●		●
●		●	●	●
●	●	●	●	●
●	●	●	●	●
●	●	●	●	●
●	●	●	●	●
●	●	●	●	●
●	●	●	●	●

❸ まとに 当てた 数が 同じ 人は、だれと だれですか。

答え つよし あゆみ

❹ のぞみさんと あゆみさんは、合わせて 何回 まとに 当てましたか。

6＋7＝13

答え 13回

❺ のぞみさんと かずおさんの まとに 当てた 数は、何回 ちがいますか。

9－6＝3

答え 3回

★時計の 時こくは 4時と 9時30分です。

2 つぎの 時こくを 答えなさい。(1つ10点・20点)

❶ より 5時間前の 時こく

答え 11時

❷ より 6時間 たった 時こく

答え 3時30分

3 こうえんに 男の子が 35人、女の子が 28人 います。子どもは みんなで 何人 いますか。(10点)

しき 35＋28＝63

ひっ算: 35 ＋ 28 ＝ 63

答え 63人

4 赤い リボンが 37本、白い リボンが 29本 あります。リボンの 数の ちがいは 何本ですか。(10点)

しき 37－29＝8

ひっ算: 37 － 29 ＝ 8

答え 8本

5 赤い 玉が 17こ、白い 玉が 22こ、青い 玉が 24こ あります。玉は ぜんぶで 何こ ありますか。(10点)

しき 17＋22＋24＝63

ひっ算: 17 ＋ 22 ＋ 24 ＝ 63

答え 63こ

リビューテスト 1-② (ふくしゅうテスト)

10ぷん 70てん

1 つぎの 時こくを、午前・午後を つけて 答えなさい。(1つ10点・20点)

❶ 朝 おきた 時こく

答え 午前6時30分

❷ 夕ごはんを 食べおわる 時こく

答え 午後7時40分

★時計の 時こくは 8時です。

2 家から 学校まで 40分 かかります。学校に 午前8時に つくには、家を 何時何分までに 出れば よいですか。午前・午後を つけて 答えなさい。(15点)

答え 午前7時20分

★時計の 時こくは 3時50分 です。

3 けんじさんは 午後3時50分から 40分間 友だちと あそびました。あそびおわった 時こくを 午前・午後を つけて 答えなさい。(15点)

答え 午後4時30分

★たす じゅん番は どちらからでも よいです。

4 大きい はこには りんごが 46こ、小さい はこには りんごが 29こ 入っています。りんごは ぜんぶで 何こ ありますか。(10点)

しき 46＋29＝75

ひっ算: 46 ＋ 29 ＝ 75

答え 75こ

5 のぞみさんは シールを 42まい もっていましたが、妹に 18まい あげました。シールは 何まい のこっていますか。(10点)

しき 42－18＝24

ひっ算: 42 － 18 ＝ 24

答え 24まい

6 だいきさんは 色紙を 80まい もって いましたが、弟と 妹に 18まいずつ あげました。だいきさんの 色紙は、何まいに なりましたか。(15点)

しき 18＋18＝36
80－36＝44

ひっ算: 18 ＋ 18 ＝ 36 / 80 － 36 ＝ 44

答え 44まい

7 お金を 80円 もって いましたが、26円の あめと 15円の あめと 32円の あめを 買いました。のこりの お金は 何円ですか。(15点)

しき 26＋15＋32＝73
80－73＝7

ひっ算: 26 ＋ 15 ＋ 32 ＝ 73 / 80 － 73 ＝ 7

答え 7円

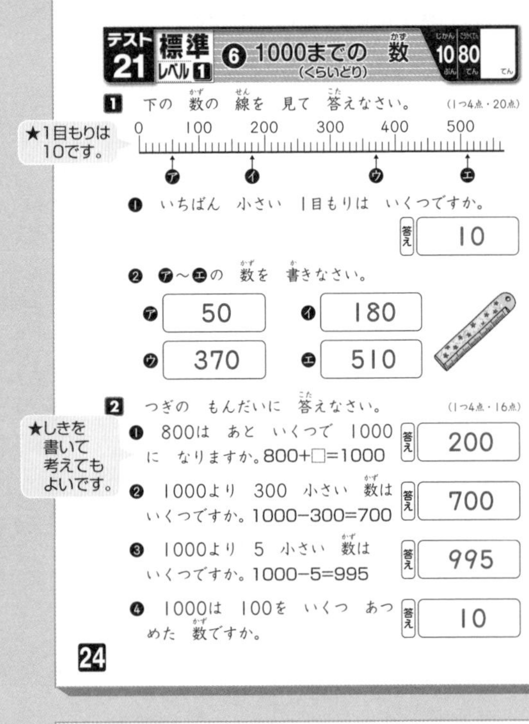

テスト21 標準 レベル1 ⑥ 1000までの 数（くらいどり） じかん10ぷん ごうかく80てん

1 下の 数の 線を 見て 答えなさい。（1つ4点・20点）

★1目もりは10です。

0 100 200 300 400 500 ㋐ ㋑ ㋒ ㋓

❶ いちばん 小さい 1目もりは いくつですか。 答え 10

❷ ㋐〜㋓の 数を 書きなさい。 ㋐ 50 ㋑ 180 ㋒ 370 ㋓ 510

2 つぎの もんだいに 答えなさい。（1つ4点・16点）

★しきを書いて考えてもよいです。

❶ 800は あと いくつで 1000に なりますか。800+□=1000 答え 200

❷ 1000より 300 小さい 数は いくつですか。1000−300=700 答え 700

❸ 1000より 5 小さい 数は いくつですか。1000−5=995 答え 995

❹ 1000は 100を いくつ あつめた 数ですか。 答え 10

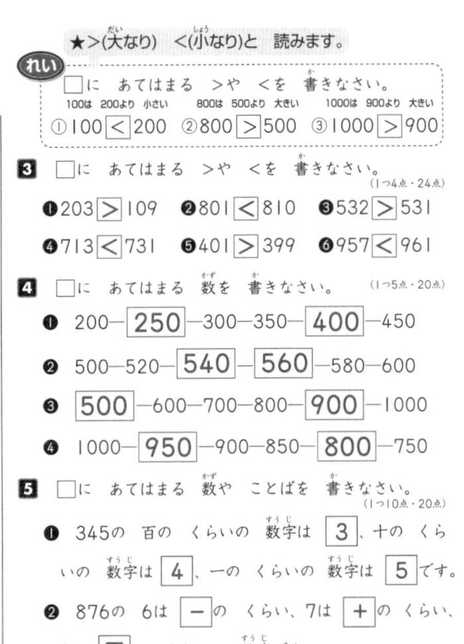

★>(大なり) <(小なり)と 読みます。

れい □に あてはまる >や <を 書きなさい。

100は 200より 小さい　800は 500より 大きい　1000は 900より 大きい

① 100<200 ② 800>500 ③ 1000>900

3 □に あてはまる >や <を 書きなさい。（1つ4点・24点）

❶ 203>109 ❷ 801<810 ❸ 532>531

❹ 713<731 ❺ 401>399 ❻ 957<961

4 □に あてはまる 数を 書きなさい。（1つ5点・20点）

❶ 200—250—300—350—400—450

❷ 500—520—540—560—580—600

❸ 500—600—700—800—900—1000

❹ 1000—950—900—850—800—750

5 □に あてはまる 数や ことばを 書きなさい。（1つ10点・20点）

❶ 345の 百の くらいの 数字は 3、十の くらいの 数字は 4、一の くらいの 数字は 5です。

❷ 876の 6は 一の くらい、7は 十の くらい、8は 百の くらいの 数字です。

★「345」「876」を くらいどりして 読んで みましょう。

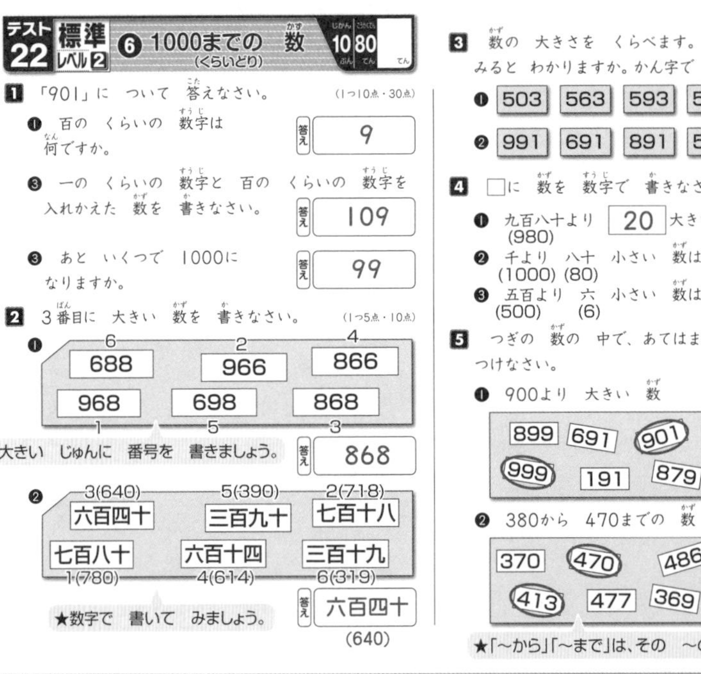

テスト22 標準 レベル2 ⑥ 1000までの 数（くらいどり） じかん10ぷん ごうかく80てん

1 「901」に ついて 答えなさい。（1つ10点・30点）

❶ 百の くらいの 数字は 何ですか。 答え 9

❷ 一の くらいの 数字と 百の くらいの 数字を 入れかえた 数を 書きなさい。 答え 109

❸ あと いくつで 1000に なりますか。 答え 99

2 3番目に 大きい 数を 書きなさい。（1つ5点・10点）

❶ 688(6) 966(2) 866(4) 968(1) 698(5) 868(3)

★大きい じゅんに 番号を 書きましょう。 答え 868

❷ 六百四十 3(640) 三百九十 5(390) 七百十八 2(718) 七百八十 1(780) 六百十四 4(614) 三百十九 6(319)

★数字で 書いて みましょう。 答え 六百四十 (640)

3 数の 大きさを くらべます。何の くらいの 数字を みると わかりますか。かん字で 書きなさい。（1つ5点・10点）

❶ 503 563 593 553 ➡ 十の くらい

❷ 991 691 891 591 ➡ 百の くらい

4 □に 数を 数字で 書きなさい。（1つ10点・30点）

❶ 九百八十(980)より 20 大きい 数は、1000です。

❷ 千(1000)より 八十(80) 小さい 数は、920です。

❸ 五百(500)より 六(6) 小さい 数は、494です。

5 つぎの 数の 中で、あてはまる 数 ぜんぶに ○を つけなさい。（1つ10点・20点）

❶ 900より 大きい 数

899 691 (901) 699 790 (999) 191 879 709 (919)

❷ 380から 470までの 数

370 (470) 486 550 (381) (413) 477 369 (380) 499

★「〜から」「〜まで」は、その 〜の 数を ふくみます。

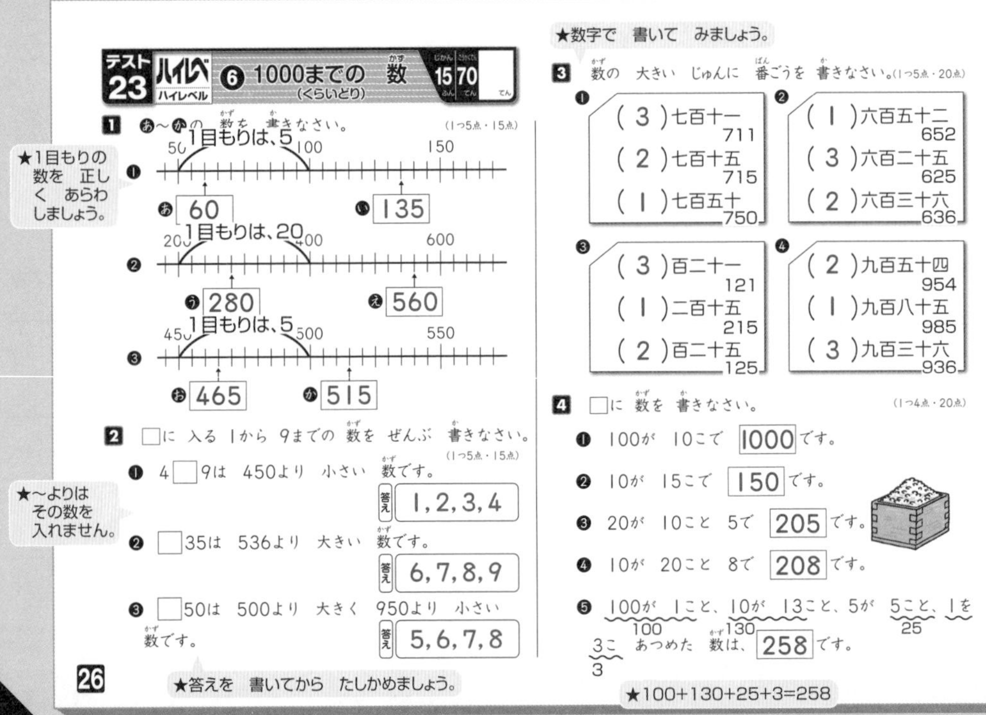

テスト23 ハイレベ ハイレベル ⑥ 1000までの 数（くらいどり） じかん15ぷん ごうかく70てん

1 ㋐〜㋕の 数を 書きなさい。（1つ5点・15点）

★1目もりの数を 正しく あらわしましょう。

❶ 1目もりは、5　50 100 150　㋐ 60 ㋑ 135

❷ 1目もりは、20　200 400 600　㋒ 280 ㋓ 560

❸ 1目もりは、5　450 500 550　㋔ 465 ㋕ 515

2 □に 入る 1から 9までの 数を ぜんぶ 書きなさい。（1つ5点・15点）

★〜よりは その数を 入れません。

❶ 4□9は 450より 小さい 数です。 答え 1, 2, 3, 4

❷ □35は 536より 大きい 数です。 答え 6, 7, 8, 9

❸ □50は 500より 大きく 950より 小さい 数です。 答え 5, 6, 7, 8

★答えを 書いてから たしかめましょう。

★数字で 書いて みましょう。

3 数の 大きい じゅんに 番ごうを 書きなさい。（1つ5点・20点）

❶ (3) 七百十一 711 (2) 七百十五 715 (1) 七百五十 750

❷ (1) 六百五十二 652 (3) 六百二十五 625 (2) 六百三十六 636

❸ (3) 百二十一 121 (1) 二百十五 215 (2) 百二十五 125

❹ (2) 九百五十四 954 (1) 九百八十五 985 (3) 九百三十六 936

4 □に 数を 書きなさい。（1つ4点・20点）

❶ 100が 10こで 1000です。

❷ 10が 15こで 150です。

❸ 20が 10こと 5で 205です。

❹ 10が 20こと 8で 208です。

❺ 100が 1こと、10が 13こと、5が 5こと、1を 3こ あつめた 数は、258です。（100 130 25 3）

★100+130+25+3=258

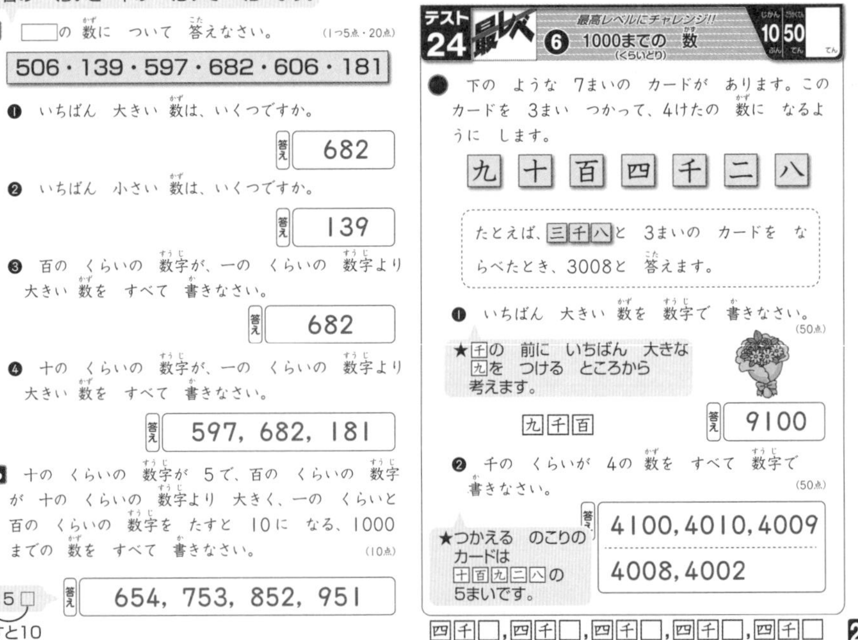

★百の くらいと 十の くらいで くらべます。

5 □の 数に ついて 答えなさい。（1つ5点・20点）

506・139・597・682・606・181

❶ いちばん 大きい 数は、いくつですか。 答え 682

❷ いちばん 小さい 数は、いくつですか。 答え 139

❸ 百の くらいの 数字が、一の くらいの 数字より 大きい 数を すべて 書きなさい。 答え 682

❹ 十の くらいの 数字が、一の くらいの 数字より 大きい 数を すべて 書きなさい。 答え 597, 682, 181

6 十の くらいの 数字が 5で、百の くらいの 数字が 十の くらいの 数字より 大きく、一の くらいと 百の くらいの 数字を たすと 10に なる、1000までの 数を すべて 書きなさい。（10点）

★□5□ たすと10　答え 654, 753, 852, 951

テスト24 最レベ 最高レベルにチャレンジ!! ⑥ 1000までの 数（くらいどり） じかん10ぷん ごうかく50てん

● 下の ような 7まいの カードが あります。この カードを 3まい つかって、4けたの 数に なるように します。

九 十 百 四 千 二 八

たとえば、三千八と 3まいの カードを ならべたとき、3008と 答えます。

❶ いちばん 大きい 数を 数字で 書きなさい。（50点）

★千の 前に いちばん 大きな 九を つける ところから 考えます。

九千百　答え 9100

❷ 千の くらいが 4の 数を すべて 数字で 書きなさい。（50点）

★つかえる のこりの カードは 十百九二八の 5まいです。

答え 4100, 4010, 4009, 4008, 4002

四千□, 四千□, 四千□, 四千□, 四千□

〈きりとり線〉

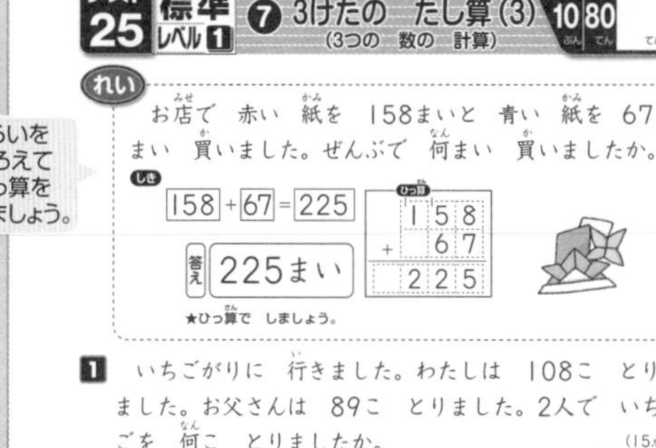

テスト25 標準レベル1 ⑦ 3けたの たし算(3)（3つの 数の 計算） じかん10ぷん ごうかく80てん

★くらいを そろえて ひっ算を しましょう。

れい お店で 赤い 紙を 158まいと 青い 紙を 67まい 買いました。ぜんぶで 何まい 買いましたか。

しき 158＋67＝225　（ひっ算）158＋67＝225

答え 225まい

★ひっ算で しましょう。

1 いちごがりに 行きました。わたしは 108こ とりました。お父さんは 89こ とりました。2人で いちごを 何こ とりましたか。（15点）

しき 108＋89＝197　（ひっ算）108＋89＝197

答え 197こ

2 さいふに 135円 入って います。お母さんから 80円 もらいました。お金は 何円に なりましたか。（15点）

しき 135＋80＝215　（ひっ算）135＋80＝215

答え 215円

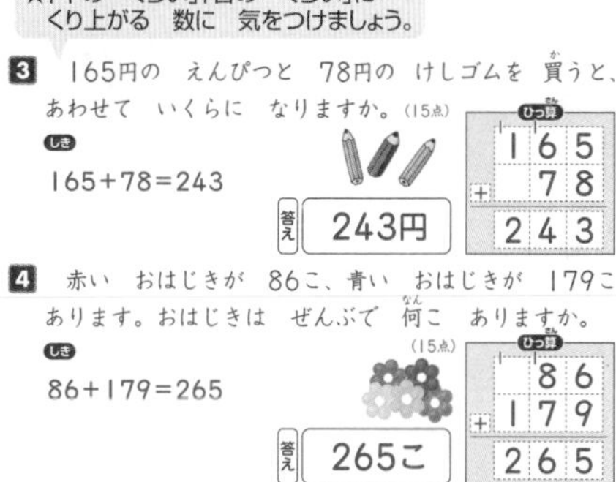

★「十の くらい」「百の くらい」に くり上がる 数に 気をつけましょう。

3 165円の えんぴつと 78円の けしゴムを 買うと、あわせて いくらに なりますか。（15点）

しき 165＋78＝243　（ひっ算）165＋78＝243

答え 243円

4 赤い おはじきが 86こ、青い おはじきが 179こ あります。おはじきは ぜんぶで 何こ ありますか。（15点）

しき 86＋179＝265　（ひっ算）86＋179＝265

答え 265こ

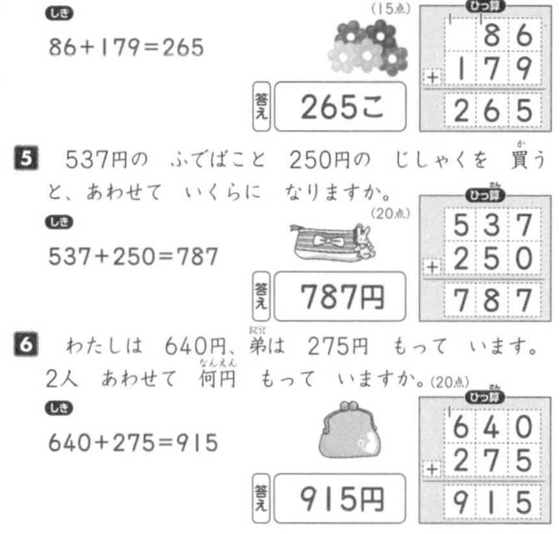

5 537円の ふでばこと 250円の じしゃくを 買うと、あわせて いくらに なりますか。（20点）

しき 537＋250＝787　（ひっ算）537＋250＝787

答え 787円

6 わたしは 640円、弟は 275円 もって います。2人 あわせて 何円 もって いますか。（20点）

しき 640＋275＝915　（ひっ算）640＋275＝915

答え 915円

28

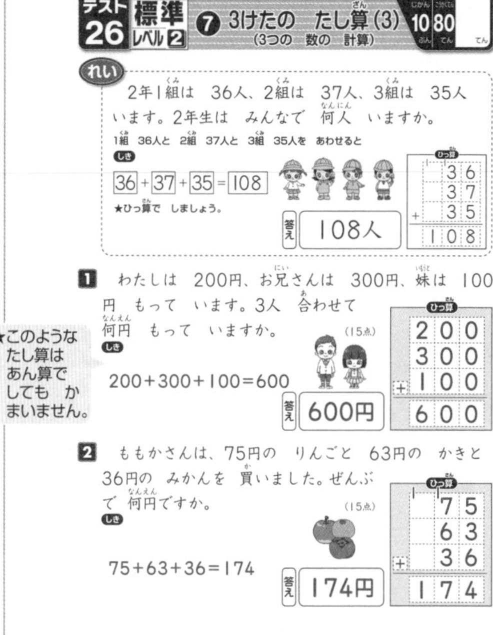

テスト26 標準レベル2 ⑦ 3けたの たし算(3)（3つの 数の 計算） じかん10ぷん ごうかく80てん

れい 2年1組は 36人、2組は 37人、3組は 35人 います。2年生は みんなで 何人 いますか。

1組 36人と 2組 37人と 3組 35人を あわせると

しき 36＋37＋35＝108　（ひっ算）36＋37＋35＝108

★ひっ算で しましょう。

答え 108人

1 わたしは 200円、お兄さんは 300円、妹は 100円 もって います。3人 合わせて 何円 もって いますか。（15点）

★このような たし算は あん算でしても かまいません。

しき 200＋300＋100＝600　（ひっ算）200＋300＋100＝600

答え 600円

2 ももかさんは、75円の りんごと 63円の かきと 36円の みかんを 買いました。ぜんぶで 何円ですか。（15点）

しき 75＋63＋36＝174　（ひっ算）75＋63＋36＝174

答え 174円

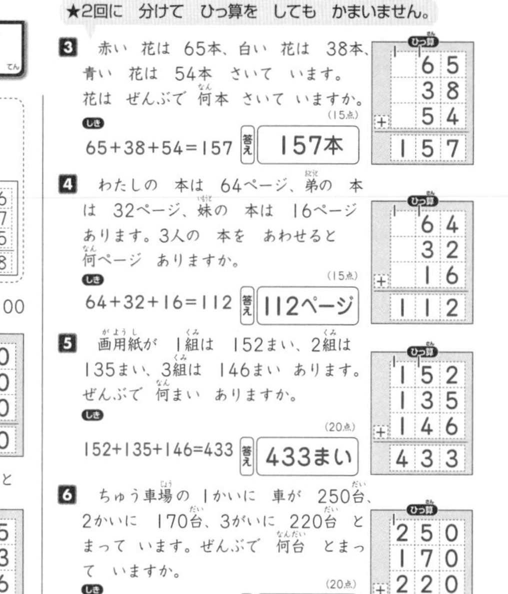

★2回に 分けて ひっ算を しても かまいません。

3 赤い 花は 65本、白い 花は 38本、青い 花は 54本 さいて います。花は ぜんぶで 何本 さいて いますか。（15点）

しき 65＋38＋54＝157　（ひっ算）65＋38＋54＝157

答え 157本

4 わたしの 本は 64ページ、弟の 本は 32ページ、妹の 本は 16ページ あります。3人の 本を あわせると 何ページ ありますか。（15点）

しき 64＋32＋16＝112　（ひっ算）64＋32＋16＝112

答え 112ページ

5 画用紙が 1組は 152まい、2組は 135まい、3組は 146まい あります。ぜんぶで 何まい ありますか。（20点）

しき 152＋135＋146＝433　（ひっ算）152＋135＋146＝433

答え 433まい

6 ちゅう車場の 1かいに 車が 250台、2かいに 170台、3かいに 220台 とまって います。ぜんぶで 何台 とまって いますか。（20点）

しき 250＋170＋220＝640　（ひっ算）250＋170＋220＝640

答え 640台

29

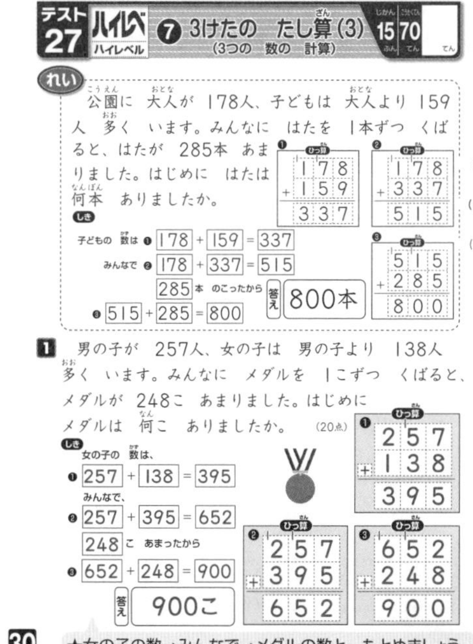

テスト27 ハイレベル ⑦ 3けたの たし算(3)（3つの 数の 計算） じかん15ぷん ごうかく70てん

れい 公園に 大人が 178人、子どもは 大人より 159人 多く います。みんなに はたを 1本ずつ くばると、はたが 285本 あまりました。はじめに はたは 何本 ありましたか。

しき 子どもの 数は ❶ 178＋159＝337　（ひっ算）178＋159＝337

みんなで ❷ 178＋337＝515　（ひっ算）178＋337＝515

285本 のこったから ❸ 515＋285＝800　（ひっ算）515＋285＝800

答え 800本

1 男の子が 257人、女の子は 男の子より 138人 多く います。みんなに メダルを 1こずつ くばると、メダルが 248こ あまりました。はじめに メダルは 何こ ありましたか。（20点）

しき 女の子の 数は、❶ 257＋138＝395　（ひっ算）257＋138＝395

みんなで、❷ 257＋395＝652　（ひっ算）257＋395＝652

248こ あまったから ❸ 652＋248＝900　（ひっ算）652＋248＝900

答え 900こ

★女の子の数→みんなで→メダルの数と もとめましょう。

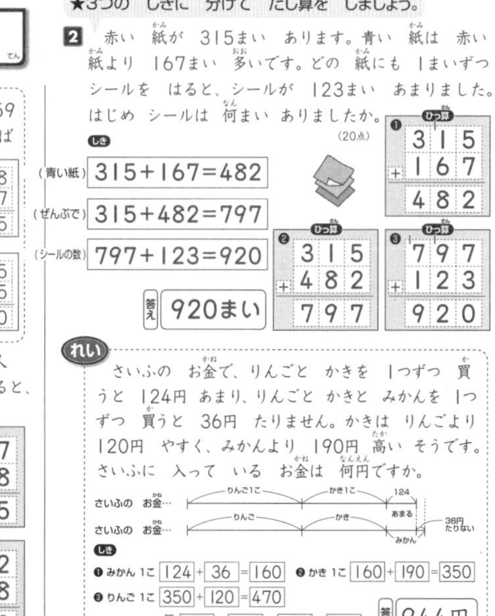

★3つの しきに 分けて たし算を しましょう。

2 赤い 紙が 315まい あります。青い 紙は 赤い 紙より 167まい 多いです。どの 紙にも 1まいずつ シールを はると、シールが 123まい あまりました。はじめ シールは 何まい ありましたか。（20点）

しき （青い紙）315＋167＝482　（ひっ算❶）315＋167＝482

（ぜんぶで）315＋482＝797　（ひっ算❷）315＋482＝797

（シールの数）797＋123＝920　（ひっ算❸）797＋123＝920

答え 920まい

れい さいふの お金で、りんごと かきを 1つずつ 買うと 124円 あまり、りんごと かきと みかんを 1つずつ 買うと 36円 たりません。かきは りんごより 120円 やすく、みかんより 190円 高い そうです。さいふに 入って いる お金は 何円ですか。

❶ みかん 1こ 124＋36＝160　❷ かき 1こ 160＋190＝350

❸ りんご 1こ 350＋120＝470

❹ さいふの お金 470＋350＋124＝944

答え 944円

30

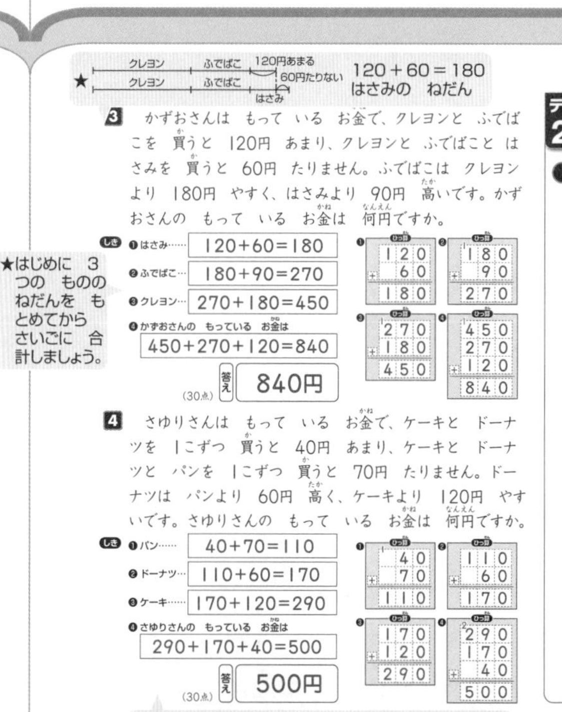

★ 120＋60＝180 はさみの ねだん

3 かずおさんは もって いる お金で、クレヨンと ふでばこを 買うと 120円 あまり、クレヨンと ふでばこと はさみを 買うと 60円 たりません。ふでばこは クレヨンより 180円 やすく、はさみより 90円 高いです。かずおさんの もって いる お金は 何円ですか。（30点）

★はじめに 3つの ものの ねだんを もとめてから さいごに 合計しましょう。

しき ❶はさみ… 120＋60＝180　（ひっ算❶）120＋60＝180

❷ふでばこ… 180＋90＝270　（ひっ算❷）180＋90＝270

❸クレヨン… 270＋180＝450　（ひっ算❸）270＋180＝450

❹かずおさんの もっている お金は 450＋270＋120＝840　（ひっ算❹）450＋270＋120＝840

答え 840円

4 さゆりさんは もって いる お金で、ケーキと ドーナツを 1こずつ 買うと 40円 あまり、ケーキと ドーナツと パンを 1こずつ 買うと 70円 たりません。ドーナツは パンより 60円 高く、ケーキより 120円 やすいです。さゆりさんの もって いる お金は 何円ですか。（30点）

しき ❶パン… 40＋70＝110　（ひっ算❶）40＋70＝110

❷ドーナツ… 110＋60＝170　（ひっ算❷）110＋60＝170

❸ケーキ… 170＋120＝290　（ひっ算❸）170＋120＝290

❹さゆりさんの もっている お金は 290＋170＋40＝500　（ひっ算❹）290＋170＋40＝500

答え 500円

★**3**も **4**も **れい**の ような 図を かきましょう。

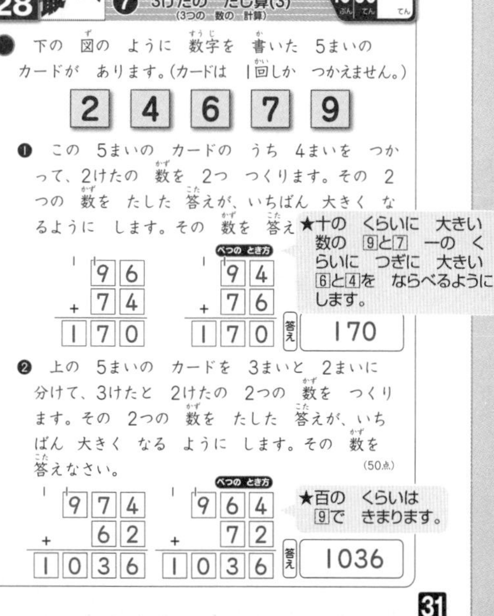

テスト28 最高レベル 最高レベルにチャレンジ!! ⑦ 3けたの たし算(3)（3つの 数の 計算） じかん10ぷん ごうかく50てん

● 下の 図の ように 数字を 書いた 5まいの カードが あります。（カードは 1回しか つかえません。）

2　4　6　7　9

❶ この 5まいの カードの うち 4まいを つかって、2けたの 数を 2つ つくります。その 2つの 数を たした 答えが、いちばん 大きく なるように します。その 数を 答えなさい。

★十の くらいに 大きい 数の 9と7 一の くらいに つぎに 大きい 6と4を ならべるように します。

96＋74＝170　（べつの とき方）94＋76＝170

答え 170

❷ 上の 5まいの カードを 3まいと 2まいに 分けて、3けたと 2けたの 2つの 数を つくります。その 2つの 数を たした 答えが、いちばん 大きく なる ように します。その 数を 答えなさい。（50点）

974＋62＝1036　（べつの とき方）964＋72＝1036

★百の くらいは 9で きまります。

答え 1036

31

テスト29 標準レベル1 ⑧ 3けたの ひき算(3)　じかん10ぷん　ごうかく80てん

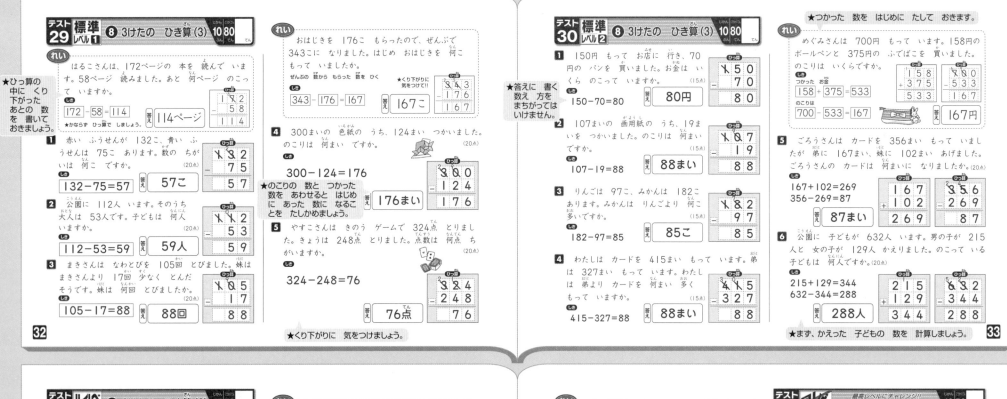

れい はるこさんは、172ページの 本を 読んで います。58ページ 読みました。あと 何ページ のこって いますか。

しき 172 − 58 = 114　★かならず ひっ算で しましょう。

ひっ算 172 − 58 = 114

答え 114ページ

★ひっ算の 中に くり下がった あとの 数を 書いて おきましょう。

1 赤い ふうせんが 132こ、青い ふうせんは 75こ あります。数の ちがいは 何こ ですか。(20点)

しき 132−75=57　ひっ算 132 − 75 = 57　答え 57こ

2 公園に 112人 います。そのうち 大人は 53人です。子どもは 何人 いますか。(20点)

しき 112−53=59　ひっ算 112 − 53 = 59　答え 59人

3 まきさんは なわとびを 105回 とびました。妹は まきさんより 17回 少なく とんだ そうです。妹は 何回 とびましたか。(20点)

しき 105−17=88　ひっ算 105 − 17 = 88　答え 88回

れい おはじきを 176こ もらったので、ぜんぶで 343こに なりました。はじめ おはじきを 何こ もって いましたか。

ぜんぶの 数から もらった 数を ひく

しき 343 − 176 = 167　★くり下がりに 気をつけて!!

ひっ算 343 − 176 = 167

答え 167こ

4 300まいの 色紙の うち、124まい つかいました。のこりは 何まい ですか。(20点)

しき 300−124=176　ひっ算 300 − 124 = 176　答え 176まい

★のこりの 数と つかった 数を あわせると はじめに あった 数に なること を たしかめましょう。

5 やすこさんは きのう ゲームで 324点 とりました。きょうは 248点 とりました。点数は 何点 ちがいますか。(20点)

しき 324−248=76　ひっ算 324 − 248 = 76　答え 76点

★くり下がりに 気をつけましょう。

テスト30 標準レベル2 ⑧ 3けたの ひき算(3)　じかん10ぷん　ごうかく80てん

1 150円 もって お店に 行き、70円の パンを 買いました。お金は いくら のこって いますか。(15点)

しき 150−70=80　ひっ算 150 − 70 = 80　答え 80円

★答えに 書く 数え 方を まちがっては いけません。

2 107まいの 画用紙の うち、19まいを つかいました。のこりは 何まい ですか。(15点)

しき 107−19=88　ひっ算 107 − 19 = 88　答え 88まい

3 りんごは 97こ、みかんは 182こ あります。みかんは りんごより 何こ 多いですか。(15点)

しき 182−97=85　ひっ算 182 − 97 = 85　答え 85こ

4 わたしは カードを 415まい もって います。弟は 327まい もって います。わたしは 弟より カードを 何まい 多く もって いますか。(15点)

しき 415−327=88　ひっ算 415 − 327 = 88　答え 88まい

★つかった 数を はじめに たして おきます。

れい めぐみさんは 700円 もって います。158円の ボールペンと 375円の ふでばこを 買いました。のこりは いくらですか。

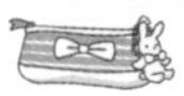

しき つかった お金 158 + 375 = 533　のこりは 700 − 533 = 167

ひっ算 158 + 375 = 533、700 − 533 = 167

答え 167円

5 ごろうさんは カードを 356まい もって いましたが 弟に 167まい、妹に 102まい あげました。ごろうさんの カードは 何まいに なりましたか。(20点)

しき 167+102=269　356−269=87

ひっ算 167 + 102 = 269、356 − 269 = 87

答え 87まい

6 公園に 子どもが 632人 います。男の子が 215人と 女の子が 129人 かえりました。のこって いる 子どもは 何人ですか。(20点)

しき 215+129=344　632−344=288

ひっ算 215 + 129 = 344、632 − 344 = 288

答え 288人

★まず、かえった 子どもの 数を 計算しましょう。

テスト31 ハイレベル ⑧ 3けたの ひき算(3)　じかん15ぷん　ごうかく70てん

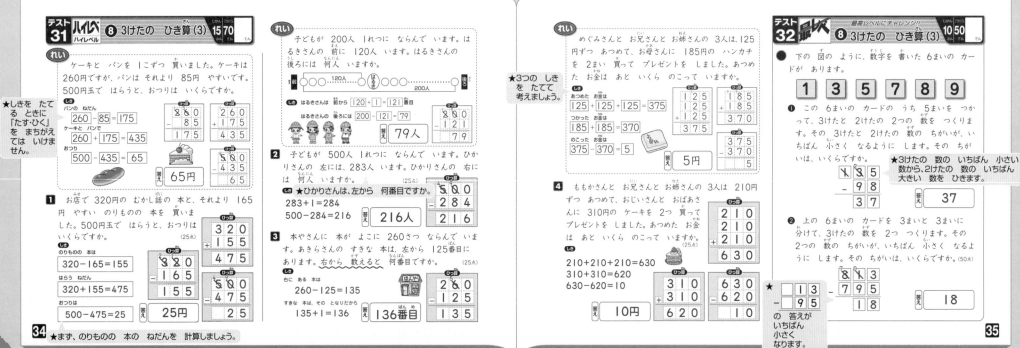

れい ケーキと パンを 1こずつ 買いました。ケーキは 260円ですが、パンは それより 85円 やすいです。500円玉で はらうと、おつりは いくらですか。

しき パンの ねだん 260 − 85 = 175

ケーキと パンで 260 + 175 = 435

おつり 500 − 435 = 65

ひっ算 260 − 85 = 175、260 + 175 = 435、500 − 435 = 65

答え 65円

★しきを たてる ときに 「たす・ひく」を まちがえては いけません。

1 お店で 320円の むかし話の 本と、それより 165円 やすい のりものの 本を 買いました。500円玉で はらうと、おつりは いくらですか。(25点)

しき のりものの 本は 320−165=155

はらう ねだん 320+155=475

おつりは 500−475=25

ひっ算 320 − 165 = 155、320 + 155 = 475、500 − 475 = 25

答え 25円

★まず、のりものの 本の ねだんを 計算しましょう。

れい 子どもが 200人 1れつに ならんで います。はるきさんの 前に 120人 います。はるきさんの 後ろには 何人 いますか。

(図) 前 ○○○…120人…○ はるき ○○○……200人…… 後ろ

しき はるきさんは 前から 120 + 1 = 121 番目

はるきさんの 後ろには 200 − 121 = 79

ひっ算 200 − 121 = 79

答え 79人

2 子どもが 500人 1れつに ならんで います。ひかりさんの 左には、283人 います。ひかりさんの 右には 何人 いますか。(25点)

しき ★ひかりさんは、左から 何番目ですか。

283+1=284

500−284=216

ひっ算 500 − 284 = 216

答え 216人

3 本やさんに 本が よこに 260さつ ならんで います。あきらさんの すきな 本は、左から 125番目に あります。右から 数えると 何番目ですか。(25点)

しき 右に ある 本は 260−125=135

すきな 本は、その となりだから 135+1=136

ひっ算 260 − 125 = 135

答え 136番目

れい めぐみさんと お兄さんと お姉さんの 3人は、125円ずつ あつめて、お母さんに 185円の ハンカチを 2まい 買って プレゼントを しました。あつめた お金は あと いくら のこって いますか。

しき あつめた お金は 125 + 125 + 125 = 375

つかった お金は 185 + 185 = 370

のこった お金は 375 − 370 = 5

ひっ算 125 + 125 + 125 = 375、185 + 185 = 370、375 − 370 = 5

答え 5円

★3つの しき を たてて 考えましょう。

4 ももかさんと お兄さんと お姉さんの 3人は 210円ずつ あつめて、おじいさんと おばあさんに 310円の ケーキを 2つ 買って プレゼントを しました。あつめた お金は あと いくら のこって いますか。(25点)

しき 210+210+210=630

310+310=620

630−620=10

ひっ算 210 + 210 + 210 = 630、310 + 310 = 620、630 − 620 = 10

答え 10円

テスト32 最レベ ⑧ 3けたの ひき算(3)　最高レベルにチャレンジ!!　じかん10ぷん　ごうかく50てん

● 下の 図の ように、数字を 書いた 6まいの カードが あります。

1　3　5　7　8　9

❶ この 6まいの カードの うち 5まいを つかって、3けたと 2けたの 2つの 数を つくります。その 3けたと 2けたの 数の ちがいが、いちばん 小さく なるように します。その ちがいは、いくらですか。

ひっ算 135 − 98 = 37

★3けたの 数の いちばん 小さい 数から、2けたの 数の いちばん 大きい 数を ひきます。

答え 37

❷ 上の 6まいの カードを 3まいと 3まいに 分けて、3けたの 数を 2つ つくります。その 2つの 数の ちがいが、いちばん 小さく なるように します。その ちがいは、いくらですか。(50点)

ひっ算 813 − 795 = 18

★ □13 − □95 の 答えが いちばん 小さく なります。

答え 18

〈きりとり線〉

テスト33 標準レベル1 ⑨長さ(1)(cmと mm)　じかん10分　ごうかく80点

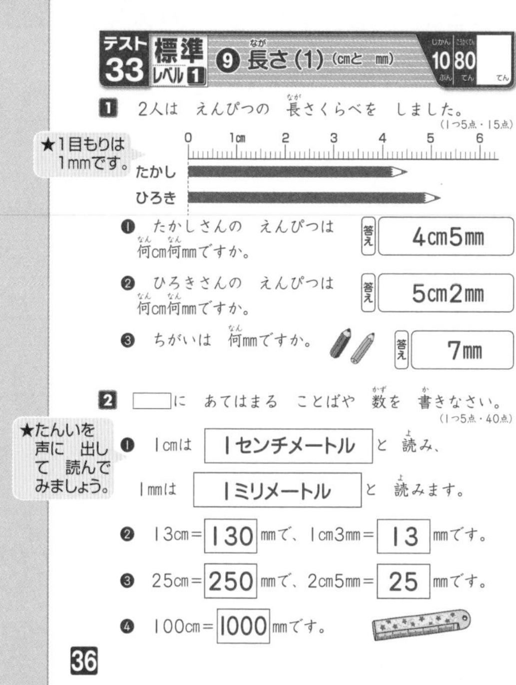

1 2人は えんぴつの 長さくらべを しました。(1つ5点・15点)

★1目もりは 1mmです。

❶ たかしさんの えんぴつは 何cm何mmですか。　答え 4cm5mm

❷ ひろきさんの えんぴつは 何cm何mmですか。　答え 5cm2mm

❸ ちがいは 何mmですか。　答え 7mm

2 □に あてはまる ことばや 数を 書きなさい。(1つ5点・40点)

★たんいを 声に 出して 読んで みましょう。

❶ 1cmは [1センチメートル] と 読み、1mmは [1ミリメートル] と 読みます。

❷ 13cm=[130]mmで、1cm3mm=[13]mmです。

❸ 25cm=[250]mmで、2cm5mm=[25]mmです。

❹ 100cm=[1000]mmです。

★しきを たてて 考えましょう。

3 ひろみさんは 6cm5mmの 赤い リボンを もって います。さとしさんは 2cm2mmの 青い テープを もって います。

❶ 2人の もって いる テープを あわせると、長さは 何cm何mmに なりますか。
6cm5mm+2cm2mm=8cm7mm (10点)　答え 8cm7mm

❷ 2人の もって いる テープの 長さの ちがいは 何cm何mmに なりますか。
6cm5mm−2cm2mm=4cm3mm (10点)　答え 4cm3mm

4 下の じょうぎを 見て、もんだいを しなさい。(1つ5点・25点)

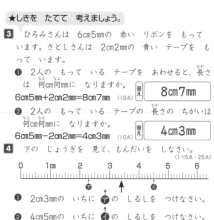

0　1cm　2　3　4　5　6

❶ 2cm3mmの いちに ㋐の しるしを つけなさい。

❷ 4cm5mmの いちに ㋑の しるしを つけなさい。

❸ ㋐と ㋑の 間は、何cm何mm ありますか。　答え 2cm2mm

❹ ㋐と ㋑の ちょうど まん中の いちに ↑を つけなさい。

❺ この じょうぎの 目もりは、何cm何mmまで 書かれて いますか。　答え 6cm3mm

★いちばん 右はしの 目もりまでを 読みとります。

テスト34 標準レベル2 ⑨長さ(1)(cmと mm)　じかん10分　ごうかく80点

1 つぎの もんだいに 答えなさい。(1つ10点・20点)

❶ 3cmより 5cm 長い 長さは、何mmですか。
しき [3]cm+[5]cm=[8]cm
[8]cm=[80]mm　答え 80mm

❷ 18mmより 6mm 短い 長さは、何cm何mmですか。
しき [18]mm−[6]mm=[12]mm
[12]mm=[1]cm[2]mm　答え 1cm2mm

2 高さが 35mmの つみ木に、高さ 4cmの つみ木を のせると、高さは 何cm何mmに なりますか。(20点)
しき [4]cm=[40]mm　[35]mm+[40]mm=[75]mm
[75]mm=[7]cm[5]mm　答え 7cm5mm

★たんいを mmに そろえて 計算します。

3 長さが 10cmの ひもと 5cm5mmの ひもの 長さは、何cm何mm ちがいますか。(20点)
しき [10]cm=[100]mm　[5]cm[5]mm=[55]mm
[100]mm−[55]mm=[45]mm
[45]mm=[4]cm[5]mm　答え 4cm5mm

★しきの 中に「〜cm〜mm」の たんいを 書いて 計算します。

れい 赤い テープの 長さは 5cm3mm、青い テープの 長さは 3cm4mmです。2本の テープを つないだ 長さは 何cm何mmですか。
しき [5]cm[3]mm+[3]cm[4]mm=[8]cm[7]mm
★同じ たんいの ところを たし算しましょう。　答え 8cm7mm

4 白い リボンの 長さは 7cm5mm、ピンクの リボンの 長さは 8cm2mmです。2本の リボンを あわせた 長さは 何cm何mmですか。(20点)
しき 7cm5mm+8cm2mm=15cm7mm　答え 15cm7mm

れい テーブルの たての 長さは 50cm2mmで、よこの 長さは 70cm3mmです。たてと よこの 長さの ちがいは 何cm何mmですか。
しき [70]cm[3]mm−[50]cm[2]mm=[20]cm[1]mm
★同じ たんいの ところを ひき算しましょう。　答え 20cm1mm

5 弟の もって いる ひもは 38cm6mmで、わたしの ひもは 32cm3mmです。長さの ちがいは 何cm何mmですか。(20点)
しき 38cm6mm−32cm3mm=6cm3mm　答え 6cm3mm

テスト35 ハイレベル ⑨長さ(1)(cmと mm)　じかん15分　ごうかく70点

1 たつやさんは 同じ 大きさの 長方形を かさならないように 組み合わせて、下のような 形を 作りました。まわりの 長さを もとめなさい。(太い 線の ところ)

★1つの 大きな 長方形の まわりの 長さに なる ことに 気づきましょう。

❶ 同じ 大きさの 長方形 2つ (20点)

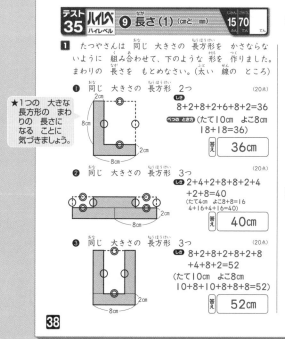

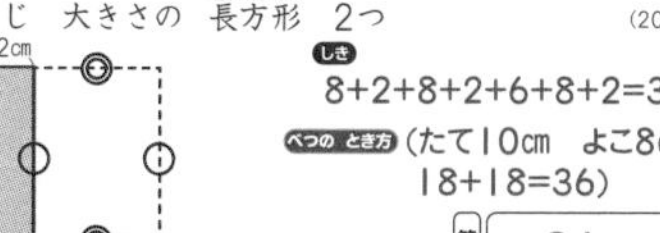

しき 8+2+8+2+6+8+2=36
べつの とき方 (たて10cm よこ8cm
18+18=36)　答え 36cm

❷ 同じ 大きさの 長方形 3つ (20点)
しき 2+4+2+8+8+2+4
+2+8=40
(たて4cm よこ8+8=16
4+16+4+16=40)　答え 40cm

❸ 同じ 大きさの 長方形 3つ (20点)
しき 8+2+8+2+8+2+8
+4+8+2=52
(たて10cm よこ8cm
10+8+10+8+8+8=52)　答え 52cm

れい 5本の ひも ア、イ、ウ、エ、オの 長さを しらべて つぎの ことが わかりました。

・アは イより 2cm 長い。　・イは エより 10cm みじかい。
・ウは アより 3cm 長い。　・オは エより 1cm みじかい。

❶ いちばん 短い ひもは、どの ひもですか。
図に かくと　答え イ

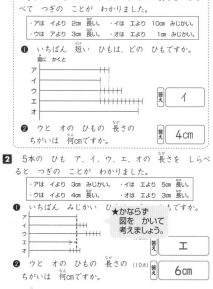

❷ ウと オの ひもの 長さの ちがいは 何cmですか。　答え 4cm

2 5本の ひも ア、イ、ウ、エ、オの 長さを しらべると つぎの ことが わかりました。

・アは イより 3cm みじかい。　・イは エより 5cm 長い。
・ウは イより 4cm 長い。　・オは エより 3cm 長い。

❶ いちばん みじかい ひもは、どの ひもですか。　答え エ

★かならず 図を かいて 考えましょう。

❷ ウと オの ひもの 長さの ちがいは 何cmですか。(10点)　答え 6cm

★いつも 図を かいて くらべましょう。

れい 1つの 辺が 3cm、5cm、10cmの 正方形を 下の 図のように 組み合わせたとき、まわりの 長さ(太い 線の ところ)は 何cmに なりますか。
わかって いる 長さを 書きましょう。

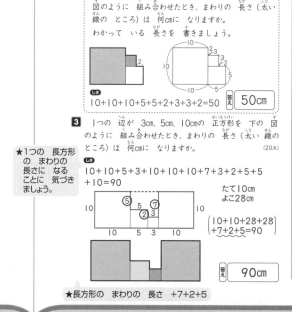

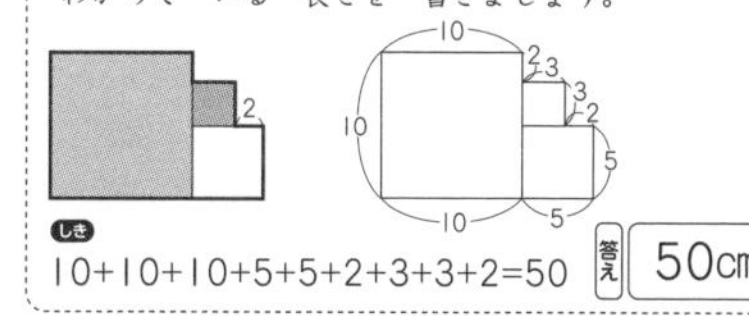

しき 10+10+10+5+5+2+3+3+2=50　答え 50cm

3 1つの 辺が 3cm、5cm、10cmの 正方形を 下の 図のように 組み合わせたとき、まわりの 長さ(太い 線の ところ)は 何cmに なりますか。(20点)

★1つの 長方形の まわりの 長さに なる ことに 気づきましょう。

しき 10+10+5+3+10+10+10+7+3+2+5+5
+10=90

たて10cm
よこ28cm
(10+10+28+28
+7+2+5=90)

答え 90cm

★長方形の まわりの 長さ +7+2+5

テスト36 最レベ 最高レベルにチャレンジ!! ⑨長さ(1)(cmと mm)　じかん10分　ごうかく50点

● 下の 長方形の カードを すきまなく 3まい ならべて、四角形を 作ります。3まいで できた 四角形の まわりの 長さを 考えます。

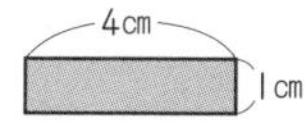

❶ まわりの 長さが いちばん 長い 四角形の まわりの 長さを もとめなさい。(50点)

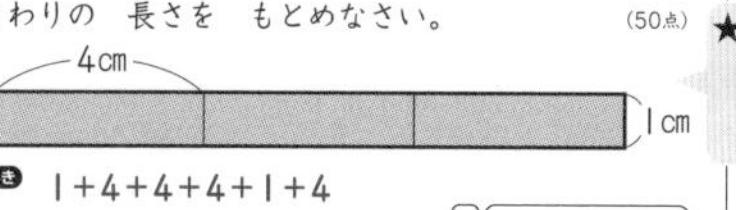

★たて1cm よこ12cmの 長方形を 考えましょう。

しき 1+4+4+4+1+4
+4+4=26
(1+1+12+12=26)　答え 26cm

❷ まわりの 長さが いちばん みじかい 四角形の まわりの 長さを もとめなさい。(50点)

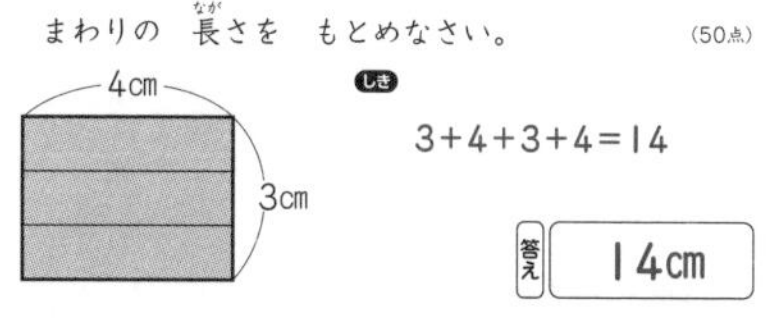

しき 3+4+3+4=14　答え 14cm

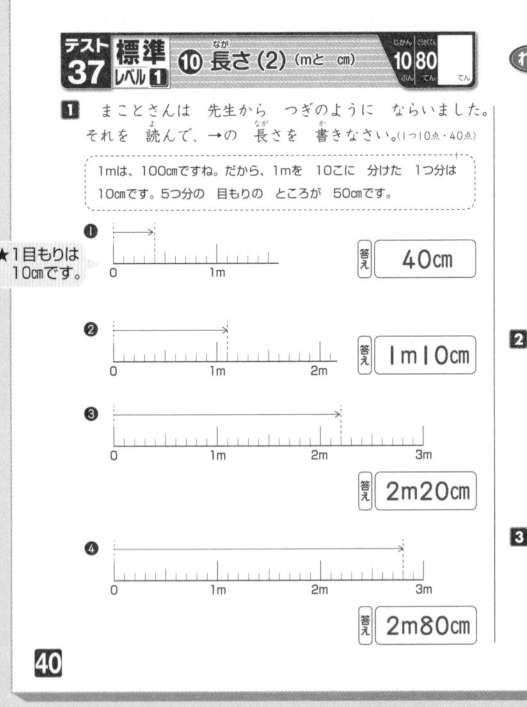

テスト37 標準レベル1 ⑩ 長さ(2)(mと cm) 10分 80点

1 まことさんは 先生から つぎのように ならいました。それを 読んで、→の 長さを 書きなさい。(1つ10点・40点)

1mは、100cmですね。だから、1mを 10こに 分けた 1つ分は 10cmです。5つ分の 目もりの ところが 50cmです。

★1目もりは10cmです。

① 答え 40cm

② 答え 1m10cm

③ 答え 2m20cm

④ 答え 2m80cm

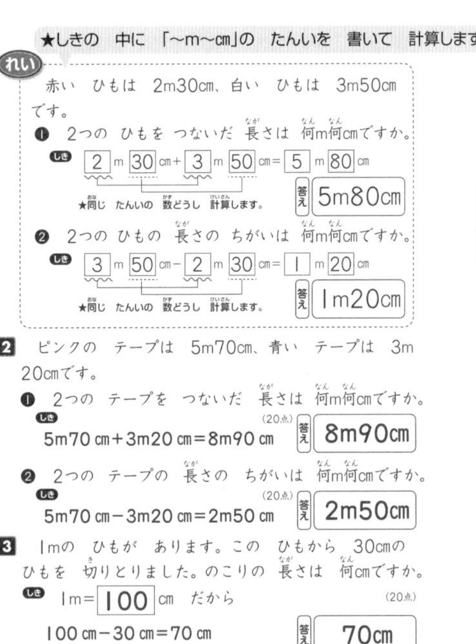

★しきの 中に 「～m～cm」の たんいを 書いて 計算します。

れい 赤い ひもは 2m30cm、白い ひもは 3m50cmです。

① 2つの ひもを つないだ 長さは 何m何cmですか。

しき 2m30cm＋3m50cm＝5m80cm

★同じ たんいの 数どうし 計算します。

答え 5m80cm

② 2つの ひもの 長さの ちがいは 何m何cmですか。

しき 3m50cm－2m30cm＝1m20cm

★同じ たんいの 数どうし 計算します。

答え 1m20cm

2 ピンクの テープは 5m70cm、青い テープは 3m20cmです。

① 2つの テープを つないだ 長さは 何m何cmですか。(20点)

5m70cm＋3m20cm＝8m90cm 答え 8m90cm

② 2つの テープの 長さの ちがいは 何m何cmですか。(20点)

5m70cm－3m20cm＝2m50cm 答え 2m50cm

3 1mの ひもが あります。この ひもから 30cmの ひもを 切りとりました。のこりの 長さは 何cmですか。(20点)

しき 1m＝100cm だから

100cm－30cm＝70cm 答え 70cm

40

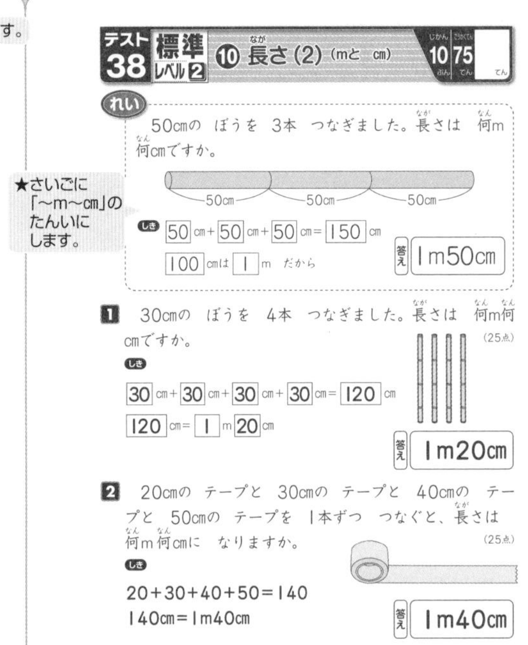

テスト38 標準レベル2 ⑩ 長さ(2)(mと cm) 10分 75点

れい 50cmの ぼうを 3本 つなぎました。長さは 何m何cmですか。

しき 50cm＋50cm＋50cm＝150cm

100cmは 1m だから 答え 1m50cm

★さいごに「～m～cm」の たんいに します。

1 30cmの ぼうを 4本 つなぎました。長さは 何m何cmですか。(25点)

しき 30cm＋30cm＋30cm＋30cm＝120cm

120cm＝1m20cm 答え 1m20cm

2 20cmの テープと 30cmの テープと 40cmの テープと 50cmの テープを 1本ずつ つなぐと、長さは 何m何cmに なりますか。(25点)

しき 20＋30＋40＋50＝140

140cm＝1m40cm 答え 1m40cm

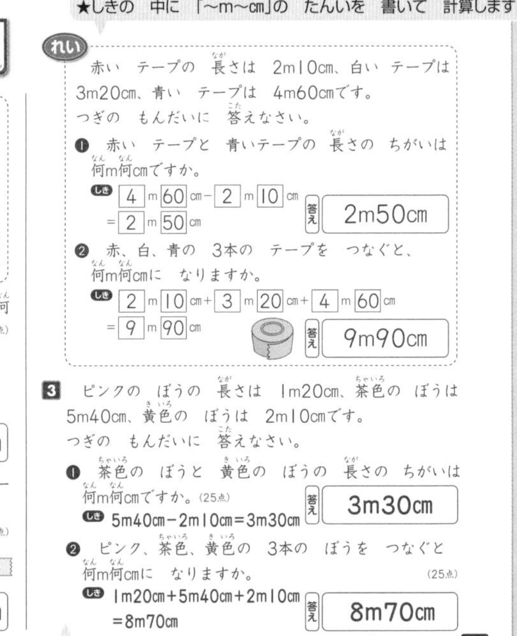

★しきの 中に 「～m～cm」の たんいを 書いて 計算します。

れい 赤い テープの 長さは 2m10cm、白い テープは 3m20cm、青い テープは 4m60cmです。つぎの もんだいに 答えなさい。

① 赤い テープと 青いテープの 長さの ちがいは 何m何cmですか。

しき 4m60cm－2m10cm＝2m50cm 答え 2m50cm

② 赤、白、青の 3本の テープを つなぐと、何m何cmに なりますか。

しき 2m10cm＋3m20cm＋4m60cm＝9m90cm 答え 9m90cm

3 ピンクの ぼうの 長さは 1m20cm、茶色の ぼうは 5m40cm、黄色の ぼうは 2m10cmです。つぎの もんだいに 答えなさい。

① 茶色の ぼうと 黄色の ぼうの 長さの ちがいは 何m何cmですか。(25点)

しき 5m40cm－2m10cm＝3m30cm 答え 3m30cm

② ピンク、茶色、黄色の 3本の ぼうを つなぐと 何m何cmに なりますか。(25点)

しき 1m20cm＋5m40cm＋2m10cm＝8m70cm 答え 8m70cm

★いつも 同じ たんいの 数どうしを 計算しましょう。

41

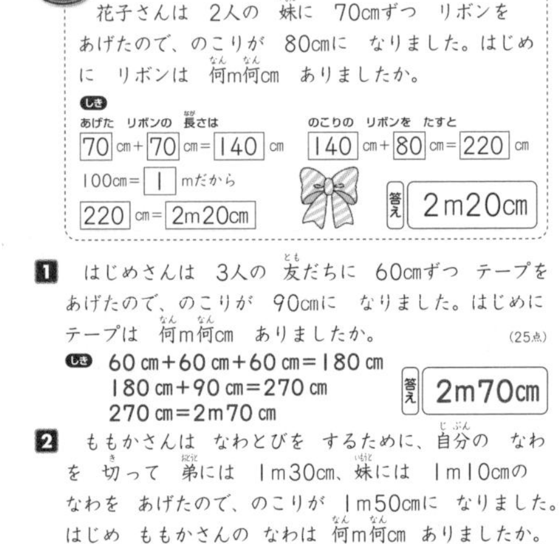

テスト39 ハイレベル ⑩ 長さ(2)(mと cm) 15分 70点

れい 花子さんは 2人の 妹に 70cmずつ リボンを あげたので、のこりが 80cmに なりました。はじめに リボンは 何m何cm ありましたか。

しき あげた リボンの 長さは 70cm＋70cm＝140cm

のこりの リボンを たすと 140cm＋80cm＝220cm

100cm＝1m だから 220cm＝2m20cm 答え 2m20cm

1 はじめさんは 3人の 友だちに 60cmずつ テープを あげたので、のこりが 90cmに なりました。はじめに テープは 何m何cm ありましたか。(25点)

しき 60cm＋60cm＋60cm＝180cm

180cm＋90cm＝270cm

270cm＝2m70cm 答え 2m70cm

2 ももかさんは なわとびを するために、自分の なわを 切って 弟には 1m30cm、妹には 1m10cmの なわを あげたので、のこりが 1m50cmに なりました。はじめ ももかさんの なわは 何m何cm ありましたか。(25点)

しき 1m30cm＋1m10cm＝2m40cm

1m50cm＋2m40cm＝3m90cm 答え 3m90cm

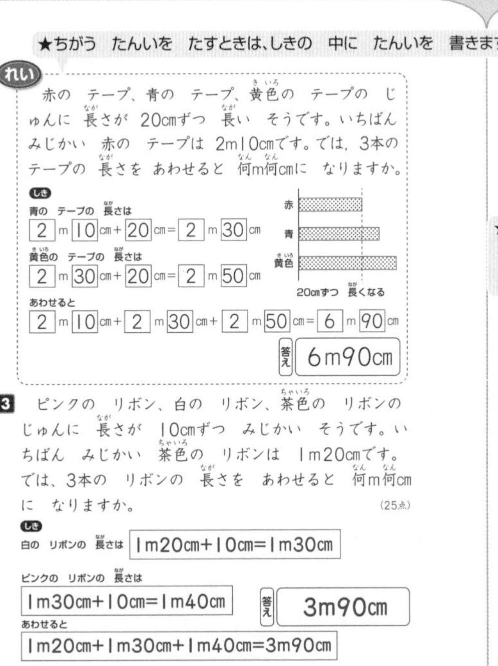

★ちがう たんいを たすときは、しきの 中に たんいを 書きます。

れい 赤の テープ、青の テープ、黄色の テープの じゅんに 長さが 20cmずつ 長い そうです。いちばん みじかい 赤の テープは 2m10cmです。では、3本の テープの 長さを あわせると 何m何cmに なりますか。

しき 青の テープの 長さは 2m10cm＋20cm＝2m30cm

黄色の テープの 長さは 2m30cm＋20cm＝2m50cm

あわせると 2m10cm＋2m30cm＋2m50cm＝6m90cm

答え 6m90cm

3 ピンクの リボン、白の リボン、茶色の リボンの じゅんに 長さが 10cmずつ みじかい そうです。いちばん みじかい 茶色の リボンは 1m20cmです。では、3本の リボンの 長さを あわせると 何m何cmに なりますか。(25点)

しき 白の リボンの 長さは 1m20cm＋10cm＝1m30cm

ピンクの リボンの 長さは 1m30cm＋10cm＝1m40cm

あわせると 1m20cm＋1m30cm＋1m40cm＝3m90cm 答え 3m90cm

★みじかい リボンから じゅんに もとめます。

42

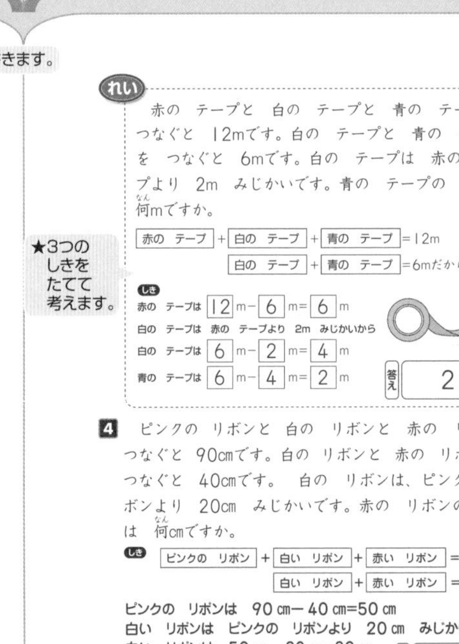

れい 赤の テープと 白の テープと 青の テープを つなぐと 12mです。白の テープと 青の テープを つなぐと 6mです。白の テープは 赤の テープより 2m みじかいです。青の テープの 長さは 何mですか。

赤の テープ＋白の テープ＋青の テープ＝12m

白の テープ＋青の テープ＝6mだから

★3つの しきを たてて 考えます。

しき 赤の テープは 12m－6m＝6m

白の テープは 赤の テープより 2m みじかいから

白の テープは 6m－2m＝4m

青の テープは 6m－4m＝2m 答え 2m

4 ピンクの リボンと 白の リボンと 赤の リボンを つなぐと 90cmです。白の リボンと 赤の リボンを つなぐと 40cmです。白の リボンは、ピンクの リボンより 20cm みじかいです。赤の リボンの 長さは 何cmですか。(25点)

しき ピンクの リボン＋白い リボン＋赤い リボン＝90cm

白い リボン＋赤い リボン＝40cm

ピンクの リボンは 90cm－40cm＝50cm

白い リボンは ピンクの リボンより 20cm みじかいから

白い リボンは 50cm－20cm＝30cm

赤い リボンは 40cm－30cm＝10cm 答え 10cm

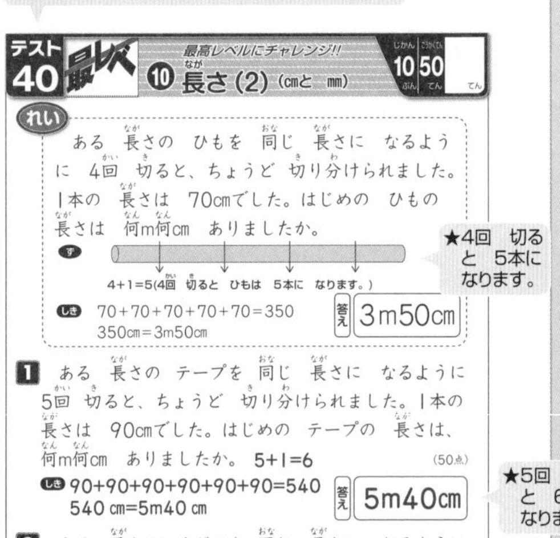

★切り分けた 数は、切った 数より 1多いです。

テスト40 最レベ 最高レベルにチャレンジ!! ⑩ 長さ(2)(cmと mm) 10分 50点

れい ある 長さの ひもを 同じ 長さに なるように 4回 切ると、ちょうど 切り分けられました。1本の 長さは 70cmでした。はじめの ひもの 長さは 何m何cm ありましたか。

4＋1＝5(4回 切ると ひもは 5本に なります。)

★4回 切ると 5本に なります。

しき 70＋70＋70＋70＋70＝350

350cm＝3m50cm 答え 3m50cm

1 ある 長さの テープを 同じ 長さに なるように 5回 切ると、ちょうど 切り分けられました。1本の 長さは 90cmでした。はじめの テープの 長さは、何m何cm ありましたか。 5＋1＝6 (50点)

しき 90＋90＋90＋90＋90＋90＝540

540cm＝5m40cm 答え 5m40cm

★5回 切ると 6本に なります。

2 ある 長さの リボンを 同じ 長さに なるように 7回 切ると、ちょうど 切り分けられました。1本の 長さは 40cmでした。はじめの リボンの 長さは、何m何cm ありましたか。 7＋1＝8 (50点)

しき 40＋40＋40＋40＋40＋40＋40＋40＝320

320cm＝3m20cm 答え 3m20cm

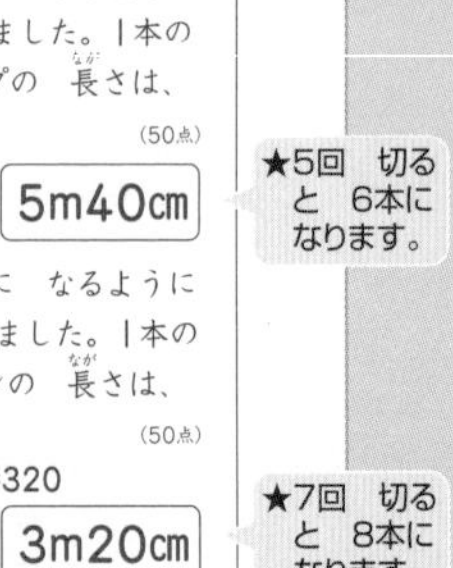

43

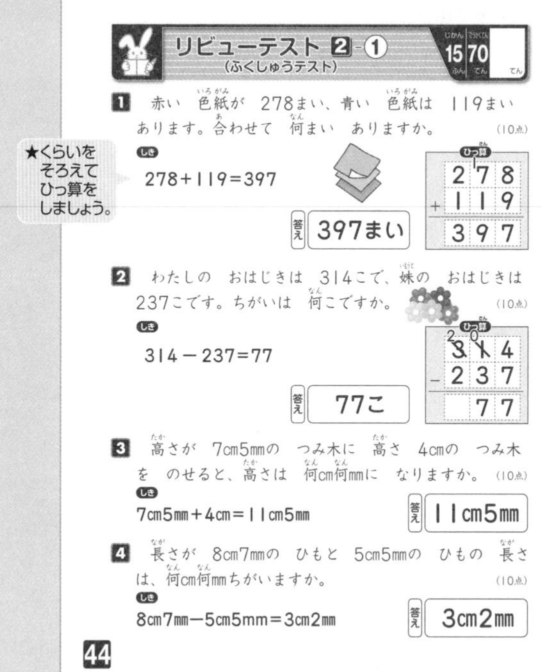

リビューテスト 2-① (ふくしゅうテスト)

じかん 15ふん ごうかく 70てん ＿＿てん

1 赤い 色紙が 278まい、青い 色紙は 119まい あります。合わせて 何まい ありますか。 (10点)

★くらいを そろえて ひっ算を しましょう。

しき 278+119=397

ひっ算
```
  278
+ 119
  397
```

答え 397まい

2 わたしの おはじきは 314こで、妹の おはじきは 237こです。ちがいは 何こですか。 (10点)

しき 314－237=77

ひっ算
```
  314
- 237
   77
```

答え 77こ

3 高さが 7cm5mmの つみ木に 高さ 4cmの つみ木を のせると、高さは 何cm何mmに なりますか。 (10点)

しき 7cm5mm+4cm=11cm5mm

答え 11cm5mm

4 長さが 8cm7mmの ひもと 5cm5mmの ひもの 長さは、何cm何mmちがいますか。 (10点)

しき 8cm7mm−5cm5mm=3cm2mm

答え 3cm2mm

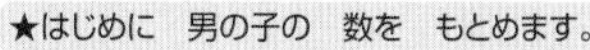

★はじめに 男の子の 数を もとめます。

5 女の子は 125人で、男の子は それより 18人 少ない そうです。みんなで 何人 いますか。 (20点)

しき
125−18=107
125+107=232

ひっ算
```
  125      125
-  18    + 107
  107      232
```

答え 232人

6 つぎの もんだいに 答えましょう。 (1つ10点・20点)

❶ 5mより 3m長い 長さは 何mですか。

しき 5m+3m=8m

答え 8m

❷ 7m30cmより 2m50cm長い 長さは 何m何cmですか。

しき 7m30cm+2m50cm=9m80cm

答え 9m80cm

7 つぎの もんだいに 答えましょう。 (1つ5点・20点)

❶ 700は あと [300] で、1000です。
700+□=1000

❷ 1000より 400 小さい 数は、[600] です。
1000−400=600

❸ 1000より 1小さい 数は、[999] です。
1000−1=999

❹ 10を [100] こ あつめると 1000です。

44

リビューテスト 2-② (ふくしゅうテスト)

じかん 15ふん ごうかく 70てん ＿＿てん

1 □に あてはまる 数を 書きなさい。 (1つ10点・40点)

★計算の しきを たててもよいです。

❶ 500より 1 小さい 数は、[499] です。
★500−1=499

❷ 150より 500 大きい 数は、[650] です。
★150+500=650

❸ 1000より [100] 小さい 数は、900です。
★1000−100=900

❹ 100が 9こと 1が 8こで [908] です。
★900+8=908

2 さいふに 百円玉が 3まいと、十円玉が 12まいと、5円玉が 9まいと、一円玉が 16まい あります。 (1つ10点・20点)

❶ 十円玉が 12まいで いくらですか。

10+10+10+10+10+10+10+10+10+10+10+10=120

答え 120円

❷ さいふの 中には、ぜんぶで いくら ありますか。

しき 300+120+45+16=481

★3つに 分けて ひっ算を しても かまいません。

ひっ算
```
  300
  120
   45
+  16
  481
```

答え 481円

★たてを そろえて ひっ算を しましょう。

★しきの 中に 「〜cm〜mm」を 書いて おきます。

3 赤い リボンの 長さは 7cm5mm、白い リボンの 長さは 4cm3mmです。 (1つ10点・20点)

❶ 2つの リボンの 長さを 合わせると 何cm何mmですか。

しき 7cm5mm+4cm3mm=11cm8mm

答え 11cm8mm

❷ 2つの リボンの 長さの ちがいは、何cm何mmですか。

しき 7cm5mm−4cm3mm=3cm2mm

答え 3cm2mm

4 ゆずるさんの せの 高さは 1m25cmです。お母さんは ゆずるさんより 34cm 高い そうです。お母さんの せの 高さは 何cm何mmですか。 (10点)

しき 1m25cm+34cm=1m59cm

答え 1m59cm

5 画用紙が 320まい あります。2人の 子どもたちに 29まいずつ くばります。何まい のこりますか。 (10点)

しき
29+29=58
320−58=262

ひっ算
```
  29      320
+ 29    -  58
  58      262
```

答え 262まい

★はじめに 子どもたちに くばった 数を 計算します。

45

1 □に 数を 書きなさい。(1つ10点・50点)

❶ 5×4の、答えは、5+5+5+5で [20] です。

❷ 3×5の、答えは、3+3+3+3+3で [15] です。

❸ 2×4の しきの 2を 「かけられる 数」といい、[4] を 「かける 数」と いいます。

❹ 3の だんの 九九では、かける数が 1ずつ ふえると 答えは [3] ずつ ふえます。

❺ 4の だんの 九九の 答えは、じゅんに [2] の だんの 九九の 答えの 2ばいに なっています。

2 『5の だんの 九九』の 答えに ○を つけなさい。(10点)

★「5の だんの 九九」は、「一の くらい」が 「0」か 「5」です。

○を つける!!

れい 1つの 花びんに 花が 5本ずつ 入って います。花びんが 6つ あると、花は 何本 ありますか。

花びんの 花の 数 × 花びんの 数

しき 5×6=30　答え 30本

3 1日に 2こずつ おりづるを 作ります。1週間では おりづるが 何こ できますか。(10点)

しき 2×7=14　答え 14こ

4 ふくろの 中に おはじきが 30こ あります。

❶ おはじきを ひとりに 3こずつ 8人に くばります。おはじきは ぜんぶで 何こ いりますか。(10点)

しき 3×8=24　答え 24こ

❷ おはじきを ひとりに 4こずつ 3人に くばります。おはじきは ぜんぶで 何こ いりますか。(10点)

しき 4×3=12　答え 12こ

❸ おはじきを ひとりに 5こずつ 9人に くばります。おはじきは 何こ たりませんか。(10点)

しき 5×9=45　45−30=15　答え 15こ

★ かけられる数 × かける数 を まちがえないように しましょう。

テスト 42 標準 レベル2 ⑪ かけ算（1） 2のだん〜5のだん 10 80

1 1こ 5円の あめを 9こ 買える お金を もって います。(1つ10点・20点)

❶ 1こ 5円の あめを 4こ 買うと、いくら お金を はらいますか。

しき 5×4=20　答え 20円

★「かけられる 数」の かぞえ方が 答えに つながります。

❷ 1こ 4円の あめを 9こ 買うと、お金は いくら あまりますか。

しき 4×9=36　5×9=45　45−36=9　答え 9円

2 ひろきさんは、きのう 買った 本を はじめから 毎日 4ページずつ 読んで いきます。(1つ10点・20点)

❶ 8日間で 何ページ 読む ことに なりますか。

しき 4×8=32　答え 32ページ

❷ 9日目は 何ページ目から 読む ことに なりますか。

しき 32+1=33　答え 33ページ目

★9日目は、8日間で 読んだ ページの つぎの ページから 読みます。

★つぎの ページを めくる 分が、+1に なります。

3 よう子さんは 毎日、算数の プリントを 3ページずつ します。9日目は、何ページ目から プリントを しますか。(15点)

しき 9−1=8　3×8=24　24+1=25　答え 25ページ

4 さなえさんの クラスには はんが 7つ あって、どの はんも 4人ずつです。クラスの 人数は みんなで 何人ですか。(15点)

しき 4×7=28　答え 28人

5 ひろみさんは 毎日、かん字の プリントを 3まいずつ します。あすかさんは、ひろみさんより 毎日 2まいずつ 多く します。(1つ10点・30点)

❶ ひろみさんは 5日間で 何まい プリントを しますか。

しき 3×5=15　答え 15まい

❷ あすかさんは 8日間で 何まい プリントを しますか。

しき 3+2=5　5×8=40　答え 40まい

❸ 9日間では あすかさんの した プリントの まい数は、ひろみさんの した まい数より 何まい 多いですか。

しき 3×9=27　5×9=45　45−27=18

べつの とき方 2×9=18　答え 18まい

ひっ算
$$\begin{array}{r} 45 \\ -\ 27 \\ \hline 18 \end{array}$$

★1日で 2まい 多いので 2×9=18は とても 上手な やり方です。

テスト 43 ハイレベル ⑪ かけ算（1） 2のだん〜5のだん 15 70

1 ひろしさんの さいふの 中には、5円玉が 6まいと 10円玉が 2まい、あきこさんの さいふの 中には、5円玉が 8まいと 1円玉が 6まい 入って います。

❶ ひろしさんの さいふには いくら 入って いますか。(10点)

しき 5×6=30　10+10=20　30+20=50　答え 50円

★しきを 3つ たてて 考えましょう。

❷ あきこさんの さいふには いくら 入って いますか。(10点)

しき 5×8=40　1×6=6　40+6=46　答え 46円

❸ 2人 合わせて いくら ありますか。(10点)

しき 50+46=96　答え 96円

2 赤組と 白組で 玉入れを しました。赤組は 4こ入り、白組は 赤組の 3ばいよりも 3こ 多く 入りました。白組は 何こ 入りましたか。(10点)

しき 4×3=12　12+3=15　答え 15こ

★「あまった 数」「のこった 数」を さいごに たします。

れい 1本の ひもから 5cmの ひもを 7本 切りとると、ひもは 2cm あまりました。はじめの ひもの 長さは、何cm ありましたか。

しき
5cmの ひも 7本の 長さ 5×7=35　2cmあまった 35+2=37
1つの しきで 5×7+2=37　答え 37cm

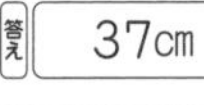

★かけ算と たし算では かけ算を 先に します。

3 1まい 4円の 色紙を 7まい 買うと、2円 のこりました。はじめに お金を 何円 もって いましたか。(20点)

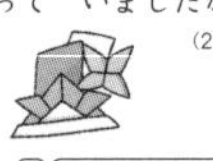

しき 4×7+2=30　答え 30円

4 あめを 1人に 3こずつ 8人に くばろうと しましたが、8人目の 人には 2こしか くばれませんでした。はじめ あめは 何こ ありましたか。(20点)

しき 8−1=7　3×7+2=23

★7人に 3こずつで 1人だけ 2こ

べつの とき方 3−2=1　3×8−1=23　答え 23こ

★8人に 3こずつ くばれたことにして 8人目は 2こ だから あとで 1こ ひく

れい 5人がけの 長いすが 7台 あります。子どもたちが すわって いくと、長いすが たりなく なりました。あと 2台 あれば、あいている ところが なくなり みんなが すわれます。子どもは みんなで 何人ですか。

しき
はじめに すわれた人… 5×7=35
あと 長いす 2台で きちんと すわれる… 5×2=10
みんなで… 35+10=45
べつの とき方 はじめから 長いすが 7+2=9 あれば みんな すわれた。 5×9=45　答え 45人

5 はこが 3こ あります。1この はこに パンを 4こずつ 入れて いくと、はこが たりなく なりました。はこが あと 2こ あれば、どの はこも パンが 4こずつ 入ります。パンは ぜんぶで 何こ ありましたか。(20点)

しき 4×3=12　4×2=8　12+8=20

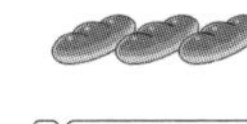

べつの とき方 3+2=5　4×5=20　答え 20こ

★どちらの とき方も できるように なりましょう。

テスト 44 最レベ 最高レベルにチャレンジ!! ⑪ かけ算（1） 2のだん〜5のだん 10 60

1  ……と いうように、ある きそくを 9回 くりかえして、白と 黒の ご石が ならんで います。

★○●●○●の ひとまとまりに なっている ことに 気づきましょう。

❶ ご石は、ぜんぶで 何こ ならんで いますか。(20点)

しき 5×9=45　答え 45こ

❷ 白の ご石は、ぜんぶで 何こ ならんで いますか。(20点)

しき 2×9=18　答え 18こ

❸ 白と 黒の ご石の 数は、ぜんぶで 何こ ちがいますか。(20点)

しき 3×9=27　27−18=9

べつの とき方 ○●●○●で 黒が 3−2=1 多い 9回だから 1×9=9　答え 9こ

2 たろうさんの クラスは、今日 5人 休んで います。今日 学校に きて いる 人が 4人がけの いすに じゅんに すわって いくと、おしまいの 8きゃく目の いすには 2人 すわりました。たろうさんの クラスは みんなで 何人 いますか。(40点)

しき 8−1=7　4×7+2=30　30+5=35…5人休んでいるから　答え 35人

きりとり線

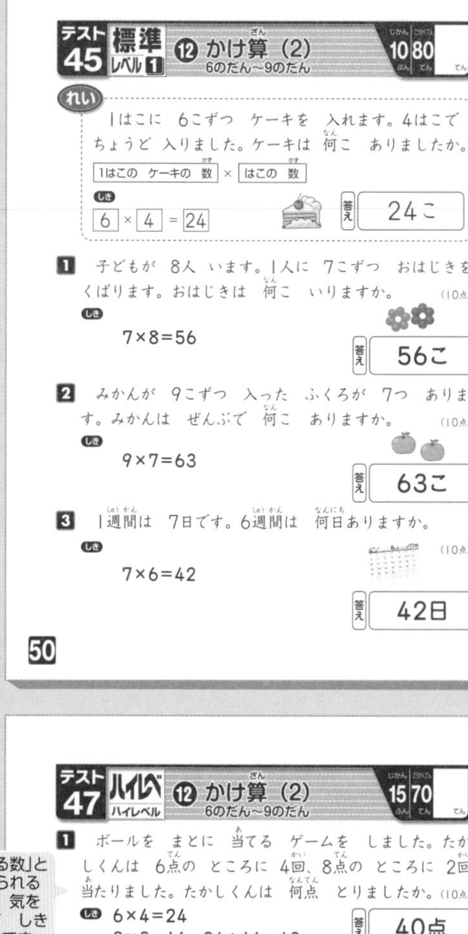

テスト45 標準 レベル1 ⑫ かけ算(2) 6のだん〜9のだん

じかん 10ぷん ごうかく 80てん

れい 1はこに 6こずつ ケーキを 入れます。4はこで ちょうど 入りました。ケーキは 何こ ありましたか。

[1はこの ケーキの 数] × [はこの 数]

しき 6 × 4 = 24 答え 24こ

1 子どもが 8人 います。1人に 7こずつ おはじきを くばります。おはじきは 何こ いりますか。(10点)

しき 7×8=56 答え 56こ

2 みかんが 9こずつ 入った ふくろが 7つ あります。みかんは ぜんぶで 何こ ありますか。(10点)

しき 9×7=63 答え 63こ

3 1週間は 7日です。6週間は 何日ありますか。(10点)

しき 7×6=42 答え 42日

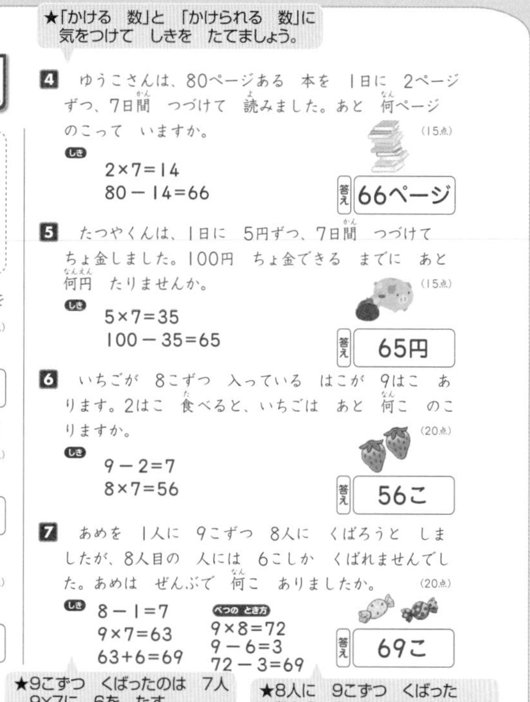

★「かける 数」と 「かけられる 数」に 気をつけて しきを たてましょう。

4 ゆうこさんは、80ページある 本を 1日に 2ページずつ、7日間 つづけて 読みました。あと 何ページ のこって いますか。(15点)

しき 2×7=14 80−14=66 答え 66ページ

5 たつやくんは、1日に 5円ずつ、7日間 つづけて ちょ金しました。100円 ちょ金できる までに あと 何円 たりませんか。(15点)

しき 5×7=35 100−35=65 答え 65円

6 いちごが 8こずつ 入っている はこが 9はこ あります。2はこ 食べると、いちごは あと 何こ のこりますか。(20点)

しき 9−2=7 8×7=56 答え 56こ

7 あめを 1人に 9こずつ 8人に くばろうと しましたが、8人目の 人には 6こしか くばれませんでした。あめは ぜんぶで 何こ ありましたか。(20点)

しき 8−1=7 9×7=63 63+6=69

べつの とき方 9×8=72 9−6=3 72−3=69

答え 69こ

★9こずつ くばったのは 7人 9×7に 6を たす

★8人に 9こずつ くばった 数から 9−6=3で 3を ひく

50

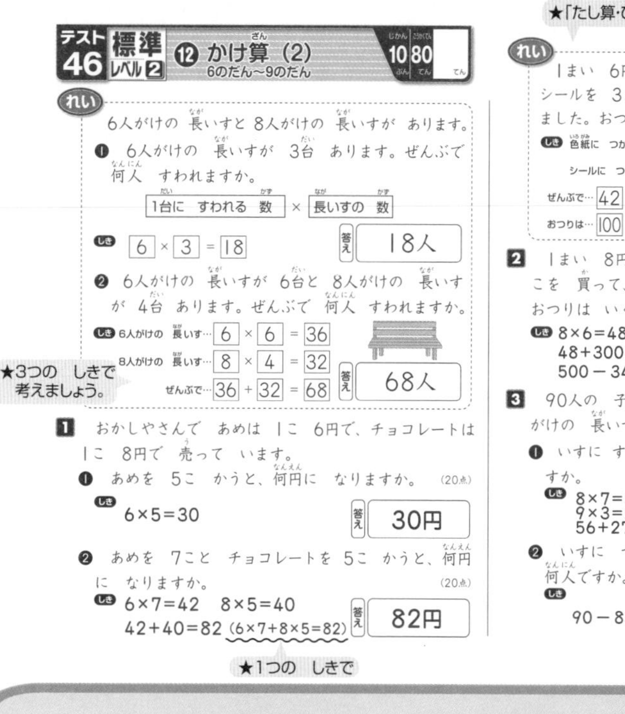

テスト46 標準 レベル2 ⑫ かけ算(2) 6のだん〜9のだん

じかん 10ぷん ごうかく 80てん

★「たし算・ひき算」は ひっ算を 書いて 計算しましょう。

れい 6人がけの 長いすと 8人がけの 長いすが あります。

❶ 6人がけの 長いすが 3台 あります。ぜんぶで 何人 すわれますか。

[1台に すわれる 数] × [長いすの 数]

しき 6 × 3 = 18 答え 18人

❷ 6人がけの 長いすが 6台と 8人がけの 長いすが 4台 あります。ぜんぶで 何人 すわれますか。

しき 6人がけの 長いす… 6 × 6 = 36

8人がけの 長いす… 8 × 4 = 32

ぜんぶで… 36 + 32 = 68 答え 68人

★3つの しきで 考えましょう。

1 おかしやさんで あめは 1こ 6円で、チョコレートは 1こ 8円で 売って います。

❶ あめを 5こ かうと、何円に なりますか。(20点)

しき 6×5=30 答え 30円

❷ あめを 7こと チョコレートを 5こ かうと、何円に なりますか。(20点)

しき 6×7=42 8×5=40 42+40=82 (6×7+8×5=82) 答え 82円

★1つの しきで

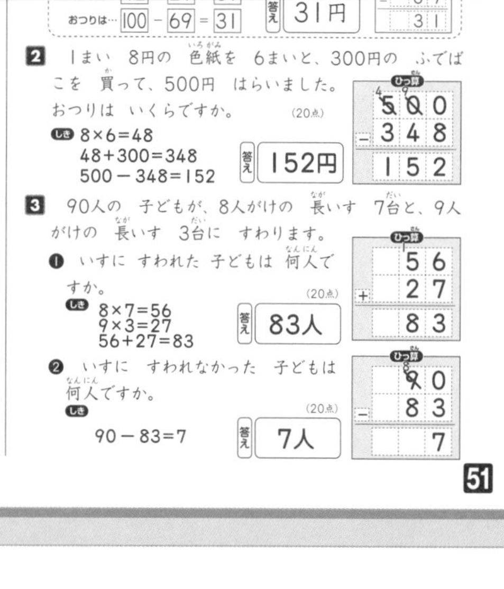

れい 1まい 6円の 色紙を 7まいと、1まい 9円の シールを 3まい 買って、100円 はらいました。おつりは いくらですか。

しき 色紙に つかった お金… 6 × 7 = 42

シールに つかった お金… 9 × 3 = 27

ぜんぶで… 42 + 27 = 69

おつりは… 100 − 69 = 31 答え 31円

ひっ算 42+27=69 100−69=31

2 1まい 8円の 色紙を 6まいと、300円の ふでばこを 買って、500円 はらいました。おつりは いくらですか。(20点)

しき 8×6=48 48+300=348 500−348=152 答え 152円

ひっ算 500−348=152

3 90人の 子どもが、8人がけの 長いす 7台と、9人がけの 長いす 3台に すわります。

❶ いすに すわれた 子どもは 何人ですか。(20点)

しき 8×7=56 9×3=27 56+27=83 答え 83人

ひっ算 56+27=83

❷ いすに すわれなかった 子どもは 何人ですか。(20点)

しき 90−83=7 答え 7人

ひっ算 90−83=7

51

テスト47 ハイレベル ⑫ かけ算(2) 6のだん〜9のだん

じかん 15ぷん ごうかく 70てん

1 ボールを まとに 当てる ゲームを しました。たかしくんは 6点の ところに 4回、8点の ところに 2回 当たりました。たかしくんは 何点 とりましたか。(10点)

しき 6×4=24 8×2=16 24+16=40 答え 40点

★「かける数」と「かけられる数」に 気を つけて しきを たてましょう。

2 りんごが 100こ あります。7人の 友だちに 9こずつ くばると 何こ あまりますか。(10点)

しき 9×7=63 100−63=37 答え 37こ

3 1はこに ボールペンが 6本 入った はこが 9はこと、1はこに 色えんぴつが 9本 入った はこが 5はこ あります。(1つ10点・20点)

❶ ボールペンと 色えんぴつは、合わせて 何本 ありますか。

しき 6×9=54 9×5=45 54+45=99 答え 99本

❷ ボールペンと 色えんぴつでは、どちらの 方が 何本 多いですか。

しき 54−45=9

答え (ボールペン)の 方が (9)本 多い

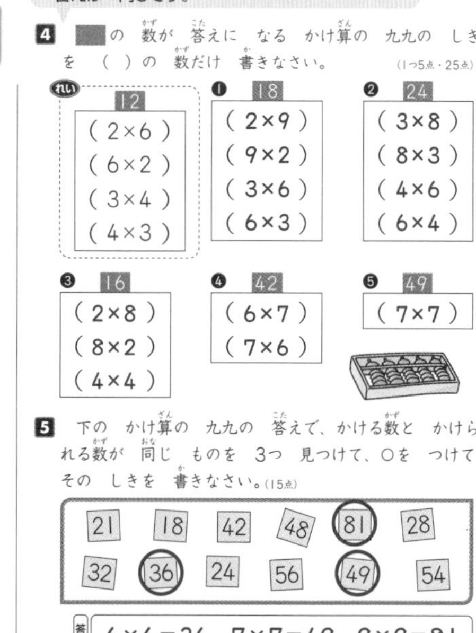

★「かける数」と 「かけられる数」を 入れかえても 答えは 同じです。

4 ■の 数が 答えに なる かけ算の 九九の しきを ( )の 数だけ 書きなさい。(1つ5点・25点)

れい 12 (2×6) (6×2) (3×4) (4×3)

❶ 18 (2×9) (9×2) (3×6) (6×3)

❷ 24 (3×8) (8×3) (4×6) (6×4)

❸ 16 (2×8) (8×2) (4×4)

❹ 42 (6×7) (7×6)

❺ 49 (7×7)

5 下の かけ算の 九九の 答えで、かける数と かけられる数が 同じ ものを 3つ 見つけて、○を つけて その しきを 書きなさい。(15点)

21 18 42 48 (81) 28

32 (36) 24 56 (49) 54

答え 6×6=36, 7×7=49, 9×9=81

52

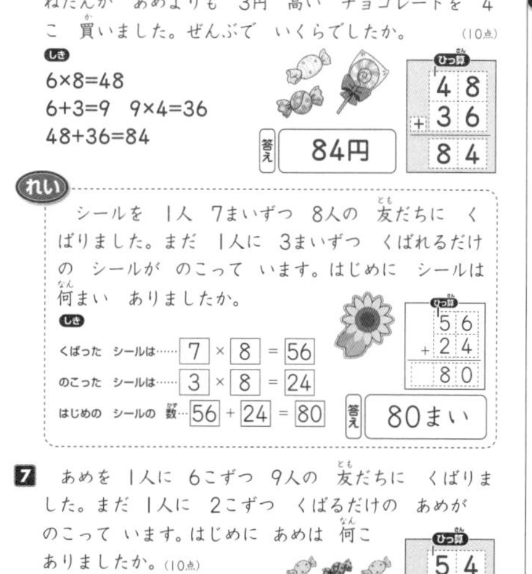

★しきを 4つ たてて 考えましょう。

6 こうじくんは 1こ 6円の あめを 8こと、1この ねだんが あめよりも 3円 高い チョコレートを 4こ 買いました。ぜんぶで いくらでしたか。(10点)

しき 6×8=48 6+3=9 9×4=36 48+36=84 答え 84円

ひっ算 48+36=84

れい シールを 1人 7まいずつ 8人の 友だちに くばりました。まだ 1人に 3まいずつ くばれるだけの シールが のこって います。はじめに シールは 何まい ありましたか。

しき くばった シールは… 7 × 8 = 56

のこった シールは… 3 × 8 = 24

はじめの シールの 数… 56 + 24 = 80 答え 80まい

ひっ算 56+24=80

7 あめを 1人に 6こずつ 9人の 友だちに くばりました。まだ 1人に 2こずつ くばるだけの あめが のこって います。はじめに あめは 何こ ありましたか。(10点)

しき 6×9=54 2×9=18 54+18=72 答え 72こ

ひっ算 54+18=72

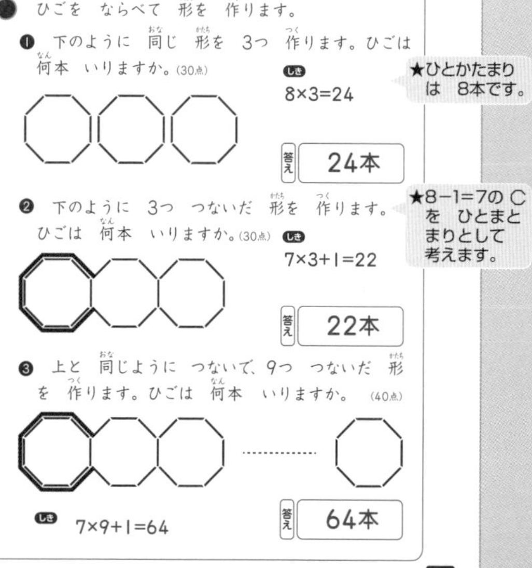

テスト48 最レベ 最高レベルにチャレンジ!! ⑫ かけ算(2) 6のだん〜9のだん

じかん 10ぷん ごうかく 50てん

8 ひごを ならべて 形を 作ります。

❶ 下のように 同じ 形を 3つ 作ります。ひごは 何本 いりますか。(30点)

しき 8×3=24 答え 24本

★ひとかたまりは 8本です。

❷ 下のように 3つ つないだ 形を 作ります。ひごは 何本 いりますか。(30点)

しき 7×3+1=22 答え 22本

★8−1=7の ○を ひとまとまりとして 考えます。

❸ 上と 同じように つないで、9つ つないだ 形を 作ります。ひごは 何本 いりますか。(40点)

しき 7×9+1=64 答え 64本

53

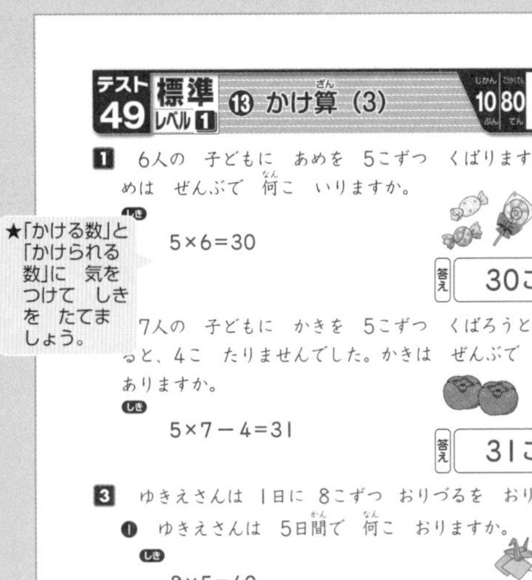

テスト49 標準レベル1 ⑬ かけ算（3） じかん10ぷん ごうかく80てん

1 6人の 子どもに あめを 5こずつ くばります。あめは ぜんぶで 何こ いりますか。（15点）

★「かける数」と「かけられる数」に 気を つけて しきを たてましょう。

しき 5×6=30　　答え 30こ

2 7人の 子どもに かきを 5こずつ くばろうと すると、4こ たりませんでした。かきは ぜんぶで 何こ ありますか。（15点）

しき 5×7－4=31　　答え 31こ

3 ゆきえさんは 1日に 8こずつ おりづるを おります。

❶ ゆきえさんは 5日間で 何こ おりますか。（10点）

しき 8×5=40　　答え 40こ

❷ ゆきえさんは 1週間と 2日で 何こ おりますか。（10点）

しき 7+2=9
8×9=72　　答え 72こ

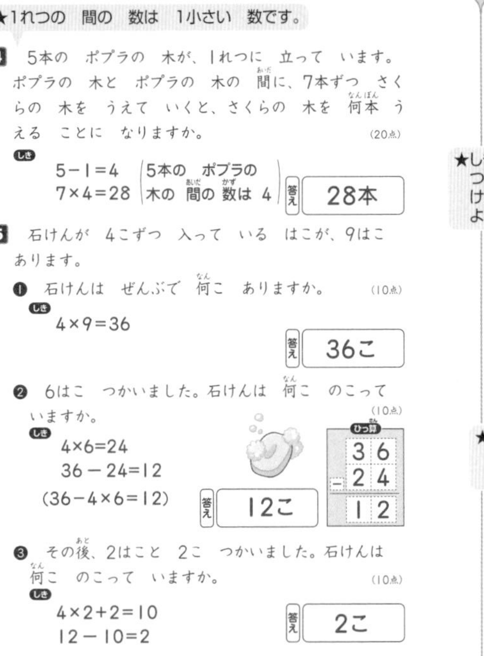

★1れつの 間の 数は 1小さい 数です。

4 5本の ポプラの 木が、1れつに 立って います。ポプラの 木と ポプラの 木の 間に、7本ずつ さくらの 木を うえて いくと、さくらの 木を 何本 うえる ことに なりますか。（20点）

しき 5－1=4　（5本の ポプラの木の 間の 数は 4）
7×4=28　　答え 28本

5 石けんが 4こずつ 入って いる はこが、9はこ あります。

❶ 石けんは ぜんぶで 何こ ありますか。（10点）

しき 4×9=36　　答え 36こ

❷ 6はこ つかいました。石けんは 何こ のこって いますか。（10点）

しき 4×6=24
36－24=12
（36－4×6=12）　　答え 12こ

ひっ算：36－24=12

❸ その後、2はこと 2こ つかいました。石けんは 何こ のこって いますか。（10点）

しき 4×2+2=10
12－10=2　　答え 2こ

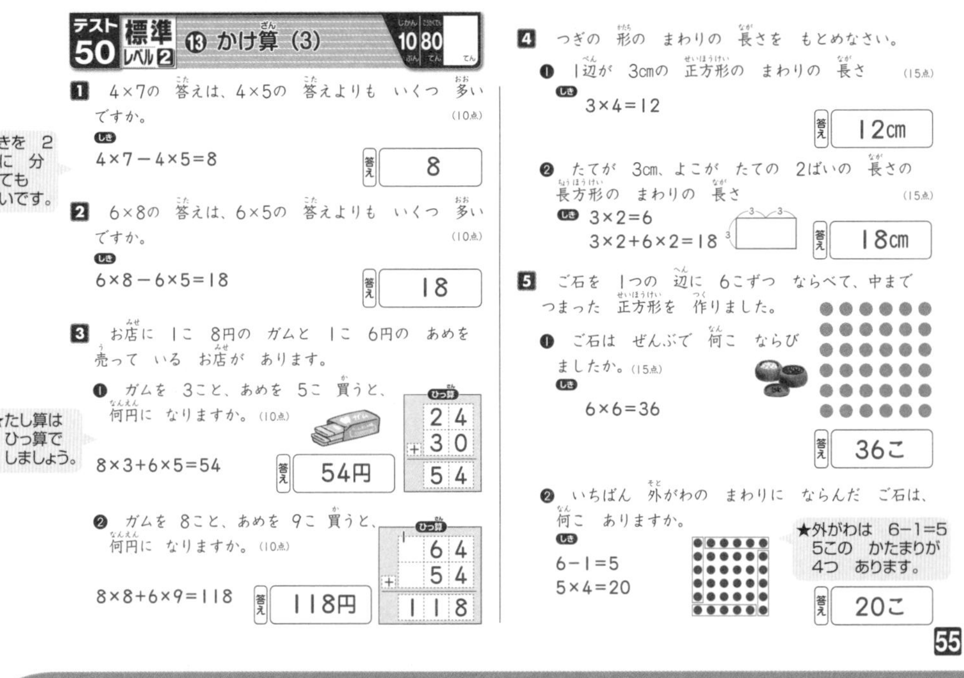

テスト50 標準レベル2 ⑬ かけ算（3） じかん10ぷん ごうかく80てん

1 4×7の 答えは、4×5の 答えよりも いくつ 多いですか。（10点）

★しきを 2つに 分けても よいです。

しき 4×7－4×5=8　　答え 8

2 6×8の 答えは、6×5の 答えよりも いくつ 多いですか。（10点）

しき 6×8－6×5=18　　答え 18

3 お店に 1こ 8円の ガムと 1こ 6円の あめを 売って いる お店が あります。

❶ ガムを 3こと、あめを 5こ 買うと、何円に なりますか。（10点）

★たし算は ひっ算で しましょう。

しき 8×3+6×5=54　　答え 54円

ひっ算：24+30=54

❷ ガムを 8こと、あめを 9こ 買うと、何円に なりますか。（10点）

しき 8×8+6×9=118　　答え 118円

ひっ算：64+54=118

4 つぎの 形の まわりの 長さを もとめなさい。

❶ 1辺が 3cmの 正方形の まわりの 長さ（15点）

しき 3×4=12　　答え 12cm

❷ たてが 3cm、よこが たての 2ばいの 長さの 長方形の まわりの 長さ（15点）

しき 3×2=6
3×2+6×2=18　　答え 18cm

5 ご石を 1つの 辺に 6こずつ ならべて、中まで つまった 正方形を 作りました。

❶ ご石は ぜんぶで 何こ ならびましたか。（15点）

しき 6×6=36　　答え 36こ

❷ いちばん 外がわの まわりに ならんだ ご石は、何こ ありますか。

★外がわは 6－1=5 5この かたまりが 4つ あります。

しき 6－1=5
5×4=20　　答え 20こ

テスト51 ハイレベル ⑬ かけ算（3） じかん15ぷん ごうかく70てん

れい 1mの リボンから 8cmの リボンを 4本と、9cmの リボンを 6本 切りました。何cm のこって いますか。

しき 8cmの リボンを 4本　8×4=32 cm　9cmの リボンを 6本　9×6=54 cm
あわせて 32+54=86 cm
のこりは 1m=100 cmだから 100－86=14 cm
（100－8×4－9×6=14）　　答え 14cm

ひっ算：32+54=86　100－86=14

1 1mの リボンから 6cmの リボンを 8本と、7cmの リボンを 5本 切りました。何cm のこって いますか。（10点）

しき 6×8=48　7×5=35
48+35=83　100－83=17
（100－6×8－7×5=17）　　答え 17cm

ひっ算：48+35=83　100－83=17

2 5本の さくらの 木を、9m おきに よこ 1れつに 1本ずつ うえました。さくらの 木の はしから はしまでは 何m ありますか。（さくらの 木の はばは 考えません。）（15点）

しき 5本の さくらの 木の 間の 数は 4
5－1=4
9×4=36　　答え 36m

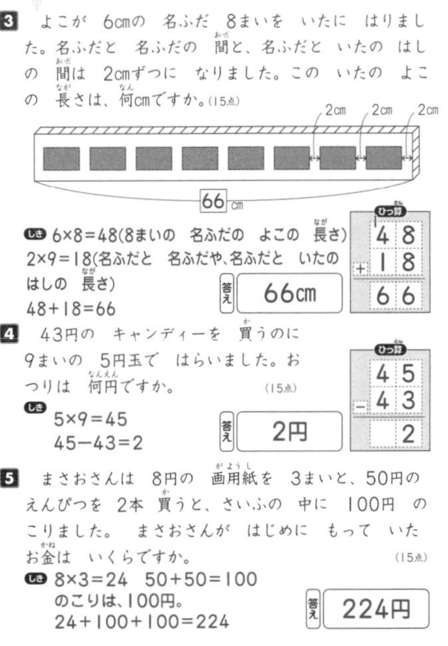

★間の 数は 8+1=9、9つ あります。

3 よこが 6cmの 名ふだ 8まいを いたに はりました。名ふだと 名ふだの 間と、名ふだと いたの はしの 間は 2cmずつに なりました。この いたの よこの 長さは、何cmですか。（15点）

しき 6×8=48（8まいの 名ふだの よこの 長さ）
2×9=18（名ふだと 名ふだや、名ふだと いたの はしの 長さ）
48+18=66　　答え 66cm

ひっ算：48+18=66

4 43円の キャンディーを 買うのに 9まいの 5円玉で はらいました。おつりは 何円ですか。（15点）

しき 5×9=45
45－43=2　　答え 2円

ひっ算：45－43=2

5 まさおさんは 8円の 画用紙を 3まいと、50円の えんぴつを 2本 買うと、さいふの 中に 100円 のこりました。まさおさんが はじめに もって いた お金は いくらですか。（15点）

しき 8×3=24　50+50=100
のこりは、100円。
24+100+100=224　　答え 224円

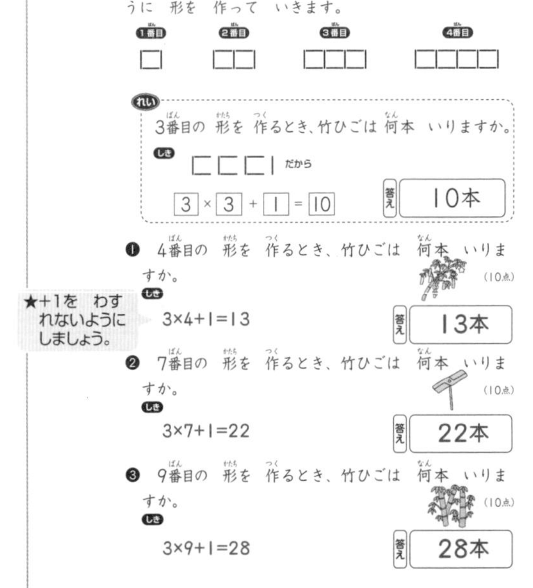

6 同じ 長さの 竹ひごを たくさん つかって、下のように 形を 作って いきます。

1番目　2番目　3番目　4番目

れい 3番目の 形を 作るとき、竹ひごは 何本 いりますか。

しき □□□ だから 3×3+1=10　　答え 10本

❶ 4番目の 形を 作るとき、竹ひごは 何本 いりますか。（10点）

★+1を わすれないように しましょう。

しき 3×4+1=13　　答え 13本

❷ 7番目の 形を 作るとき、竹ひごは 何本 いりますか。（10点）

しき 3×7+1=22　　答え 22本

❸ 9番目の 形を 作るとき、竹ひごは 何本 いりますか。（10点）

しき 3×9+1=28　　答え 28本

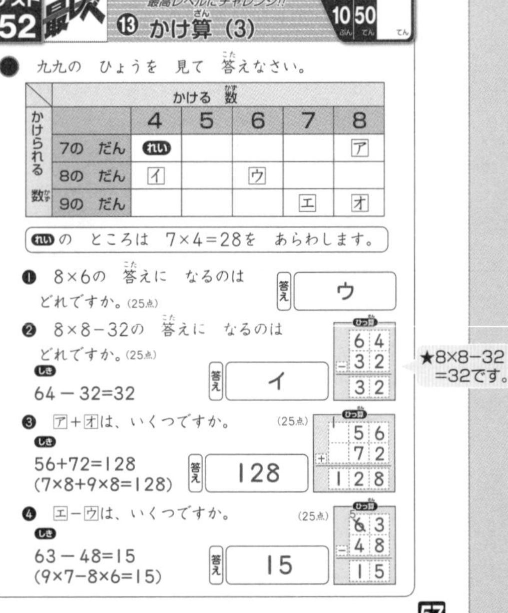

テスト52 最高レベル 最高レベルにチャレンジ!! ⑬ かけ算（3） じかん10ぷん ごうかく50てん

● 九九の ひょうを 見て 答えなさい。

かけられる数 ＼ かける数	4	5	6	7	8
7の だん	れい				ア
8の だん	イ		ウ		
9の だん				エ	オ

れいの ところは 7×4=28を あらわします。

❶ 8×6の 答えに なるのは どれですか。（25点）

答え ウ

❷ 8×8－32の 答えに なるのは どれですか。（25点）

しき 64－32=32　　答え イ

★8×8－32=32です。

ひっ算：64－32=32

❸ ア＋オは、いくつですか。（25点）

しき 56+72=128
（7×8+9×8=128）　　答え 128

ひっ算：56+72=128

❹ エ－ウは、いくつですか。（25点）

しき 63－48=15
（9×7－8×6=15）　　答え 15

ひっ算：63－48=15

〈きりとり線〉

テスト53 標準 レベル1 ⑭ いちの あらわし方 じかん10ぷん ごうかく80てん

★上下左右の いちを まちがえては いけません。

1 カードが 18まい あります。

(1つ10点・40点)

❶ なは、下の だんの 左から 8番目に あります。

❷ かは、上の だんの 右から 3番目に あります。

❸ となり どうしで 同じ ひらがなが ならんで いる ところが あります。その ひらがなは、せです。

❹ 上の だんの 右から 4番目に ならんで いる ひらがなの 下は、けです。

2 ★が 13こ 書いて あります。ちょうど まん中に ×の しるしを つけて、右から 3つと、左から 5つ目に △を つけなさい。(12点)

★「〜つ目」は 1つだけ しるしを つけます。

答え ★★★★△★×★★★△△△

3 右の 15この ロッカーに 書いて いる 名前を しらべました。下の 三人の 言った ことを 読んで、もんだいに 答えなさい。(1つ12点・48点)

山下 田中 ㋐ ㋑ 中村 竹田 小川 村田

三人の 言った こと

林……『ぼくの ロッカーは、上から 2だん目の まん中です。』

森……『わたしの ロッカーは、田中さんの すぐ 下です。』

小川…『ぼくの ロッカーは、上から 5だん目だけど、村田さんの となりでは ありません。』

❶ ㋐は だれの ロッカーですか。 答え 林さん

❷ ㋑は だれの ロッカーですか。 答え 森さん

❸ 小川さんの ロッカーの ところに 名前を 書きなさい。

❹ 名前の わからない ロッカーは いくつ ありますか。 答え 7つ

テスト54 標準 レベル2 ⑭ いちの あらわし方 じかん10ぷん ごうかく80てん

1 下の もんだいに こたえなさい。

★上下の いちの 行の 形を しっかり 数えましょう。

1行目	○ □ △ △ ◇ ◇
2行目	● ▲ □ ▲ ● ● ●
3行目	○ ▲ ○ △ △ △ □ □ □
4行目	● ● ● ○ ○ ○ △ △ △
5行目	○ ○ ▲ ▲ ▲ △ △ ◇ ◇
6行目	○ ◇ ◇ ● □ □ □ □ ◇
7行目	○ ○ △ △ □ ▲ ▲ ▲ ▲

❶ ▲が 3つ つづけて ならんで いる ところは、上から 何行目ですか。(10点) 答え 5行目

❷ 2行目に ●は いくつ ありますか。(10点) 答え 4つ

❸ 7行目の □の 左の 形を かきなさい。(10点) 答え △

❹ ◇が いちばん 多いのは 何行目ですか。(10点) 答え 6行目

★◉の (0の0)を もとの いちとして 考えます。

2 図を 見て 答えなさい。(6の二) は ●アを あらわしています。また、(3の一) は ●イを あらわしています。

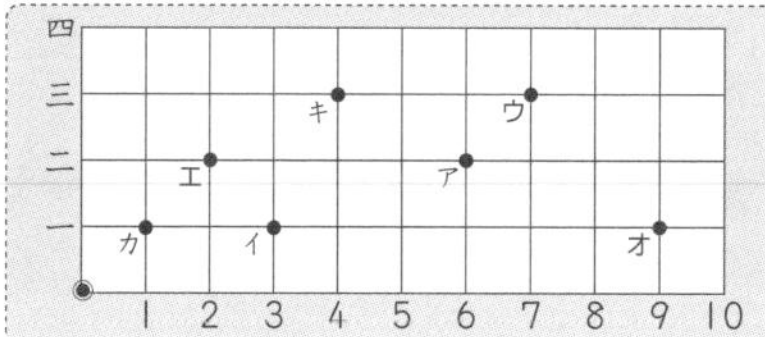

❶ (7の三) に ●ウを つけなさい。(10点)

❷ (2の二) に ●エを つけなさい。(10点)

❸ (9の一) に ●オを つけなさい。(10点)

❹ ●カの いちを あらわしなさい。(10点) 答え (1の一)

❺ ●キの いちを あらわしなさい。(10点) 答え (4の三)

❻ ●アから 1つ 上に うごいて、4つ 左に うごいた ところの いちを あらわしなさい。(10点) 答え (2の三)

テスト55 ハイレベ ハイレベル ⑭ いちの あらわし方 じかん15ぷん ごうかく70てん

★せいこさん、あきらさんの 1人分を +1に します。

1 アの いちに いる まさおさんを (2の五) と 書きます。つぎの それぞれの いちを 答えなさい。

★(2の五)の 2は、右へ すすみます。五は、上へ すすみます。

❶ アから 3つ 上に すすんで、2つ 右に すすんだ いちに ○を つけなさい。(10点)

❷ アから 2つ 下に すすんで、2つ 右に すすんだ いちに △を つけなさい。(10点)

❸ アから 1つ 左に すすんで、4つ 下に すすんで、4つ 右に すすんだ いちに ×を つけなさい。(10点)

❹ ひとみさんの いる いちは、まさおさんから いちばん 遠いです。ひとみさんは どこに いますか。イ〜キの 記ごうで 答えなさい。(10点) 答え キ

2 せいこさんの クラスと あきらさんの クラスの 子どもが せの 高い じゅんに ならんで います。

❶ せいこさんの 前には 10人、後ろには 11人 ならんで います。クラスは みんなで 何人ですか。(10点)

しき 10+11+1(せいこさん)=22 答え 22人

❷ あきらさんは ちょうど まん中に いて、後ろに 14人 います。クラスは みんなで 何人ですか。(10点)

しき 14+14+1=29 答え 29人

3 50人で マラソンを しています。

❶ お父さんは 前から 20番目を 走って いましたが、15人 ぬきました。お父さんの 後ろに いる人は 何人ですか。(10点)

しき 20−15=5…前から 5番目 50−5=45 答え 45人

❷ お母さんは 前から 40番目を 走って いましたが、5人に ぬかれました。お母さんの 前に いる人は 何人 ですか。(10点)

しき 40+5=45 45−1=44 答え 44人

4 ★の ある ところを 4通りの 言い方で 書きなさい。

れい

㋐ 上から 4だん目、左から 4番目
㋑ 上から 4だん目、右から 2番目
㋒ 下から 2だん目、左から 4番目
㋓ 下から 2だん目、右から 2番目

❶

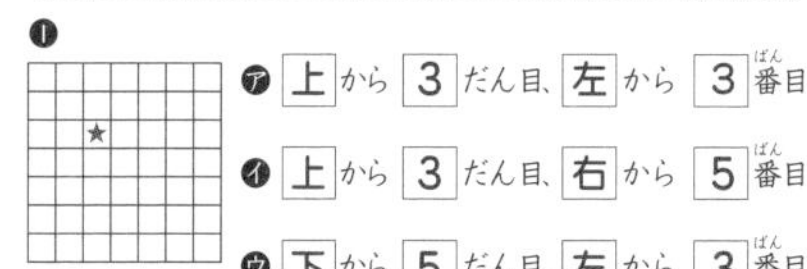

㋐ 上から 3だん目、左から 3番目
㋑ 上から 3だん目、右から 5番目
㋒ 下から 5だん目、左から 3番目
㋓ 下から 5だん目、右から 5番目
(10点)

❷

㋐ 上から 6だん目、左から 6番目
㋑ 上から 6だん目、右から 2番目
㋒ 下から 2だん目、左から 6番目
㋓ 下から 2だん目、右から 2番目
(10点)

テスト56 最レベ 最高レベルにチャレンジ!! ⑭ いちの あらわし方 じかん10ぷん ごうかく50てん

● 同じ つみ木を、へやの すみに つみました。ま上と まよこから 見える つみ木の いちに ○を かきなさい。

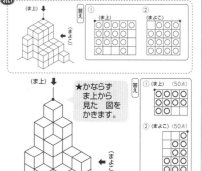

れい (ま上) (まよこ) 答え ① (ま上) ② (まよこ)

★かならず ま上から 見た 図を かきます。

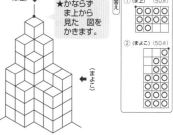

(ま上) (まよこ)

答え ① (ま上) (50点) ② (まよこ) (50点)

テスト57 標準 レベル1 ⑮ 三角形と 四角形　じかん 10ぷん　ごうかく 80てん

1 □に あてはまる 数や ことばを 下から えらんで 書きなさい。(1つ10点・50点)

① まっすぐな 線を **直線** と いいます。

② **3** 本の 直線で かこまれた 形を 三角形と いいます。

③ **4** 本の 直線で かこまれた 形を 四角形と いいます。

④ 三角形や 四角形の 角の 点を **ちょう点**、まわりの 直線を **へん** と いいます。

⑤ 直角の 角が ある 三角形を **直角三角形** と いいます。

ちょう点・へん・直線・直角三角形・3・4

2 □に あてはまる 数を 書きなさい。(1つ5点・10点)

① 三角形の ちょう点の 数は、**3**こです。へんの 数も **3**本です。

② 四角形の ちょう点の 数は、**4**こです。へんの 数も **4**本です。

3 下の 図を 見て、記ごうで 答えなさい。(1つ10点・40点)

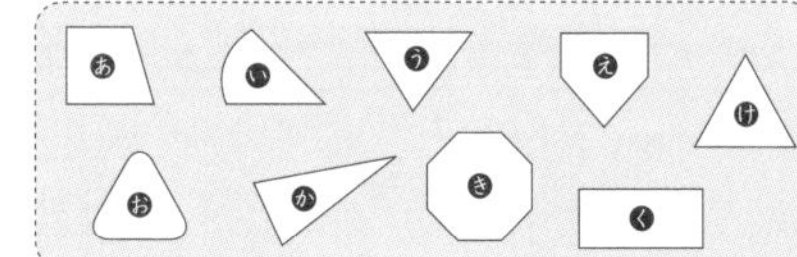

① 三角形は どれですか。　答え **う・か・け**

② 直線だけで かこまれた 形は どれですか。　答え **あうえかきくけ**

③ 四角形は どれですか。　答え **あ・く**

④ ちょう点の 数が、四角形より 多い 形は どれですか。　答え **え・き**

62

テスト58 標準 レベル2 ⑮ 三角形と 四角形　じかん 10ぷん　ごうかく 80てん

1 つぎの 形の 名前を 書きなさい。(1つ10点・30点)

★❶❷❸の ことば 通りに それぞれの 形の やくそくを おぼえましょう。

① 4つの 角が すべて ひとしい 四角形

答え **長方形**

② 4つの へんが すべて ひとしく、4つの 角が すべて ひとしい 四角形

答え **正方形**

③ 1つの 角が 直角に なって いる 三角形

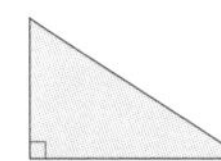

答え **直角三角形**

2 たての へんの 長さが 6cmで、よこの へんの 長さが 5cmの 長方形が あります。この 長方形の まわりの 長さは 何cmありますか。(20点)

しき 6+6+5+5=22　答え **22cm**

3 下の 形の 中から 正方形、長方形、直角三角形を すべて さがして、記ごうで 答えなさい。(1つ10点・30点)

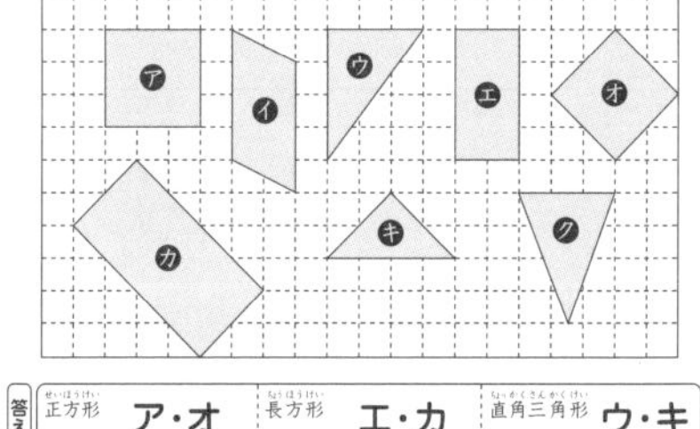

答え 正方形 **ア・オ**　長方形 **エ・カ**　直角三角形 **ウ・キ**

4 下の 図を 見て 答えなさい。(20点)

れい

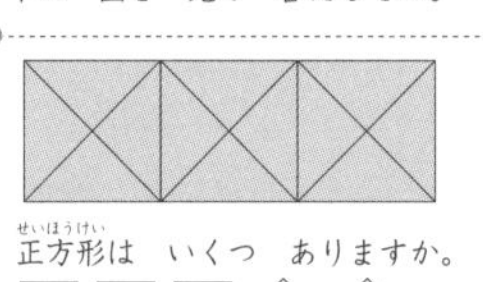

★この ぜん体の 形は 長方形です。

正方形は いくつ ありますか。　答え **5つ**

● 長方形は いくつ ありますか。　答え **3つ**

63

テスト59 ハイレベル ⑮ 三角形と 四角形　じかん 15ぷん　ごうかく 70てん

1 三角形を 2つ 組み合わせて、正方形と 長方形が できる ものを、下の 図の 中から さがして、記ごうで 答えなさい。(1つ5点・20点)

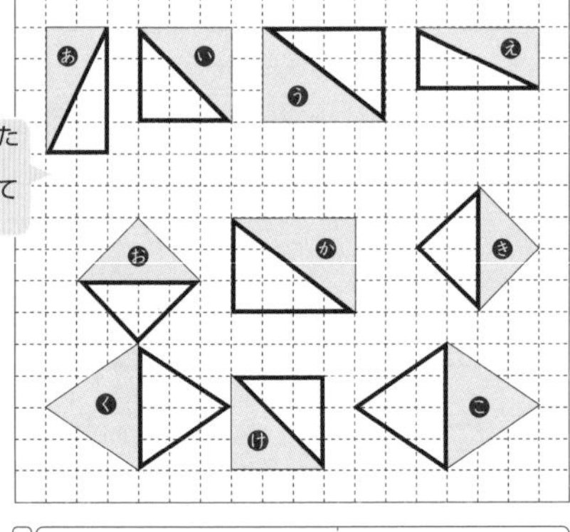

★組み合わせた 形を 図の 中に かいて みましょう。

答え
正方形 (い)と(け)　(お)と(き)
長方形 (あ)と(え)　(う)と(か)

2 紙を 2つに おり 点線で 切りぬきます。切りぬいた ものを ひらくと、どんな 形が できますか。また、その まわりの 長さは 何cmありますか。(1つ10点・20点)

れい

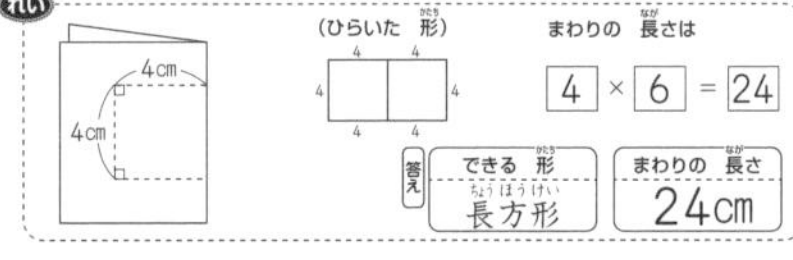

(ひらいた 形)　まわりの 長さは 4×6=24　できる 形 長方形　まわりの 長さ 24cm

①

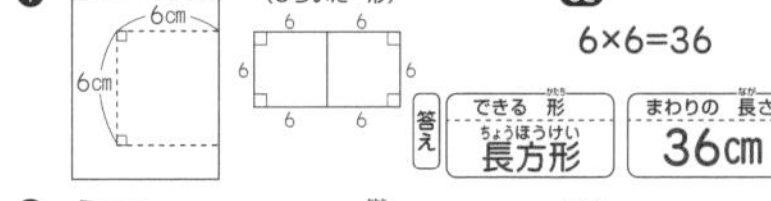

(ひらいた 形)　しき 6×6=36　答え できる 形 **長方形**　まわりの 長さ **36cm**

② (ひらいた 形)　しき 4×4=16　答え できる 形 **正方形**　まわりの 長さ **16cm**

3 下の 長方形の 中に 直角三角形は 何こ ありますか。(1つ10点・20点)

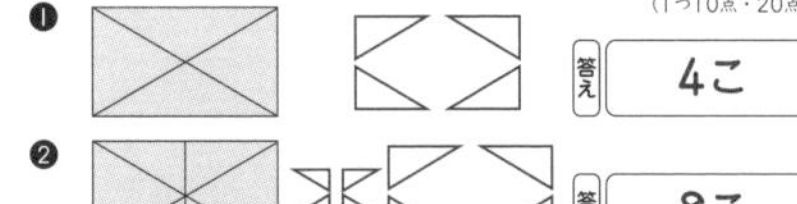

①　答え **4こ**

②　答え **8こ**

64

4 たて 3cm よこ 6cmの 長方形が 3まい あります。この 3まいの 長方形を かさならないように ならべて、長方形を 作ります。(1つ10点・20点)

① まわりの 長さが いちばん 長く なるようにして、長方形を ならべました。このとき まわりの 長さは 何cmに なりますか。

ならべた 形　しき 3×2=6　6×6=36　6+36=42　答え **42cm**

② まわりの 長さが いちばん 短く なるようにして、長方形を ならべました。このとき まわりの 長さは 何cmに なりますか。

ならべた 形　しき 3×6=18　6×2=12　18+12=30　答え **30cm**

5 下の 図に 長方形は 何こ ありますか。(1つ10点・20点)

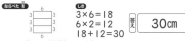

★ぜん体の 1つ分を かぞえ わすれては いけません。

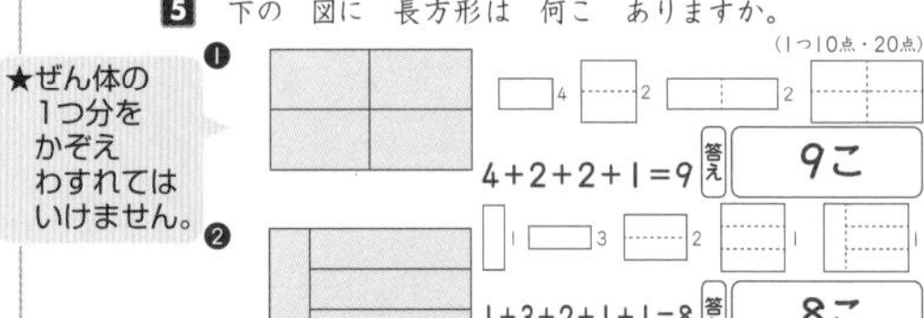

① 4+2+2+1=9　答え **9こ**

② 1+3+2+1+1=8　答え **8こ**

テスト60 最レベ 最高レベルにチャレンジ!! ⑮ 三角形と 四角形　じかん 10ぷん　ごうかく 60てん

れい 直角三角形は 全部で 何こ ありますか。

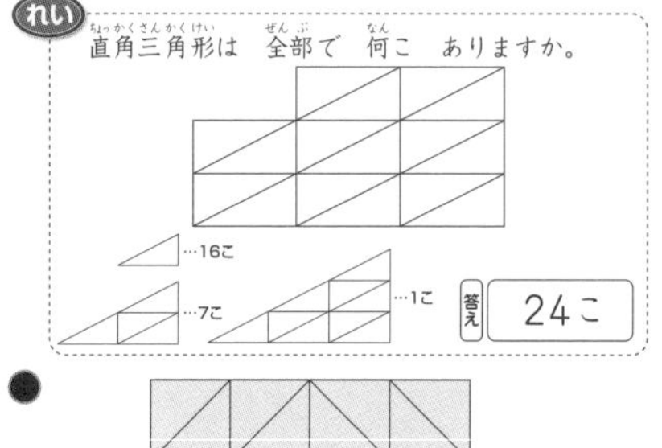

…16こ　…7こ　…1こ　答え **24こ**

●

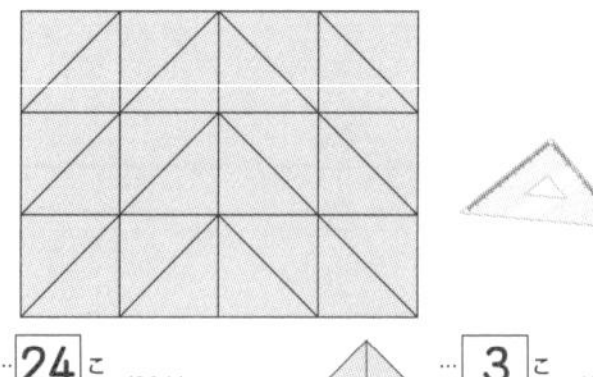

★下の 4つに 分けて かぞえましょう。

…**24**こ (20点)　…**3**こ (20点)　…**8**こ (20点)　…**2**こ (20点)

24+**3**+**8**+**2**=**37** (20点)　答え **37こ**

65

★「かける数」と「かけられる数」に 気を つけて しきを たてましょう。

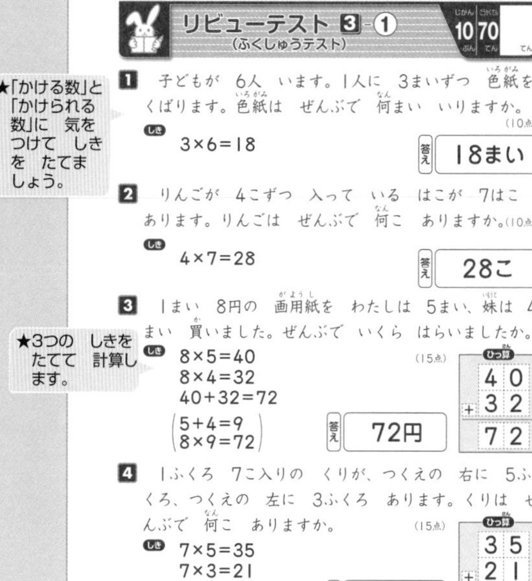

リビューテスト3-①（ふくしゅうテスト）

じかん 10ぷん　ごうかく 70てん　てん

1 子どもが 6人 います。1人に 3まいずつ 色紙を くばります。色紙は ぜんぶで 何まい いりますか。（10点）

しき 3×6＝18　　答え 18まい

2 りんごが 4こずつ 入って いる はこが 7はこ あります。りんごは ぜんぶで 何こ ありますか。（10点）

しき 4×7＝28　　答え 28こ

★3つの しきを たてて 計算します。

3 1まい 8円の 画用紙を わたしは 5まい、妹は 4まい 買いました。ぜんぶで いくら はらいましたか。（15点）

しき 8×5＝40
8×4＝32
40＋32＝72
（5＋4＝9
8×9＝72）

ひっ算 40＋32＝72　　答え 72円

4 1ふくろ 7こ入りの くりが、つくえの 右に 5ふくろ、つくえの 左に 3ふくろ あります。くりは ぜんぶで 何こ ありますか。（15点）

しき 7×5＝35
7×3＝21
35＋21＝56
べつの とき方（5＋3＝8
7×8＝56）

ひっ算 35＋21＝56　　答え 56こ

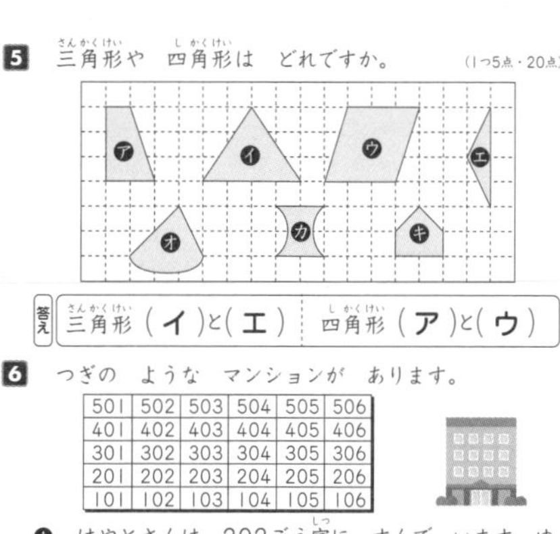

5 三角形や 四角形は どれですか。（1つ5点・20点）

答え 三角形（イ）と（エ）　四角形（ア）と（ウ）

6 つぎの ような マンションが あります。

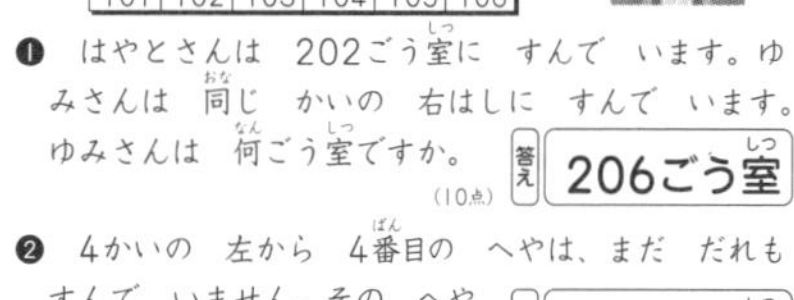

501	502	503	504	505	506
401	402	403	404	405	406
301	302	303	304	305	306
201	202	203	204	205	206
101	102	103	104	105	106

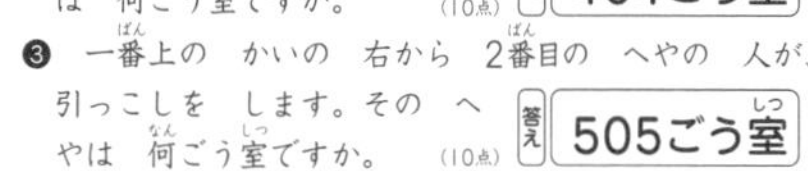

❶ はやとさんは 202ごう室に すんで います。ゆみさんは 同じ かいの 右はしに すんで います。ゆみさんは 何ごう室ですか。（10点）　答え 206ごう室

❷ 4かいの 左から 4番目の へやは、まだ だれも すんで いません。その へやは 何ごう室ですか。（10点）　答え 404ごう室

❸ 一番上の かいの 右から 2番目の へやの 人が、引っこしを します。その へやは 何ごう室ですか。（10点）　答え 505ごう室

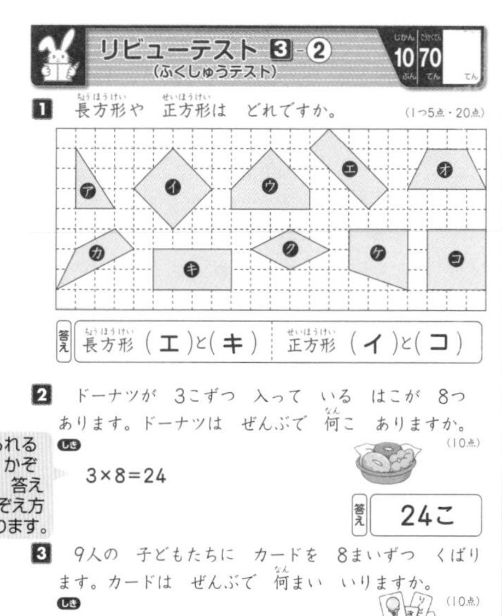

リビューテスト3-②（ふくしゅうテスト）

じかん 10ぷん　ごうかく 70てん　てん

1 長方形や 正方形は どれですか。（1つ5点・20点）

答え 長方形（エ）と（キ）　正方形（イ）と（コ）

★「かけられる数」の かぞえ方が 答えの かぞえ方に なります。

2 ドーナツが 3こずつ 入って いる はこが 8つ あります。ドーナツは ぜんぶで 何こ ありますか。（10点）

しき 3×8＝24　　答え 24こ

3 9人の 子どもたちに カードを 8まいずつ くばります。カードは ぜんぶで 何まい いりますか。（10点）

しき 8×9＝72　　答え 72まい

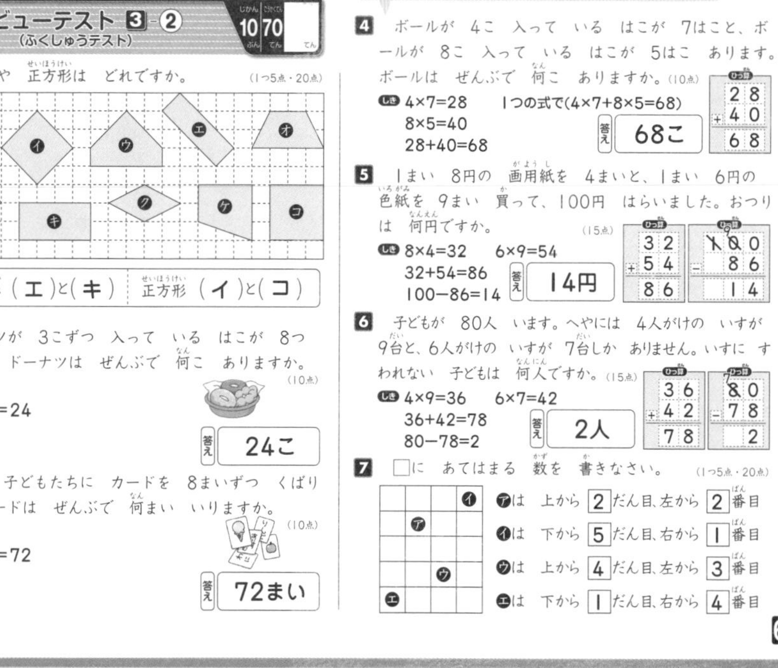

★たし算は かならず ひっ算で 計算しましょう。

4 ボールが 4こ 入って いる はこが 7はこと、ボールが 8こ 入って いる はこが 5はこ あります。ボールは ぜんぶで 何こ ありますか。（10点）

しき 4×7＝28　　1つの式で(4×7＋8×5＝68)
8×5＝40
28＋40＝68

ひっ算 28＋40＝68　　答え 68こ

5 1まい 8円の 画用紙を 4まいと、1まい 6円の 色紙を 9まい 買って、100円 はらいました。おつりは 何円ですか。（15点）

しき 8×4＝32　　6×9＝54
32＋54＝86
100−86＝14

ひっ算 32＋54＝86　100−86＝14　　答え 14円

6 子どもが 80人 います。へやには 4人がけの いすが 9台と、6人がけの いすが 7台しか ありません。いすに すわれない 子どもは 何人ですか。（15点）

しき 4×9＝36　　6×7＝42
36＋42＝78
80−78＝2

ひっ算 36＋42＝78　80−78＝2　　答え 2人

7 □に あてはまる 数を 書きなさい。（1つ5点・20点）

㋐は 上から 2だん目、左から 2番目
㋑は 下から 5だん目、右から 1番目
㋒は 上から 4だん目、左から 3番目
㋓は 下から 1だん目、右から 4番目

〈きりとり線〉

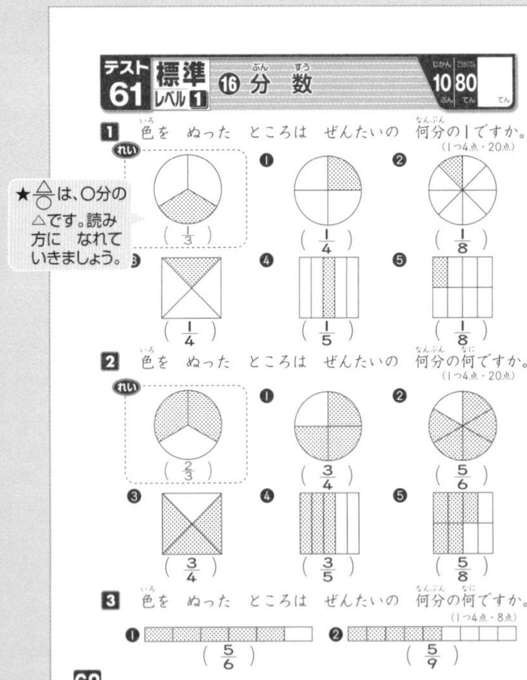

テスト61 標準 レベル1 ⑯ 分数 10分 80点

1 色を ぬった ところは ぜんたいの 何分の1ですか。（1つ4点・20点）

れい（$\frac{1}{3}$）　❶（$\frac{1}{4}$）　❷（$\frac{1}{8}$）　❸（$\frac{1}{4}$）　❹（$\frac{1}{5}$）　❺（$\frac{1}{8}$）

★$\frac{\triangle}{\bigcirc}$は、○分の△です。読み方に なれて いきましょう。

2 色を ぬった ところは ぜんたいの 何分の何ですか。（1つ4点・20点）

れい（$\frac{2}{3}$）　❶（$\frac{3}{4}$）　❷（$\frac{5}{6}$）　❸（$\frac{3}{4}$）　❹（$\frac{3}{5}$）　❺（$\frac{5}{8}$）

3 色を ぬった ところは ぜんたいの 何分の何ですか。（1つ4点・8点）

❶（$\frac{5}{6}$）　❷（$\frac{5}{9}$）

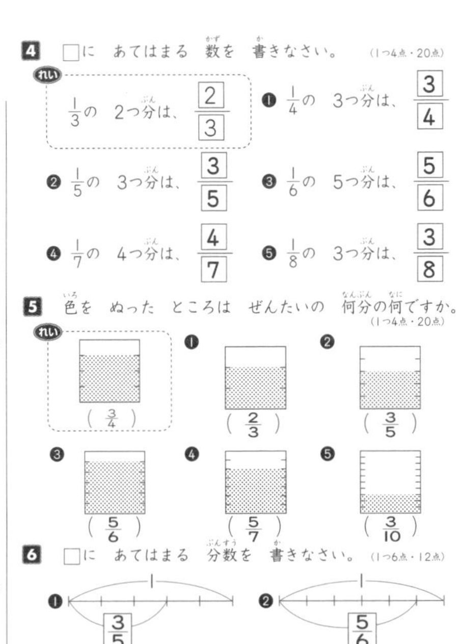

4 □に あてはまる 数を 書きなさい。（1つ4点・20点）

れい $\frac{1}{3}$の 2つ分は、$\frac{2}{3}$

❶ $\frac{1}{4}$の 3つ分は、$\frac{3}{4}$

❷ $\frac{1}{5}$の 3つ分は、$\frac{3}{5}$

❸ $\frac{1}{6}$の 5つ分は、$\frac{5}{6}$

❹ $\frac{1}{7}$の 4つ分は、$\frac{4}{7}$

❺ $\frac{1}{8}$の 3つ分は、$\frac{3}{8}$

5 色を ぬった ところは ぜんたいの 何分の何ですか。（1つ4点・20点）

れい（$\frac{3}{4}$）　❶（$\frac{2}{3}$）　❷（$\frac{3}{5}$）　❸（$\frac{5}{6}$）　❹（$\frac{5}{7}$）　❺（$\frac{3}{10}$）

6 □に あてはまる 分数を 書きなさい。（1つ6点・12点）

❶ $\frac{3}{5}$　❷ $\frac{5}{6}$

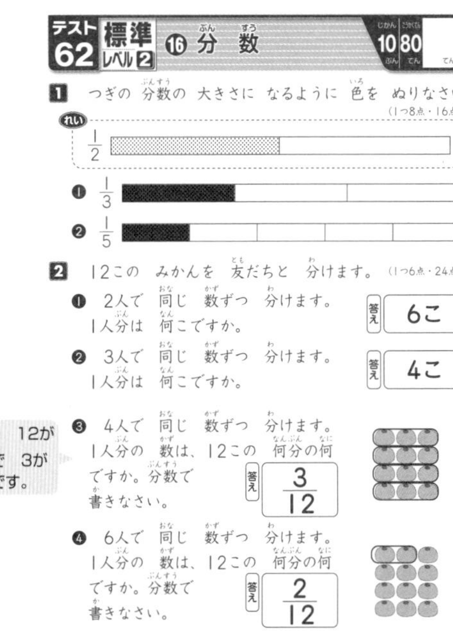

テスト62 標準 レベル2 ⑯ 分数 10分 80点

1 つぎの 分数の 大きさに なるように 色を ぬりなさい。（1つ8点・16点）

れい $\frac{1}{2}$　❶ $\frac{1}{3}$　❷ $\frac{1}{5}$

2 12この みかんを 友だちと 分けます。（1つ6点・24点）

❶ 2人で 同じ 数ずつ 分けます。1人分は 何こですか。　答え 6こ

❷ 3人で 同じ 数ずつ 分けます。1人分は 何こですか。　答え 4こ

❸ 4人で 同じ 数ずつ 分けます。1人分の 数は、12この 何分の何ですか。分数で 書きなさい。　答え $\frac{3}{12}$

❹ 6人で 同じ 数ずつ 分けます。1人分の 数は、12この 何分の何ですか。分数で 書きなさい。　答え $\frac{2}{12}$

★$\frac{3}{12}$の 12が 分母で 3が 分子です。

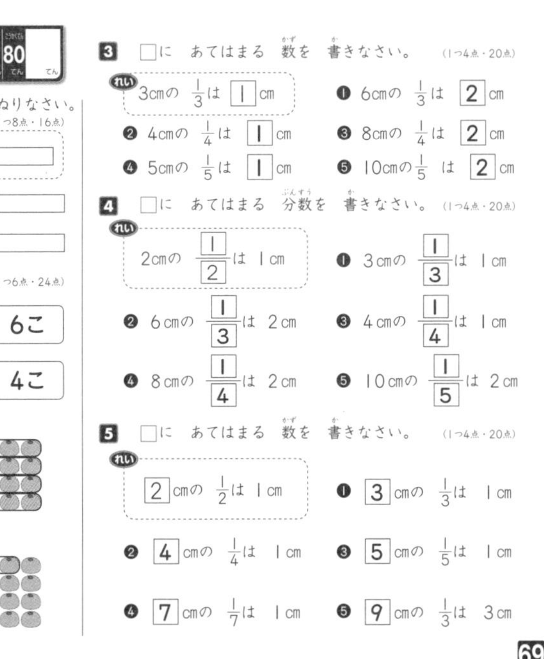

3 □に あてはまる 数を 書きなさい。（1つ4点・20点）

れい 3cmの $\frac{1}{3}$は 1cm

❶ 6cmの $\frac{1}{3}$は 2cm

❷ 4cmの $\frac{1}{4}$は 1cm

❸ 8cmの $\frac{1}{4}$は 2cm

❹ 5cmの $\frac{1}{5}$は 1cm

❺ 10cmの $\frac{1}{5}$は 2cm

4 □に あてはまる 分数を 書きなさい。（1つ4点・20点）

れい 2cmの $\frac{1}{2}$は 1cm

❶ 3cmの $\frac{1}{3}$は 1cm

❷ 6cmの $\frac{1}{3}$は 2cm

❸ 4cmの $\frac{1}{4}$は 1cm

❹ 8cmの $\frac{1}{4}$は 2cm

❺ 10cmの $\frac{1}{5}$は 2cm

5 □に あてはまる 数を 書きなさい。（1つ4点・20点）

れい 2cmの $\frac{1}{2}$は 1cm

❶ 3cmの $\frac{1}{3}$は 1cm

❷ 4cmの $\frac{1}{4}$は 1cm

❸ 5cmの $\frac{1}{5}$は 1cm

❹ 7cmの $\frac{1}{7}$は 1cm

❺ 9cmの $\frac{1}{3}$は 3cm

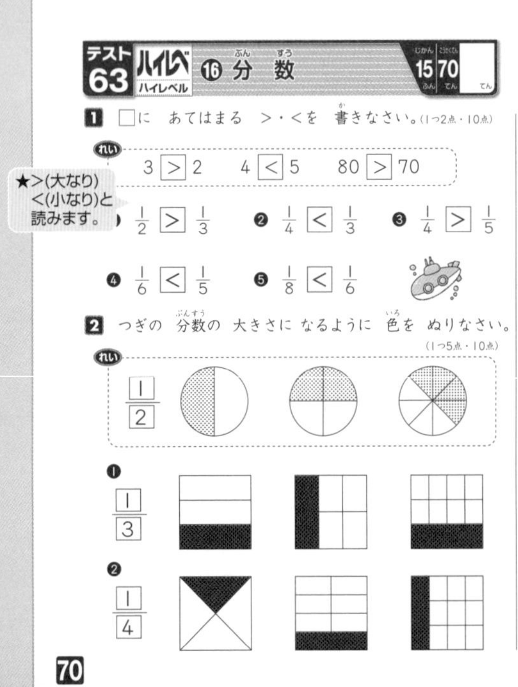

テスト63 ハイレベ ハイレベル ⑯ 分数 15分 70点

1 □に あてはまる ＞・＜を 書きなさい。（1つ2点・10点）

れい 3 ＞ 2　4 ＜ 5　80 ＞ 70

★＞(大なり) ＜(小なり)と 読みます。

❶ $\frac{1}{2}$ ＞ $\frac{1}{3}$　❷ $\frac{1}{4}$ ＜ $\frac{1}{3}$　❸ $\frac{1}{4}$ ＞ $\frac{1}{5}$

❹ $\frac{1}{6}$ ＜ $\frac{1}{5}$　❺ $\frac{1}{8}$ ＜ $\frac{1}{6}$

2 つぎの 分数の 大きさに なるように 色を ぬりなさい。（1つ5点・10点）

れい $\frac{1}{2}$

❶ $\frac{1}{3}$

❷ $\frac{1}{4}$

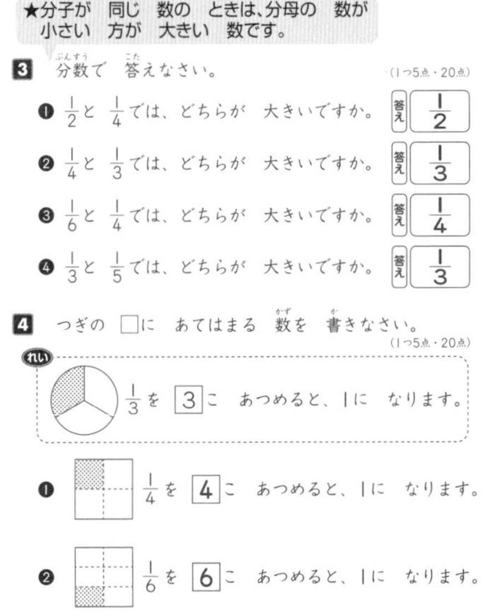

★分子が 同じ 数の ときは、分母の 数が 小さい 方が 大きい 数です。

3 分数で 答えなさい。（1つ5点・20点）

❶ $\frac{1}{2}$と $\frac{1}{4}$では、どちらが 大きいですか。　答え $\frac{1}{2}$

❷ $\frac{1}{4}$と $\frac{1}{3}$では、どちらが 大きいですか。　答え $\frac{1}{3}$

❸ $\frac{1}{6}$と $\frac{1}{4}$では、どちらが 大きいですか。　答え $\frac{1}{4}$

❹ $\frac{1}{3}$と $\frac{1}{5}$では、どちらが 大きいですか。　答え $\frac{1}{3}$

4 つぎの □に あてはまる 数を 書きなさい。（1つ5点・20点）

れい $\frac{1}{3}$を 3こ あつめると、1に なります。

❶ $\frac{1}{4}$を 4こ あつめると、1に なります。

❷ $\frac{1}{6}$を 6こ あつめると、1に なります。

❸ $\frac{1}{5}$を 5こ あつめると、1に なります。

❹ $\frac{1}{8}$を 8こ あつめると、1に なります。

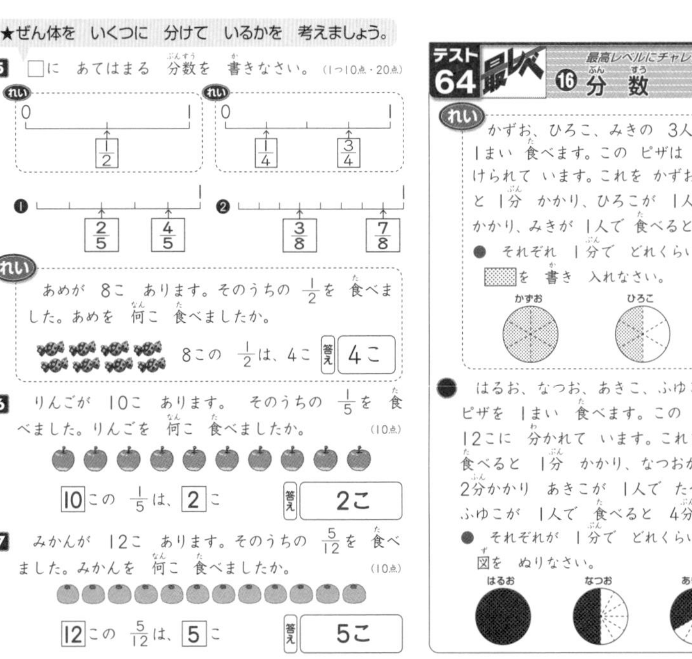

★ぜん体を いくつに 分けて いるかを 考えましょう。

5 □に あてはまる 分数を 書きなさい。（1つ10点・20点）

れい 0　$\frac{1}{2}$　　れい 0　$\frac{1}{4}$　$\frac{3}{4}$

❶ $\frac{2}{5}$　$\frac{4}{5}$　❷ $\frac{3}{8}$　$\frac{7}{8}$

れい あめが 8こ あります。そのうちの $\frac{1}{2}$を 食べました。あめを 何こ 食べましたか。

8この $\frac{1}{2}$は、4こ　答え 4こ

6 りんごが 10こ あります。そのうちの $\frac{1}{5}$を 食べました。りんごを 何こ 食べましたか。（10点）

10この $\frac{1}{5}$は、2こ　答え 2こ

7 みかんが 12こ あります。そのうちの $\frac{5}{12}$を 食べました。みかんを 何こ 食べましたか。（10点）

12この $\frac{5}{12}$は、5こ　答え 5こ

テスト64 最レベ 最高レベルにチャレンジ!! ⑯ 分数 10分 50点

れい かずお、ひろこ、みきの 3人が 小さい ピザを 1まい 食べます。この ピザは ちょうど 6つに 分けられて います。これを かずおが 1人で 食べると 1分 かかり、ひろこが 1人で 食べると 2分かかり、みきが 1人で 食べると 3分 かかります。

● それぞれ 1分で どれくらい 食べますか。図に ▒を 書き 入れなさい。

かずお　ひろこ　みき

● はるお、なつお、あきこ、ふゆこの 4人が 小さい ピザを 1まい 食べます。この ピザは ちょうど 12こに 分かれて います。これを はるおが 1人で 食べると 1分 かかり、なつおが 1人で 食べると 2分かかり あきこが 1人で たべると 3分 かかり ふゆこが 1人で 食べると 4分 かかります。

● それぞれが 1分で どれくらい 食べますか。図を ぬりなさい。（1つ25点・100点）

はるお　なつお　あきこ　ふゆこ

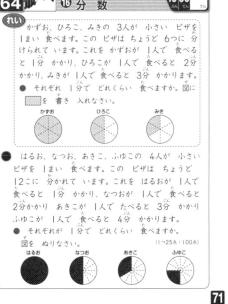

★ひっ算では　くり上がりの　数の　1を　書きましょう。

テスト65　標準レベル1　⑰ 4けたの たし算と ひき算4　じかん10ぷん　ごうかく80てん

1　3人で　ひまわりの　たねを　とりました。としおさんが　1088こ、けんじさんが　753こ、えりさんが　123こ　とりました。

❶　としおさんと　けんじさんは　合わせて　何こ　とりましたか。（15点）

しき　1088+753=1841

ひっ算：1088 + 753 = 1841

答え　1841こ

★ひっ算は　一の　くらいから　じゅんに　たして　いきます。

❷　としおさんと　けんじさんが　とった　たねを　合わせると、えりさんの　数より　何こ　多いですか。（15点）

しき　1841－123=1718

ひっ算：1841 － 123 = 1718

答え　1718こ

2　木に　なって　いる　みかんを　数えました。わたしは　524こ　数えました。お父さんは　726こ　数えました。2人で　みかんを　何こ　数えましたか。（10点）

しき　524+726=1250

ひっ算：524 + 726 = 1250

答え　1250こ

3　赤い　玉が　2265こ、黒い　玉が　3227こ　あります。白い　玉は　黒い　玉より　828こ　多いです。

❶　赤い　玉と　黒い　玉は、合わせて　何こ　ありますか。（10点）

しき　2265+3227=5492

ひっ算：2265 + 3227 = 5492

答え　5492こ

❷　白い　玉は　何こ　ありますか。（10点）

しき　3227+828=4055

ひっ算：3227 + 828 = 4055

答え　4055こ

❸　玉は　ぜんぶで　何こ　ありますか。（10点）

しき　5492+4055=9547

ひっ算：5492 + 4055 = 9547

答え　9547こ

4　北町の　人口は　5678人で、南町の　人口は　6723人です。東町の　人口は　3087人です。（1つ15点・30点）

❶　北町と　東町の　人口を　合わせると　何人ですか。

しき　5678+3087=8765

ひっ算：5678 + 3087 = 8765

答え　8765人

❷　南町と　北町の　人口は　何人ちがいますか。

しき　6723－5678=1045

ひっ算：6723 － 5678 = 1045

答え　1045人

★ひっ算では　くり下がった　あとの　数を　書いて　おきましょう。

テスト66　標準レベル2　⑰ 4けたの たし算と ひき算4　じかん10ぷん　ごうかく80てん

れい　あゆみさんの　お父さんは、8320円の　かばんを　買って　9000円を　はらいました。おつりは　いくらでしたか。

しき　9000－8320=680

ひっ算：9000 － 8320 = 680

答え　680円

★あん算が　できる　人も　ひっ算で　たしかめましょう。

1　さとるさんの　お母さんは、7468円の　ふくを　買って　8000円を　はらいました。おつりは　いくらでしたか。（20点）

しき　8000－7468=532

ひっ算：8000 － 7468 = 532

答え　532円

2　みかさんの　ちょ金は　2230円です。お姉さんは　それより　790円　多いです。お姉さんの　ちょ金は　いくらですか。（20点）

しき　2230+790=3020

ひっ算：2230 + 790 = 3020

答え　3020円

れい　大きな　公園に　女の子が　1885人　います。男の子は　女の子より　147人　多い　そうです。子どもは　みんなで　何人　いますか。

しき　男の子の　数は　1885 + 147 = 2032

ぜんぶで　1885 + 2032 = 3917

ひっ算：1885 + 147 = 2032　／　1885 + 2032 = 3917

答え　3917人

3　わたしの　くつは　1250円で、妹の　くつは　それより　370円　やすい　そうです。2人の　くつの　ねだんを　合わせると　何円ですか。（30点）

しき　1250－370=880
1250+880=2130

ひっ算：1250 － 370 = 880　／　1250 + 880 = 2130

答え　2130円

★2つの　しきを　たてましょう。

4　えんぴつが　1600本　あります。769人の　子どもたちに　2本　ずつ　くばろうと　思います。えんぴつは　何本　のこりますか。（30点）

しき　769+769=1538
1600－1538=62

ひっ算：769 + 769 = 1538　／　1600 － 1538 = 62

答え　62本

テスト67　ハイレベル　⑰ 4けたの たし算と ひき算4　じかん15ぷん　ごうかく70てん

れい　みかんが　赤い　はこに　2316こ、白い　はこに　1685こ、青い　はこに　1827こ　あります。みかんは　ぜんぶで　何こ　ありますか。

しき　3つの　はこの　みかんを　合わせる
2316 + 1685 + 1827 = 5828

ひっ算：2316 + 1685 + 1827 = 5828

答え　5828こ

1　東町に　すんで　いる　人は　3416人、中町は　4235人、西町は　1694人です。3つの　町を　合わせると、何人ですか。（20点）

しき　3416+4235+1694=9345

ひっ算：3416 + 4235 + 1694 = 9345

答え　9345人

★しきを　2つに　分けて　計算しても　よいです。

2　兄弟3人で　1780円ずつ　出し合って、お母さんの　プレゼントを　買うことに　なりました。お金は　いくら　集まりましたか。（20点）

しき　1780+1780+1780=5340

ひっ算：1780 + 1780 + 1780 = 5340

答え　5340円

★ひっ算で　3つの　数を　たすときは　くり上がりの　数が　2に　なる　ときが　あります。

れい　3000人が　マラソンを　して　います。ひろみさんは　前から　1100番目を　走って　いましたが、251人を　ぬきました。ひろみさんは　後ろから　何番目ですか。

前から　何番目 → 後ろに　何人いる → 後ろから　何番目　と　考えましょう。

しき　251人　ぬいたから
1100 － 251 = 849
後ろに　いる人は
3000 － 849 = 2151
後ろから　何番目（後ろにいる　人数の　つぎ）
2151 + 1 = 2152

ひっ算：1100 － 251 = 849　／　3000 － 849 = 2151

答え　2152番目

3　5000人が　マラソンを　して　います。めぐみさんは　前から　1500番目を　走って　いましたが、356人に　ぬかれて　しまいました。めぐみさんは　後ろから　何番目ですか。（20点）

★ぬかれた　ときは　たし算です。

しき
1500+356=1856…前から1856番目
5000－1856=3144…後ろに　いる人
3144+1=3145…

ひっ算：1500 + 356 = 1856　／　5000 － 1856 = 3144

答え　3145番目

れい　色紙が　2000まい　あります。870人の　女の子たちに　1人　2まい　ずつ　くばりました。色紙は　何まい　のこりましたか。

870人に　2まい　ずつ　くばったから

しき　くばった　数は
870 + 870 = 1740
のこった　数は
2000 － 1740 = 260

ひっ算：870 + 870 = 1740　／　2000 － 1740 = 260

答え　260まい

4　カードが　5000まい　あります。1230人の　男の子たちに　1人　2まいずつ　くばりました。カードは　何まい　のこりましたか。（20点）

しき　1230+1230=2460
5000－2460=2540

ひっ算：1230 + 1230 = 2460　／　5000 － 2460 = 2540

答え　2540まい

5　画用紙が　7000まい　あります。2290人の　子どもたちに　1人　3まいずつ　くばりました。画用紙は　何まい　のこりましたか。（20点）

しき　2290+2290+2290=6870
7000－6870=130

ひっ算：2290 + 2290 + 2290 = 6870　／　7000 － 6870 = 130

答え　130まい

テスト68　最レベ　最高レベルにチャレンジ!!　⑰ 4けたの たし算と ひき算4　じかん10ぷん　ごうかく50てん

ももかさんは　3000円を　もって、ひろみさんは　何円か　もって　買いものに　行きました。ももかさんは　1650円の　かばんを　買い、ひろみさんは　1300円の　ぼうしを　買ったので、ももかさんの　のこりの　お金は、ひろみさんの　のこりの　お金の　ちょうど　半分に　なりました。

❶　ももかさんの　のこりの　お金は　何円ですか。（50点）

しき　3000－1650=1350

ひっ算：3000 － 1650 = 1350

答え　1350円

❷　ひろみさんは　はじめに　お金を　何円　もって　いますか。（50点）

しき　ひろみさんの　のこりの　お金は
1350+1350=2700
2700+1300=4000

ひっ算：1350 + 1350 = 2700　／　2700 + 1300 = 4000

答え　4000円

★ひろみさんが　はじめに　もって　いた　お金は、ももかさんの　のこりの　お金の　2つ分と　ぼうしの　ねだんを　たした　金がくです。

テスト69 標準 レベル1 ⑱ 10000までの 数（くらいどり） 10ぷん 80てん

1 『9473』の　数に　ついて　答えなさい。（1つ10点・30点）

❶ 『3』は　何の　くらいですか。　答え　一の くらい

❷ 『4』は　何の　くらいですか。　答え　百の くらい

❸ 千の　くらいの　数字を　答えなさい。　答え　9

2 □に　あてはまる　数を　書きなさい。（1つ10点・30点）

❶ 1000を　2こ、100を　3こ、10を　8こ、1を9こ　合わせた　数は、2389　です。

❷ 千の　くらいの　数字と　百の　くらいの　数字を入れかえると、9423に　なりました。もとの　数は、4923　です。

❸ 8050は、100が　80　こと　50です。

★8050から　50を　ひいた　のこりの　8000を100で　分けましょう!!

3 つぎの　数に　ついて　答えなさい。（1つ10点・30点）

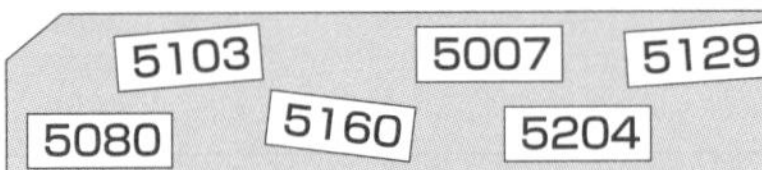

❶ いちばん　大きい　数を　書きなさい。　答え　5204

★「百の　くらい」で　くらべましょう。

❷ 5016より　大きく　5106より　小さい　数を　ぜんぶ　書きなさい。　答え　5080，5103

❸ 十の　くらいの　数字が、百の　くらいの　数字より大きい　数は、何こ　ありますか。

5080，5160，5129　答え　3こ

4 お父さんの　さいふの　中には、五千円さつが　1まいと、千円さつが　4まいと、五百円玉が　1まい　入っています。ぜんぶで　何円　入って　いますか。（10点）

しき　5000+4000+500=9500

答え　9500円

テスト70 標準 レベル2 ⑱ 10000までの 数（くらいどり） 10ぷん 80てん

1 □に　あてはまる　数を　書きなさい。（1つ5点・25点）

❶ 一の　くらいが　4、十のくらいが　2、百のくらいが　8、千の　くらいが　1の　数は　1824　です。

❷ 100を　27こ　あわせた　数は、2700　です。

❸ 5678は　1000を　5　こ、100を　6　こ、10を　7　こ、1を　8　こ　あわせた　数です。

❹ 10000は、500を　10こと　10　を　500こあわせた　数です。

❺ 1000を　7こ、100を　1こ、10を　5こ、1を2こ　あわせた　数は、7152　です。

2 つぎの　かん数字を　数字で　書きなさい。（1つ5点・15点）

❶ 千二百三　答え　1203

❷ 四千三百十五　答え　4315

❸ 六千八百四十二　答え　6842

★□□□□の　空いている　4つの　くらいに数を　入れます。（千 百 十 一）

★くらいどりを　して　声に　出して　読んで　みましょう。

3 つぎの　数字を　かん数字で　書きなさい。（1つ10点・40点）

❶ 1745　答え　千七百四十五

❷ 3504　答え　三千五百四

❸ 6732　答え　六千七百三十二

❹ 8009　答え　八千九

4 東町の　子どもの　数は、西町より　130人　少なく、西町は　800人より　20人　多い　そうです。東町の子どもの　数は　何人ですか。（10点）

しき
西町の　子どもの　数
800+20=820
東町の　子どもの　数
820－130=690

答え　690人

ひっ算

	7 8	2	0
−	1	3	0
	6	9	0

5 わたしは　5000円、お姉さんも　5000円　もっています。2人の　お金を　いっしょに　して、6000円の本を　買うと　のこりは　いくらですか。（10点）

しき
5000+5000=10000
10000－6000=4000

答え　4000円

★このような　計算は　ひっ算を　しなくても　よいです。

テスト71 ハイレベ ハイレベル ⑱ 10000までの 数（くらいどり） 15ぷん 70てん

1 同じ　数に　なるものを　――で　つなぎなさい。（1つ6点・18点）

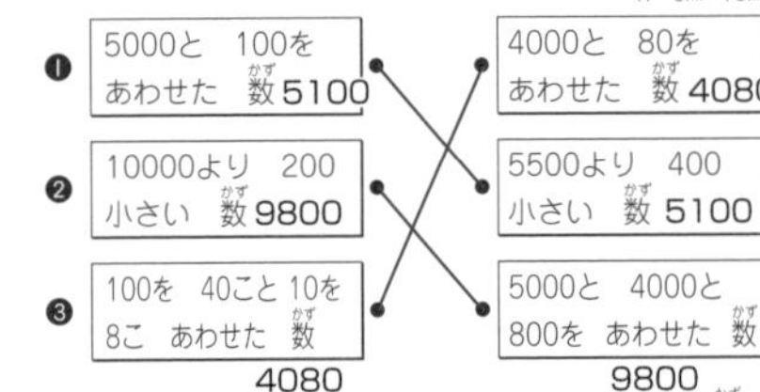

2 つぎの　4つの　カードを　ならべて、4けたの　数をつくります。小さい　じゅんに　3つ　書きなさい。（1つ6点・12点）

❶ 0　5　4　7

答え　4057 ➡ 4075 ➡ 4507

❷ 2　6　3　8

答え　2368 ➡ 2386 ➡ 2638

★千の　くらいに　小さい　数を　つかいますが、0は　つかえません。

★>(大なり)、<(小なり)と　読みます。

3 □に　入る　0～9までの　数を　ぜんぶ　書きなさい。（1つ5点・10点）

❶ □805＞7637　答え　7，8，9

❷ 3480＞3□80　答え　3，2，1，0

4 □に　数を　書きなさい。（1つ5点・10点）

❶ 4750―4850―4950―5050―5150

❷ 9050―8900―8750―8600―8450

5 下の　カードの　うち　4まいを　つかって、4けたの　数を　つくります。（1つ5点・20点）

1　7　9　0　8

❶ いちばん　大きい　数は　何ですか。　答え　9871

❷ いちばん　小さい　数は　何ですか。　答え　1078

❸ 上の　カードを　つかって　十の　くらいが　1、百の　くらいが　9に　なる　数を　ぜんぶ　書きなさい。

答え　7910，7918，8910，8917

❹ 8000に　いちばん　近い　数を　書きなさい。　答え　8017

★千の　くらいに　0が　入る　ことは　ありません。

★「～より」は　その　数は　入りません。

6 あてはまる　数　ぜんぶに　○を　つけなさい。（1つ6点・12点）

❶ 3000より　小さい　数

❷ 8650より　大きく　9050より　小さい　数

7 下の　6まいの　カードの　中から　4まいを　つかって、4けたの　数を　つくります。（1つ6点・18点）

❶ いちばん　大きい　数は　いくつですか。　答え　9854

❷ 5番目に　小さい　数は　いくつですか。　答え　1058

1045－1048－1049－1054－1058

❸ 5000に　もっとも　近い　数は　いくつですか。　答え　5014

★5014と　4985は、どちらが　5000に　近いでしょうか。

テスト72 最レベ 最高レベルにチャレンジ!! ⑱ 10000までの 数（くらいどり） 10ぷん 60てん

● おもてと　うらに　数字を　書いた　カードが　4まい　あります。うらの　数字は　おもての　数字より2小さい　数で、この　4まいを　ならべて、4けたの数を　作ります。おもてと　うらは　同時には　つかえません。

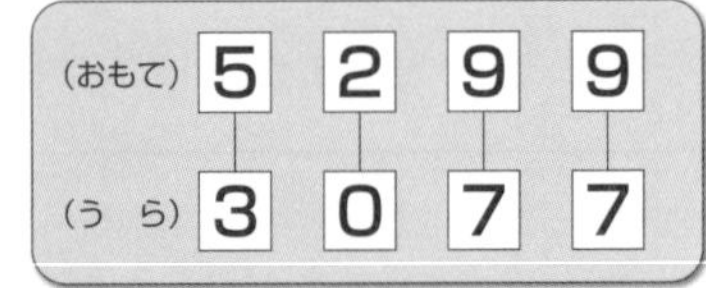

❶ いちばん　大きい　数は　いくつですか。（30点）　答え　9952

★うらの　数が　つかえない　ことに　気を　つけましょう。

❷ いちばん　小さい　数は　いくつですか。（30点）　答え　2377

★千の　くらいに　0は　つかえません。

❸ 3700より　大きく　3750より　小さい　数をぜんぶ　書きなさい。（40点）

答え　3707，3709，3727，3729

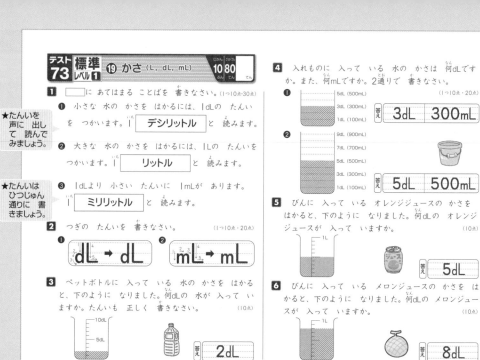

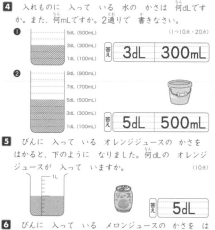

〈きりとり線〉

テスト73 標準レベル1 ⑲ かさ（L, dL, mL）

じかん 10ぷん ごうかく 80てん

1 □に あてはまる ことばを 書きなさい。（1つ10点・30点）

❶ 小さな 水の かさを はかるには、1dLの たんいを つかいます。1［デシリットル］と 読みます。

❷ 大きな 水の かさを はかるには、1Lの たんいを つかいます。1［リットル］と 読みます。

❸ 1dLより 小さい たんいに 1mLが あります。1［ミリリットル］と 読みます。

★たんいを 声に 出して 読んでみましょう。

★たんいは ひつじゅん通りに 書きましょう。

2 つぎの たんいを 書きなさい。（1つ10点・20点）

❶ dL → dL　❷ mL → mL

3 ペットボトルに 入って いる 水の かさを はかると、下のように なりました。何dLの 水が 入って いますか。たんいも 正しく 書きなさい。（10点）

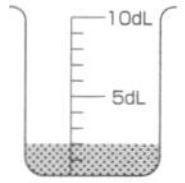

10dL　5dL

答え 2dL

4 入れものに 入って いる 水の かさは 何dLですか。また、何mLですか。2通りで 書きなさい。（1つ10点・20点）

❶ 5dL (500mL)　3dL (300mL)　1dL (100mL)

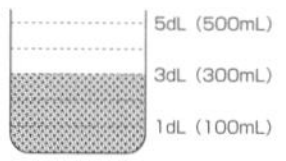

答え 3dL　300mL

❷ 9dL (900mL)　7dL (700mL)　5dL (500mL)　3dL (300mL)　1dL (100mL)

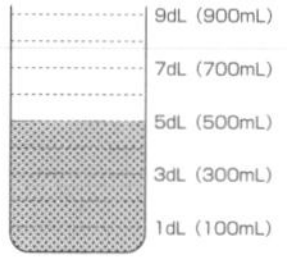

答え 5dL　500mL

5 びんに 入って いる オレンジジュースの かさを はかると、下のように なりました。何dLの オレンジジュースが 入って いますか。（10点）

1L

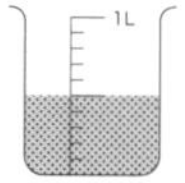

答え 5dL

6 びんに 入って いる メロンジュースの かさを はかると、下のように なりました。何dLの メロンジュースが 入って いますか。（10点）

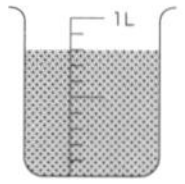

1L

答え 8dL

80

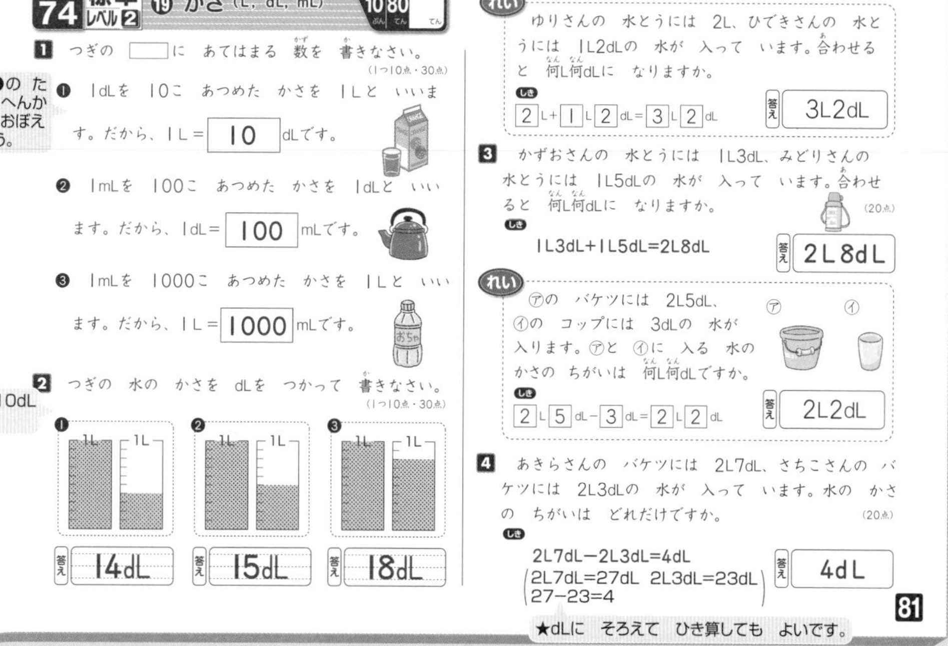

テスト74 標準レベル2 ⑲ かさ（L, dL, mL）

じかん 10ぷん ごうかく 80てん

1 つぎの □に あてはまる 数を 書きなさい。（1つ10点・30点）

❶ 1dLを 10こ あつめた かさを 1Lと いいます。だから、1L=［10］dLです。

❷ 1mLを 100こ あつめた かさを 1dLと いいます。だから、1dL=［100］mLです。

❸ 1mLを 1000こ あつめた かさを 1Lと いいます。だから、1L=［1000］mLです。

★❶❷❸の たんい へんかんを おぼえましょう。

2 つぎの 水の かさを dLを つかって 書きなさい。（1つ10点・30点）

❶ 1L　1L　答え 14dL　❷ 1L　1L　答え 15dL　❸ 1L　1L　答え 18dL

★1L=10dLです。

れい　ゆりさんの 水とうには 2L、ひできさんの 水とうには 1L2dLの 水が 入って います。合わせると 何L何dLに なりますか。

しき 2L+1L2dL=3L2dL　答え 3L2dL

3 かずおさんの 水とうには 1L3dL、みどりさんの 水とうには 1L5dLの 水が 入って います。合わせると 何L何dLに なりますか。（20点）

しき 1L3dL+1L5dL=2L8dL　答え 2L8dL

れい　㋐の バケツには 2L5dL、㋑の コップには 3dLの 水が 入ります。㋐と ㋑に 入る 水の かさの ちがいは 何L何dLですか。

しき 2L5dL−3dL=2L2dL　答え 2L2dL

4 あきらさんの バケツには 2L7dL、さちこさんの バケツには 2L3dLの 水が 入って います。水の かさの ちがいは どれだけですか。（20点）

しき 2L7dL−2L3dL=4dL

（2L7dL=27dL　2L3dL=23dL
27−23=4）

答え 4dL

★dLに そろえて ひき算しても よいです。

81

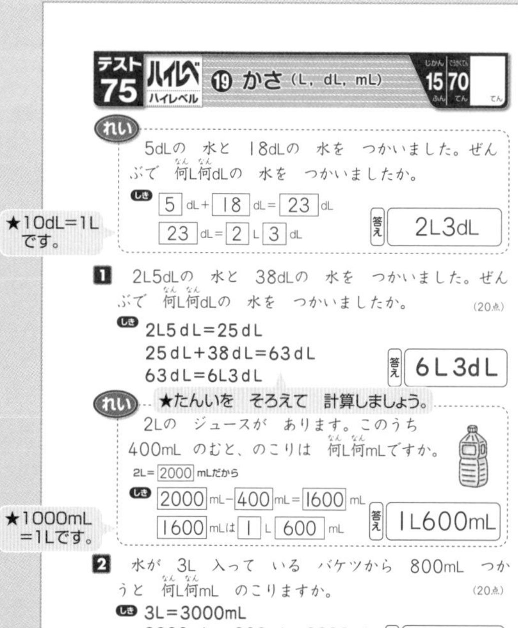

テスト75 ハイレベル ⑲ かさ（L, dL, mL）

じかん 15ぷん ごうかく 70てん

れい　5dLの 水と 18dLの 水を つかいました。ぜんぶで 何L何dLの 水を つかいましたか。

しき 5dL+18dL=23dL
23dL=2L3dL

答え 2L3dL

★10dL=1Lです。

1 2L5dLの 水と 38dLの 水を つかいました。ぜんぶで 何L何dLの 水を つかいましたか。（20点）

しき 2L5dL=25dL
25dL+38dL=63dL
63dL=6L3dL

答え 6L3dL

★たんいを そろえて 計算しましょう。

れい　2Lの ジュースが あります。このうち 400mL のむと、のこりは 何L何mLですか。

2L=2000mLだから

しき 2000mL−400mL=1600mL
1600mLは 1L600mL

答え 1L600mL

★1000mL=1Lです。

2 水が 3L 入って いる バケツから 800mL つかうと 何L何mL のこりますか。（20点）

しき 3L=3000mL
3000mL − 800mL=2200mL
2200mL=2L200mL

答え 2L200mL

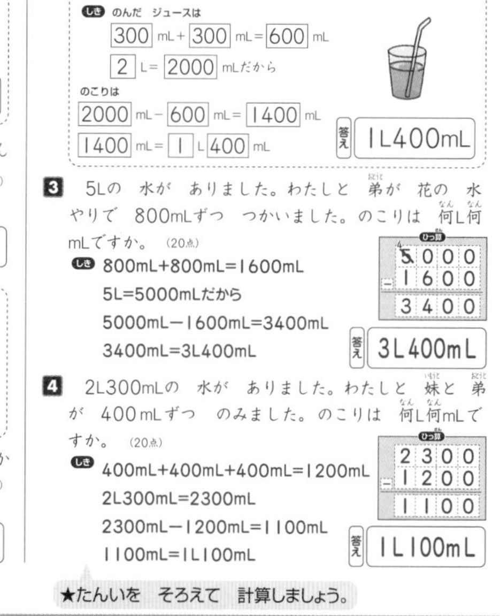

れい　2Lの ジュースが ありました。わたしと 妹で 300mLずつ のみました。のこりは 何L何mLですか。

しき のんだ ジュースは 300mL+300mL=600mL
2L=2000mLだから

のこりは 2000mL−600mL=1400mL
1400mL=1L400mL

答え 1L400mL

3 5Lの 水が ありました。わたしと 弟が 花の 水やりで 800mLずつ つかいました。のこりは 何L何mLですか。（20点）

しき 800mL+800mL=1600mL
5L=5000mLだから
5000mL−1600mL=3400mL
3400mL=3L400mL

ひっ算 5000 − 1600 = 3400

答え 3L400mL

4 2L300mLの 水が ありました。わたしと 妹と 弟が 400mLずつ のみました。のこりは 何L何mLですか。（20点）

しき 400mL+400mL+400mL=1200mL
2L300mL=2300mL
2300mL−1200mL=1100mL
1100mL=1L100mL

ひっ算 2300 − 1200 = 1100

答え 1L100mL

★たんいを そろえて 計算しましょう。

82

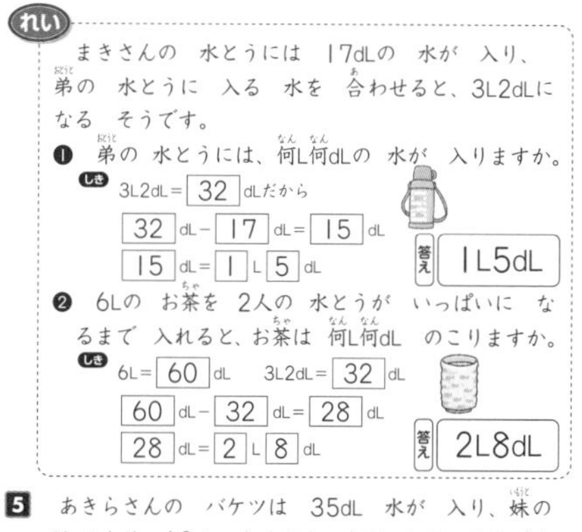

れい　まきさんの 水とうには 17dLの 水が 入り、弟の 水とうに 入る 水を 合わせると、3L2dLに なる そうです。

❶ 弟の 水とうには、何L何dLの 水が 入りますか。

しき 3L2dL=32dLだから
32dL−17dL=15dL
15dL=1L5dL

答え 1L5dL

❷ 6Lの お茶を 2人の 水とうが いっぱいに なるまで 入れると、お茶は 何L何dL のこりますか。

しき 6L=60dL　3L2dL=32dL
60dL−32dL=28dL
28dL=2L8dL

答え 2L8dL

5 あきらさんの バケツは 35dL 水が 入り、妹の バケツより 12dL たくさん 水が 入る そうです。水が 8L 入って いる タンクから 2人の バケツが いっぱいに なるまで 水を 入れると、タンクの 水の のこりは 何L何dLに なりますか。（20点）

35dL − 12dL=23dL…妹の バケツに 入る かさ
35dL+23dL=58dL…2人のバケツ 入る かさ
8L=80dL だから
80dL − 58dL=22dL
22dL=2L2dL

ひっ算 80 − 58 = 22

答え 2L2dL

★22dL=2L2dLの ような たんいを へんかんする しきは、かならず 書きましょう。

テスト76 最レベ 最高レベルにチャレンジ!! ⑲ かさ（L,dL,mL）

じかん 10ぷん ごうかく 50てん

れい　水そうに 4Lの 水が 入って います。その 水そうの 上から 1分間に 300mLの 水を 入れ、同時に 下から 1分間に 8dLの 水を ぬいて いきます。3分後に、水そうの 水は 何L何mLに なりますか。

しき (1分間に 入る 水)…300mL (出る 水)…8dL=800mL
800mL−300mL=500mL…(1分間に へる 水)
(3分間では)500mL+500mL+500mL=1500mL へる
4L=4000mL　4000mL−1500mL=2500mL
2500mL=2L500mL

答え 2L500mL

★1分間に 水が へっていく 数を 計算します。

● 水そうに 5Lの 水が 入って います。その 水そうの 上から 1分間に 200mLの 水を 入れ、同時に 下から 1分間に 9dLの 水を ぬいて いきます。5分後には、水そうの 水は 何L何mLに なりますか。（100点）（とちゅうまで…50点）

1分間に 入れる水 200mL　1分間に 出る水 9dL=900mL
900mL−200mL=700mL…1分間に へる 水
5分間では 700mL+700mL+700mL+700mL+700mL=3500mL
5分後の 水そうの 水は 5L=5000mL
5000mL−3500mL=1500mL
1500mL=1L500mL

答え 1L500mL

83

★言葉どおりに しきを 作りましょう。

テスト77 標準 レベル1 ⑳ ( )や=の ある しき

じかん 10ぷん ごうかくてん 80てん てん

1 =を つかった 1つの しきを 作りなさい。(1つ10点・20点)

れい 25から 4を ひいた 数は、10より 11大きい 数です。

しき 25−4=10+11

❶ 63に 9を たした 数は、78から 6を ひいた 数と 同じです。

しき 63+9=78−6

❷ 158から 29を ひいた 数は、100に 29を たした 数と 同じです。

しき 158−29=100+29

2 =を つかった 1つの しきを 作りなさい。
あきらさんは 80円の りんごを 1こ 買って 100円はらうと 20円 おつりを もらいました。(20点)

しき 100−80=20

★( )の 中を 先に 計算します。それを つかって しきを 作りましょう。

3 ( )や =を つかった 1つの しきを 作りなさい。(1つ20点・40点)

れい 4と3を たした 数を 7ばい すると、49に なります。

しき (4+3)×7=49

❶ 8から 6を ひいた 数を 9ばい すると、18に なります。

しき (8−6)×9=18

❷ 7と 1の ちがいの 数を 5ばい すると、30に なります。

しき (7−1)×5=30

4 ( )や =を つかった 1つの しきを 作りなさい。
みどりさんは 色紙を 35まい もっていました。弟に 20まい、妹に 10まい あげたので、のこりは 5まいに なりました。(20点)

★あげた 数を ( )の しきに しましょう。

しき 35−(20+10)=5

テスト78 標準 レベル2 ⑳ ( )や=の ある しき

じかん 10ぷん ごうかくてん 80てん てん

れい ともみさんは 270円 ちょ金して いました。今週と 来週で 50円ずつ つかう つもりです。ともみさんの ちょ金は、何円に なりますか。つかうお金に ( )を つかった 1つの しきを 作って 答えなさい。

しき 270−(50+50)
=270−100
=170

答え 170円

1 180円の りんごと 130円の みかんを 1こずつ 買って、500円 はらいました。おつりは いくらですか。( )を つかった 1つの しきを 作って 答えなさい。(20点)

しき 500−(180+130)
=500−310
=190

答え 190円

2 9円の あめを 5こ 買うと、あめの ねだんを 1こにつき 1円 やすく してくれました。いくら はらえば よいですか。( )を つかった 1つの しきを 作って 答えなさい。(20点)

しき (9−1)×5
=8×5
=40

答え 40円

★あめ 1この ねだんが 「かけられる 数」です。

★どこを ( )の しきに するのかを よく 考えましょう。

3 さくらさんは 1まい 10円の 色紙を 4まい 買いました。お店の 人が 1まいにつき 2円 やすく して くれました。さくらさんは いくら はらいましたか。( )を つかった 1つの しきを 作って 答えなさい。(20点)

しき (10−2)×4
=8×4
=32

答え 32円

4 やすこさんは おはじきを 250こ もって います。妹と 弟に 80こずつ あげます。のこりは 何こに なりますか。( )を つかった 1つの しきを 作って 答えなさい。(20点)

しき 250−(80+80)
=250−160
=90

答え 90こ

5 えりさんの 学校の 男の子は 195人で 女の子より 17人 少ない そうです。えりさんの 学校の 子どもは みんなで 何人 いますか。( )を つかった 1つの しきを 作って 答えなさい。(20点)

しき 195+(195+17)
=195+212
=407

答え 407人

★女の子の 数を ( )の しきに しましょう。

テスト79 ハイレベ ハイレベル ⑳ ( )や=の ある しき

じかん 15ぷん ごうかくてん 70てん てん

れい 1まい 3円の 色紙を 4まいと、1まい 8円の 画用紙を 6まい 買って 100円 はらいました。おつりは いくらですか。( )を つかった 1つの しきを 作って 答えなさい。

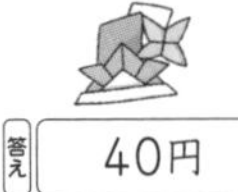

しき 100−(3×4+8×6)
=100−(12+48)
=100−60
=40

答え 40円

★( )の 中も かけ算を 先に 計算しましょう。

1 1こ 4円の ビー玉を 8こと、1こ 7円の おはじきを 9こ 買って、100円 はらいました。おつりは いくらですか。( )を つかった 1つの しきを 作って 答えなさい。(10点)

しき 100−(4×8+7×9)
=100−(32+63)
=100−95
=5

答え 5円

2 3人の 男の子と 5人の 女の子に みかんを 6こずつ くばろうと すると、3こ たりませんでした。みかんは ぜんぶで 何こ ありますか。( )を つかった 1つの しきを 作って 答えなさい。(10点)

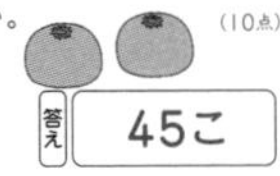

しき 6×(3+5)−3
=6×8−3
=48−3
=45

答え 45こ

★かけ算の 「かける 数」と 「かけられる 数」に 気を つけましょう。

★すべての 数から つかった 数を ひきましょう。

3 石けんが 6こずつ 入って いる はこが 5はこ あります。そのうち 2はこ つかいました。石けんは あと 何こ のこって いますか。( )を つかった 1つの しきを 作って 答えなさい。(10点)

しき 6×(5−2)
=6×3
=18

答え 18こ

4 子どもが 40人います。4人がけの いすが 3きゃくと、6人がけの いすが 4きゃく あります。すわれない 人は 何人ですか。( )を つかった 1つの しきを 作って 答えなさい。(15点)

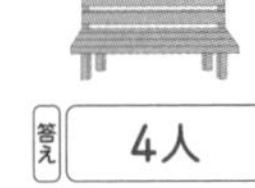

しき 40−(4×3+6×4)
=40−(12+24)
=40−36
=4

答え 4人

5 1mの リボンから 5cmの リボンを 6本と、8cmの リボンを 6本 切りました。リボンは 何cm のこって いますか。( )を つかった 1つの しきを 作って 答えなさい。(15点)

しき 100−(5×6+8×6)
=100−(30+48)
=100−78
=22

答え 22cm

★cmに たんいを そろえて 計算しましょう。

★かけ算の 「かける 数」と 「かけられる 数」に 気を つけましょう。

6 5円の あめを 3こと、6円の キャラメルを 5こと、8円の ガムを 4こ 買って、100円 はらいました。おつりは 何円ですか。( )を つかった 1つの しきを 作って 答えなさい。(20点)

しき 100−(5×3+6×5+8×4)
=100−(15+30+32)
=100−77
=23

答え 23円

7 みかんが 6こ 入った はこが 5はこと、りんごが 3こ 入った はこが 5はこ あります。

❶ みかんと りんごでは、どちらが 何こ 多いですか。( )を つかった 1つの しきを 作って 答えなさい。(10点)

★多い 方から 少ない 方を ひきましょう。

しき (6−3)×5
=3×5
=15

答え (みかん)が (15)こ 多い。

❷ みかんと りんごを 合わせると ぜんぶで 何こ ありますか。( )を つかった 1つの しきを 作って 答えなさい。(10点)

しき (6+3)×5
=9×5
=45

答え 45こ

テスト80 最レベ 最高レベルにチャレンジ!! ⑳ ( )や=の ある しき

じかん 10ぷん ごうかくてん 50てん てん

● 1まい 8円の 画用紙と、1まい 6円の 色紙を 買おうと 思います。どちらも 5まいより たくさん 買ったときは 5まいより 多い 分だけ 1まいにつき 2円 やすく なります。( )を つかった 1つの しきを 作って 答えなさい。

❶ 画用紙を 7まい 買うと、代金は いくらに なりますか。(50点)

しき 8×5+(8−2)×(7−5)
=40+6×2
=40+12
=52

答え 52円

★( )の ところを 先に 計算します。

❷ どちらも 9まいずつ 買うと、代金は ぜんぶで いくらに なりますか。(50点)

しき 8×5+(8−2)×(9−5)+6×5+(6−2)×(9−5)
=40+6×4+30+4×4
=40+24+30+16
=110

答え 110円

★( )を つかったときも かけ算の 「かける 数」と 「かけられる 数」に 気を つけて しきを たてましょう。

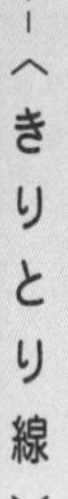

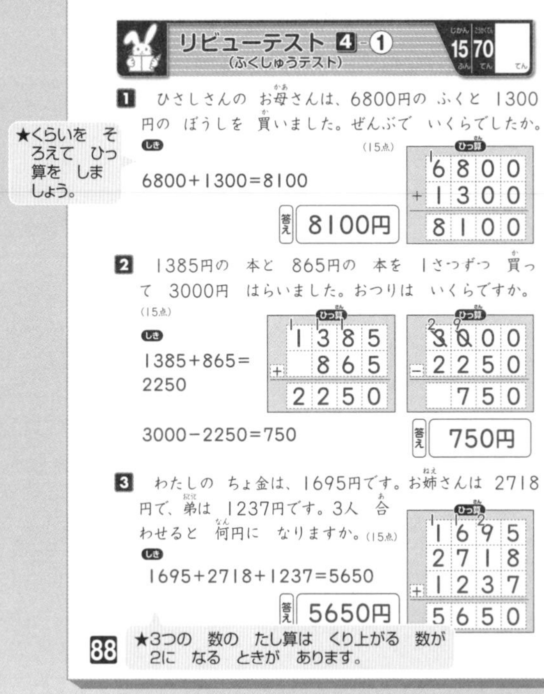

リビューテスト 4 ①（ふくしゅうテスト）

じかん 15ふん　ごうかく 70てん

★くらいを そろえて ひっ算を しましょう。

1 ひさしさんの お母さんは、6800円の ふくと 1300円の ぼうしを 買いました。ぜんぶで いくらでしたか。（15点）

しき　6800+1300=8100

ひっ算

	6	8	0	0
+	1	3	0	0
	8	1	0	0

答え　8100円

2 1385円の 本と 865円の 本を 1さつずつ 買って 3000円 はらいました。おつりは いくらですか。（15点）

しき　1385+865=2250
3000−2250=750

ひっ算

	1	3	8	5
+		8	6	5
	2	2	5	0

	3	0	0	0
−	2	2	5	0
		7	5	0

答え　750円

3 わたしの ちょ金は、1695円です。お姉さんは 2718円で、弟は 1237円です。3人 合わせると 何円に なりますか。（15点）

しき　1695+2718+1237=5650

ひっ算

	1	6	9	5
	2	7	1	8
+	1	2	3	7
	5	6	5	0

答え　5650円

★3つの 数の たし算は くり上がる 数が 2に なる ときが あります。

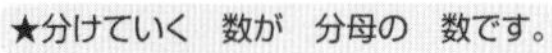

★分けていく 数が 分母の 数です。

4 つぎの 分数の 大きさに なるように 図に 色を ぬりなさい。（1つ5点・20点）

❶ $\frac{1}{3}$　❷ $\frac{1}{4}$

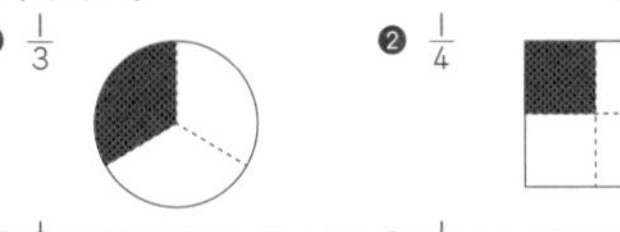

❸ $\frac{1}{6}$　❹ $\frac{1}{8}$

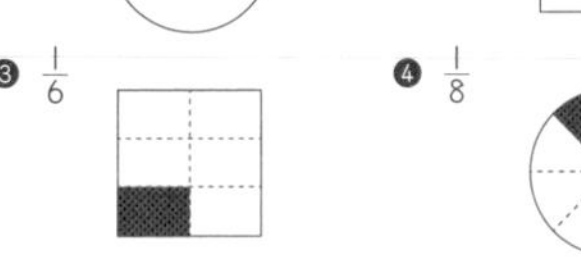

5 2L入りの 入れものに 水が 半分 入って います。この 水を 5dL つかうと、のこりは 何dL ですか。（15点）

しき　2Lの 半分は 1L
1L=10dL
10dL−5dL=5dL

答え　5dL

6 □に あてはまる 数を 書きなさい。（1つ5点・20点）

❶ 1200は 100を 12 こ あわせた 数です。

❷ 2800は 100を 28 こ あわせた 数です。

❸ 7400は 100を 74 こ あわせた 数です。

❹ 9000は 100を 90 こ あわせた 数です。

★分子が 同じ 数なら、分母が 小さい 方が 大きい 数です。

★たんいを そろえて ひき算を しましょう。

★「かける 数」と「かけられる 数」に 気を つけましょう。

リビューテスト 4 ②（ふくしゅうテスト）

じかん 15ふん　ごうかく 70てん

1 □に あてはまる 数を 書きなさい。（1つ5点・10点）

❶ $\frac{1}{2}$を 2 こ あつめると 1に なります。

❷ $\frac{1}{4}$を 4 こ あつめると 1に なります。

2 どちらが 大きいですか。○で かこみなさい。（1つ4点・20点）

❶ （$\frac{1}{2}$（○），$\frac{1}{3}$）　❷ （$\frac{1}{5}$，$\frac{1}{4}$（○））　❸ （$\frac{1}{6}$，$\frac{1}{5}$（○））

❹ （$\frac{1}{7}$（○），$\frac{1}{8}$）　❺ （$\frac{1}{10}$，1（○））

3 お茶が 3L あります。弟と 妹に 8dLずつ あげると、のこりは 何L何dLに なりますか。（10点）

しき　8dL+8dL=16dL
3L=30dL
30−16=14　14dL=1L4dL

答え　1L4dL

4 （　）や ＝を つかった しきを 作りなさい。（1つ10点・20点）

❶ 34と 26の ちがいの 数を 7ばい すると、56に なります。

答え　(34−26)×7=56

❷ 56と 37を たした 数から 89を ひいた 数を 8ばい すると、32に なります。

答え　(56+37−89)×8=32

★答えを くらいどりを して 読んで みましょう。

5 □に あてはまる 数を 書きなさい。（1つ5点・20点）

❶ 1000を 3こ 100を 2こ 10を 4こ 1を 7こ あわせた 数は、3247 です。

❷ 1000を 6こ 100を 5こ 1を 23こ あわせた 数は、6523 です。

❸ 1000を 4こ 10を 72こ 1を 8こ あわせた 数は、4728 です。

❹ 100を 87こ 10を 4こ 1を 9こ あわせた 数は、8749 です。

6 ももかさんの 町には 男の人が 2947人 すんで います。女の人は 男の人より 185人 多い そうです。ももかさんの 町に すんで いる 人は、みんなで 何人ですか。（10点）

★2つに 分けて ひっ算を しましょう。

しき　2947+185=3132
2947+3132=6079

ひっ算

	2	9	4	7
+		1	8	5
	3	1	3	2

	2	9	4	7
+	3	1	3	2
	6	0	7	9

答え　6079人

7 色紙が 2000まい ありましたが、456人の 子どもたちに 3まいずつ くばりました。のこりは 何まいですか。（10点）

しき　456+456+456=1368
2000−1368=632

ひっ算

		4	5	6
		4	5	6
+		4	5	6
	1	3	6	8

	2	0	0	0
−	1	3	6	8
		6	3	2

答え　632まい

★ひっ算には くり上がりの 数、くり下がった あとの 数を かならず 書きましょう。

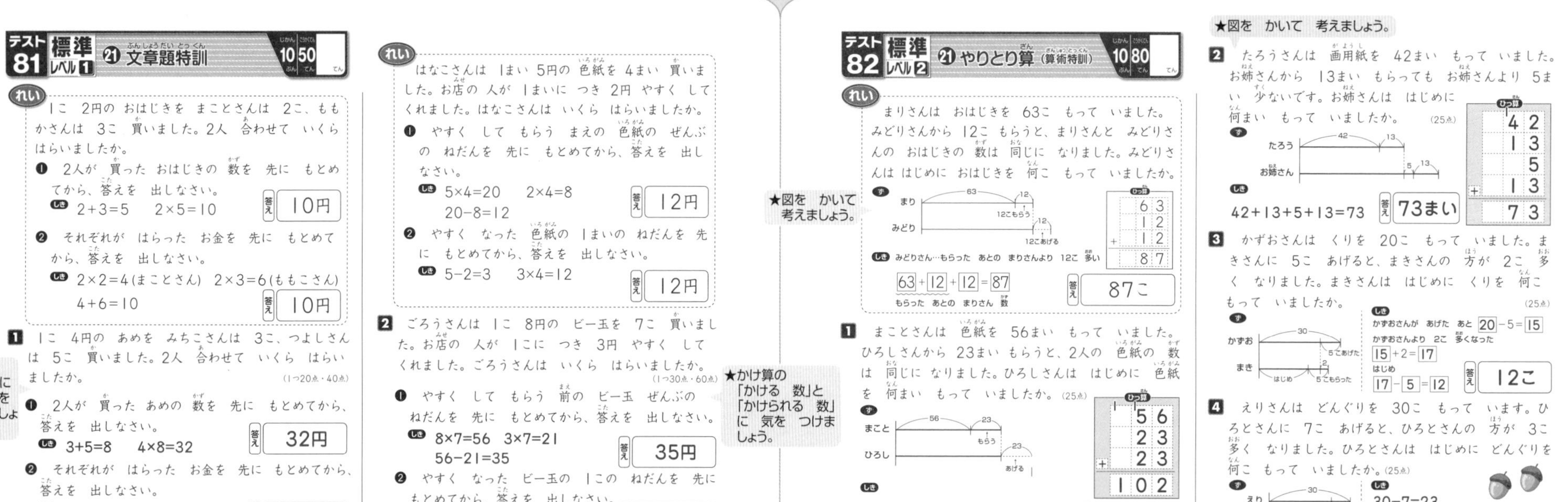

テスト81 標準 レベル1 ㉑ 文章題特訓
じかん 10ぷん　ごうかく 50てん

れい　1こ 2円の おはじきを まことさんは 2こ、ももかさんは 3こ 買いました。2人 合わせて いくら はらいましたか。

❶ 2人が 買った おはじきの 数を 先に もとめてから、答えを 出しなさい。
しき 2+3=5　2×5=10　答え 10円

❷ それぞれが はらった お金を 先に もとめてから、答えを 出しなさい。
しき 2×2=4(まことさん)　2×3=6(ももかさん)　4+6=10　答え 10円

1 1こ 4円の あめを みちこさんは 3こ、つよしさんは 5こ 買いました。2人 合わせて いくら はらいましたか。(1つ20点・40点)

❶ 2人が 買った あめの 数を 先に もとめてから、答えを 出しなさい。
しき 3+5=8　4×8=32　答え 32円

❷ それぞれが はらった お金を 先に もとめてから、答えを 出しなさい。
しき 4×3=12　4×5=20　12+20=32　答え 32円

★①と ②は 同じ 答えに なる ことを たしかめましょう。

れい　はなこさんは 1まい 5円の 色紙を 4まい 買いました。お店の 人が 1まいに つき 2円 やすく して くれました。はなこさんは いくら はらいましたか。

❶ やすく して もらう まえの 色紙の ぜんぶの ねだんを 先に もとめてから、答えを 出しなさい。
しき 5×4=20　2×4=8　20−8=12　答え 12円

❷ やすく なった 色紙の 1まいの ねだんを 先に もとめてから、答えを 出しなさい。
しき 5−2=3　3×4=12　答え 12円

2 ごろうさんは 1こ 8円の ビー玉を 7こ 買いました。お店の 人が 1こに つき 3円 やすく して くれました。ごろうさんは いくら はらいましたか。(1つ30点・60点)

❶ やすく して もらう 前の ビー玉 ぜんぶの ねだんを 先に もとめてから、答えを 出しなさい。
しき 8×7=56　3×7=21　56−21=35　答え 35円

❷ やすく なった ビー玉の 1この ねだんを 先に もとめてから、答えを 出しなさい。
しき 8−3=5　5×7=35　答え 35円

★かけ算の「かける 数」と「かけられる 数」に 気を つけましょう。

90

テスト82 標準 レベル2 ㉑ やりとり算(算術特訓)
じかん 10ぷん　ごうかく 80てん

れい　まりさんは おはじきを 63こ もって いました。みどりさんから 12こ もらうと、まりさんと みどりさんの おはじきの 数は 同じに なりました。みどりさんは はじめに おはじきを 何こ もって いましたか。

しき みどりさん…もらった あとの まりさんより 12こ 多い
63+12+12=87　答え 87こ

★図を かいて 考えましょう。

1 まことさんは 色紙を 56まい もって いました。ひろしさんから 23まい もらうと、2人の 色紙の 数は 同じに なりました。ひろしさんは はじめに 色紙を 何まい もって いましたか。(25点)

しき 56+23+23=102　答え 102まい

★図を かいて 考えましょう。

2 たろうさんは 画用紙を 42まい もって いました。お姉さんから 13まい もらっても お姉さんより 5まい 少ないです。お姉さんは はじめに 何まい もって いましたか。(25点)

しき 42+13+5+13=73　答え 73まい

3 かずおさんは くりを 20こ もって いました。まきさんに 5こ あげると、まきさんの 方が 2こ 多く なりました。まきさんは はじめに くりを 何こ もって いましたか。(25点)

しき かずおさんが あげた あと 20−5=15
かずおさんより 2こ 多くなった 15+2=17
はじめ 17−5=12　答え 12こ

4 えりさんは どんぐりを 30こ もって います。ひろとさんに 7こ あげると、ひろとさんの 方が 3こ 多く なりました。ひろとさんは はじめに どんぐりを 何こ もって いましたか。(25点)

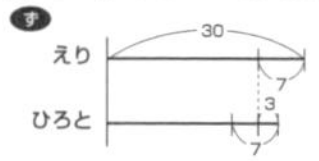

しき 30−7=23　23+3=26　26−7=19　答え 19こ

91

テスト83 ハイレベル ㉑ 還元算(算術特訓)
じかん 15ぷん　ごうかく 60てん

れい　ある 数に 4を かける 計算を まちがえて、3を かけて しまったので、答えが 27に なりました。

❶ ある 数は いくつですか。
しき ある 数を □と すると □×3=27　□=9　答え 9

❷ 正しい 答えは いくつですか。
しき 9×4=36　答え 36

1 ある 数に 6を かける 計算を まちがえて、7を かけて しまったので、答えが 35に なりました。

❶ ある 数は いくつですか。(10点)
しき □×7=35　□=5　答え 5

❷ 正しい 答えは いくつですか。(5点)
しき 5×6=30　答え 30

2 ある 数に 8を かける 計算を まちがえて、9を かけて しまったので、答えが 63に なりました。

❶ ある 数は いくつですか。(10点)
しき □×9=63　□=7　答え 7

❷ 正しい 答えは いくつですか。(5点)
しき 7×8=56　答え 56

★ある 数を 正しく もとめないと、正しい 答えに なりません。

れい　ある 数から 34を ひく 計算を まちがえて、43を ひいたので、答えが 15に なりました。

❶ ある 数は いくつですか。
しき ある 数を □と すると □−43=15　□=58　答え 58

❷ 正しい 答えは いくつですか。
しき 58−34=24　答え 24

3 ある 数から 56を ひく 計算を まちがえて、65を ひいたので、答えが 24に なりました。

❶ ある 数は いくつですか。(10点)
しき □−65=24　□=89　答え 89

❷ 正しい 答えは いくつですか。(5点)
しき 89−56=33　答え 33

4 ある 数に 45を たす 計算を まちがえて、54を たしたので、答えが 77に なりました。

❶ ある 数は いくつですか。(10点)
しき □+54=77　□=23　答え 23

❷ 正しい 答えは いくつですか。(5点)
しき 23+45=68　答え 68

92

★□を つかった 1つの しきを たてます。

れい　ある 数に 2を たしてから 5を かける 計算を まちがえて、2を かけてから 5を たしたので、答えが 11に なりました。

❶ ある 数は いくつですか。
しき ある 数を □と すると □×2+5=11　□×2=6　□=3　答え 3

❷ 正しい 答えは いくつですか。
しき (3+2)×5=25　答え 25

5 ある 数に 6を たしてから 2を かける 計算を まちがえて、6を かけてから 2を たしたので、答えが 14に なりました。(1つ10点・20点)

❶ ある 数は いくつですか。
しき □×6+2=14　□=2　答え 2

❷ 正しい 答えは いくつですか。
しき (2+6)×2=16　答え 16

6 ある 数に 3を かけてから 2を ひく 計算を まちがえて、2を ひいてから 3を かけたので、答えが 9に なりました。(1つ10点・20点)

❶ ある 数は いくつですか。
しき (□−2)×3=9　□=5　答え 5

❷ 正しい 答えは いくつですか。
しき 5×3−2=13　答え 13

テスト84 最高レベルにチャレンジ!! ㉑ 推論(算術特訓)
じかん 10ぷん　ごうかく 40てん

1 まこと、げんき、かおる、のぞみの 4人が せの たかさくらべを しました。

- まことは かおるより せが 高い。
- げんきは かおるより せが ひくい。
- かおるは のぞみより せが ひくい。
- のぞみは まことより せが 高い。

文を 読んで せの 高い じゅんに 4人の 名前を 書きなさい。(50点)

答え のぞみ → まこと → かおる → げんき

2 1組、2組、3組、4組の 子どもたちが じゃんけんを して、1番から 4番まで じゅん番を きめました。

- 1組の 人…「4組より じゅん番が あとだ。」
- 2組の 人…「4組より じゅん番が 前だ。」
- 3組の 人…「4番だった。」
- 4組の 人…「1番では ないが、3番までに 入れた。」

文を 読んで じゅん番を 書きなさい。(50点)

答え 1組…3　2組…1　3組…4　4組…2

93

テスト85 標準レベル1 ㉒ 図形の まわりの 長さ　じかん10ぷん　ごうかく70てん

れい 長方形の 紙から、1つの へんが 2cmの 正方形を 1つ 切りとりました。のこりの 形の まわりの 長さは 何cmですか。

よこの 長さは ㋐+㋑=㋐+㋒=8cm
たての 長さは 2cm+4cm=6cm
しき まわりの 長さは 6+6+8+8=28
答え 28cm

1 たて8cm、よこ10cmの 長方形の 紙から、1つの へんが 3cmの 正方形を 2つ 切りとりました。のこりの 形の まわりの 長さは 何cmですか。（20点）

たての 長さは㋐+㋑=㋒+㋓=8cm
よこの 長さは㋔+㋕=㋖+㋗=10cm
まわりの 長さは8+10+8+10=36
答え 36cm

2 たて 7cm、よこ 8cmの 長方形の 紙から、1つの へんが 2cmの 正方形を 4つ 切りとりました。のこりの 形の まわりの 長さは 何cmですか。（20点）

たて 2+3+2=7
よこ 2+4+2=8
まわりの 長さは 7+8+7+8=30
答え 30cm

★4つの 角を 切りとっても まわりの 長さは かわりません。

れい たて 4cm よこ 6cmの 長方形の 紙から、たて 1cm よこ 2cmの 長方形を 1つ 切りとりました。のこりの 形の まわりの 長さは 何cmですか。

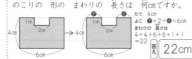

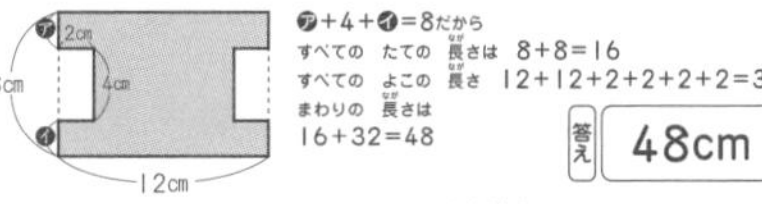

たて 4cm
よこ ㋐+2+㋑=6cm
まわりの 長さは
4+4+6+6+1+1
=22
答え 22cm

3 たて 8cm よこ 12cmの 長方形を 2つ 切りとりました。のこりの 形の まわりの 長さは 何cmですか。（30点）

たて 8cm よこ 12cmの 長方形の 紙から、たて 4cm よこ 2cmの 長方形を 2つ 切りとりました。のこりの 形の まわりの 長さは 何cmですか。（30点）

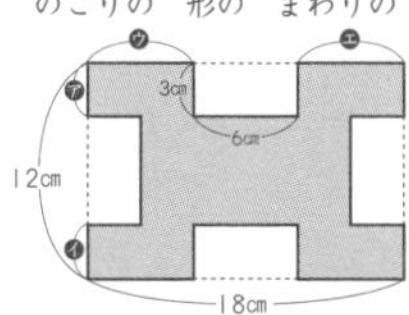

㋐+4+㋑=8だから
すべての たての 長さは 8+8=16
すべての よこの 長さ 12+12+2+2+2+2=32
まわりの 長さは
16+32=48
答え 48cm

4 たて 12cm よこ 18cmの 長方形の 紙から、たて 3cm よこ 6cmの 長方形を 4つ 切りとりました。のこりの 形の まわりの 長さは 何cmですか。（30点）

㋐+6+㋑=12だから
たての 長さは 12+12+3×4=36
㋒+6+㋓=18だから
よこの 長さ 18+18+3×4=48
まわりの 長さは 36+48=84
答え 84cm

テスト86 標準レベル2 ㉒ 図形の まわりの 長さ　じかん10ぷん　ごうかく70てん

れい たて 4cm、よこ 6cmの 長方形の 紙から、下の ような 長方形を 2つ 切りとりました。のこりの 形の まわりの 長さは 何cmですか。

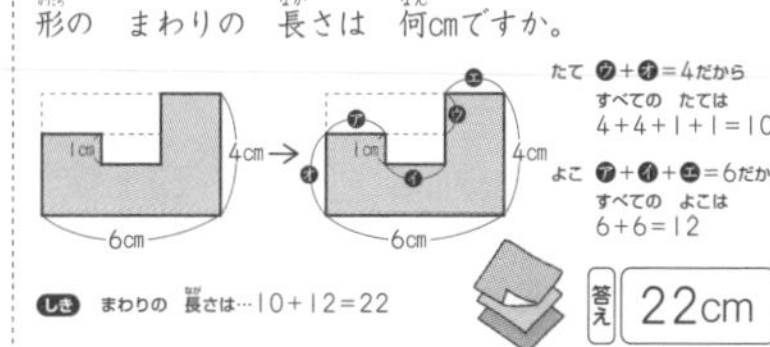

たて ㋐+㋑=4だから
すべての たては
4+4+1+1=10
よこ ㋒+㋓+㋔=6だから
すべての よこは
6+6=12
しき まわりの 長さは…10+12=22
答え 22cm

1 たて 6cm、よこ 9cmの 長方形の 紙から、下の ような 長方形を 2つ 切りとりました。のこりの 形の まわりの 長さは 何cmですか。（40点）

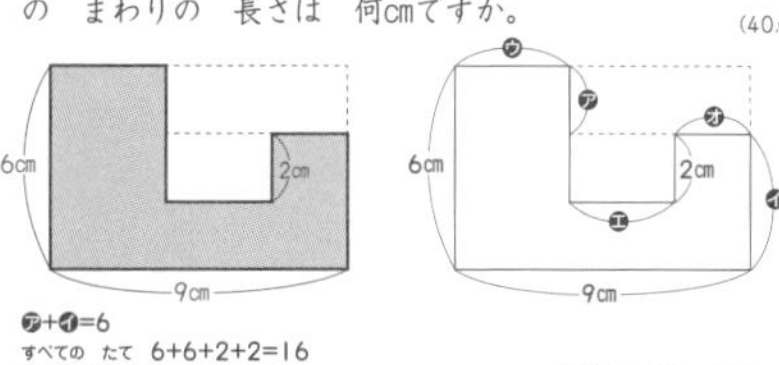

㋐+㋑=6
すべての たて 6+6+2+2=16
㋒+㋓+㋔=9
すべての よこ 9+9=18
まわりの 長さは 16+18=34
答え 34cm

★まわりの 長さの ふえた ぶ分は 2cmの ところの 2つ分です。

れい たて 1cm、よこ 3cmの 紙を 下の ように ならべました。下の かたちの まわりの 長さは 何cmですか。

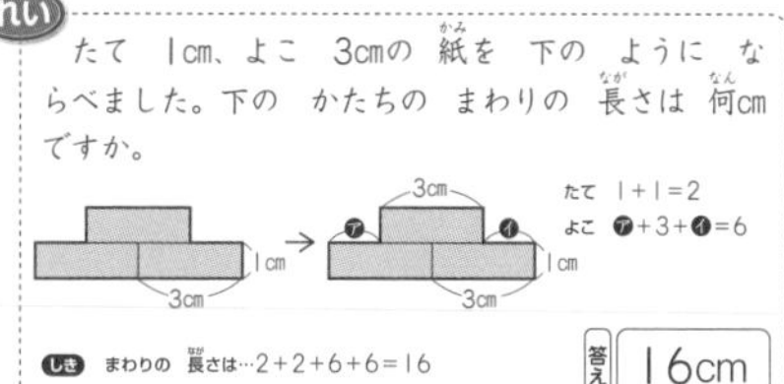

たて 1+1=2
よこ ㋐+3+㋑=6
しき まわりの 長さは…2+2+6+6=16
答え 16cm

2 たて 1cm、よこ 4cmの 紙を 下の ように ならべました。下の かたちの まわりの 長さは 何cmですか。（1つ30点・60点）

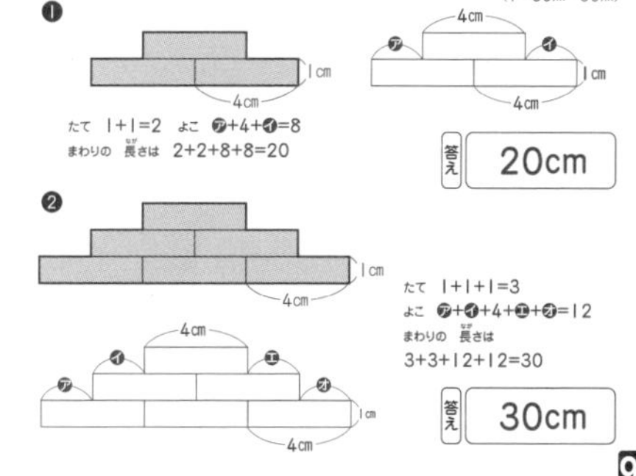

❶
たて 1+1=2　よこ ㋐+4+㋑=8
まわりの 長さは 2+2+8+8=20
答え 20cm

❷
たて 1+1+1=3
よこ ㋐+㋑+4+㋒+㋓=12
まわりの 長さは
3+3+12+12=30
答え 30cm

テスト87 ハイレベル ㉒ 図形の まわりの 長さ　じかん15ぷん　ごうかく60てん

れい 1つの へんが 10cmの 正方形の 紙を 2まい かさねました。（へんと へんは 直角に 交わって います。）まわりの 長さは 何cmですか。

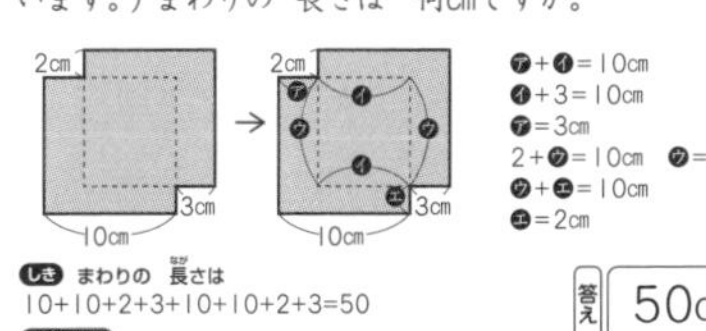

㋐+㋑=10cm
㋑+3=10cm
㋐=3cm
2+㋒=10cm　㋒=8cm
㋓+㋔=10cm
㋔=2cm
しき まわりの 長さは
10+10+2+3+10+10+2+3=50
答え 50cm
べつの しき
（たて 2+10=12　よこ 10+3=13　まわり 12+12+13+13=50）

1 1つの へんが 12cmの 正方形の 紙を 2まい かさねました。（へんと へんは 直角に 交じわって います。）まわりの 長さは 何cmですか。（30点）

★正方形 2まいを 1つの 長方形の まわりの 長さとして 考えましょう。

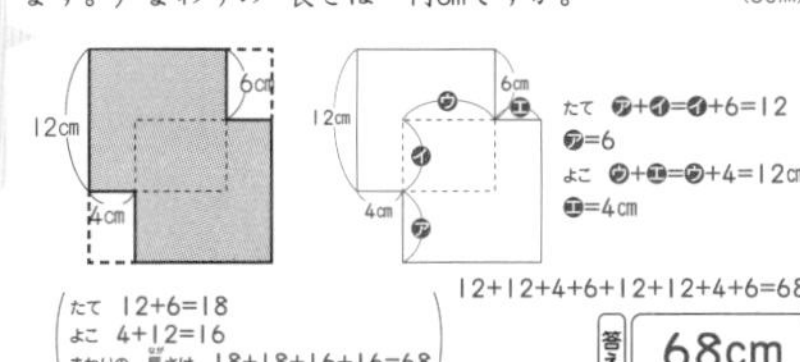

たて ㋐+㋑=㋑+6=12
㋐=6
よこ ㋒+㋓=㋓+4=12cm
㋓=4cm
12+12+4+6+12+12+4+6=68
（たて 12+6=18
よこ 4+12=16
まわりの 長さは 18+18+16+16=68）
答え 68cm

★正方形 3まいを 1つの 長方形の まわりの 長さとして 考えましょう。

れい 1つの へんが 10cmの 正方形の 紙を 3まい かさねました。（へんと へんは 直角に 交じわって います。）まわりの 長さは 何cmですか。

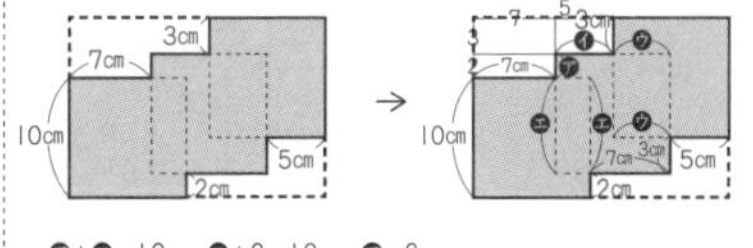

㋐+㋓=10　㋓+2=10　㋒=2
㋑+5=10　㋓+㋔=10　㋐=5
しき たて 3+2+10=15　よこ 7+5+10=22
まわりの 長さは 15+15+22+22=74
答え 74cm

2 1つの へんが 12cmの 正方形の 紙を 3まい かさねました。（へんと へんは 直角に 交じわって います。）まわりの 長さは 何cmですか。（30点）

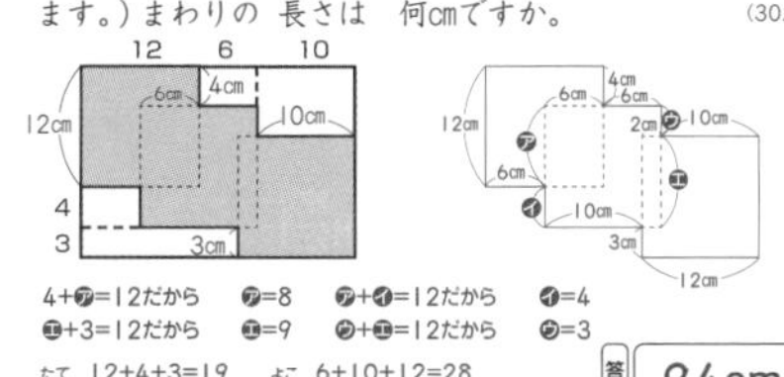

4+㋐=12だから　㋐=8　㋑+㋓=12だから　㋓=4
㋒+3=12だから　㋒=9　㋔+㋕=12だから　㋕=3
たて 12+4+3=19　よこ 6+10+12=28
まわりの 長さは 19+19+28+28=94
答え 94cm

れい 2つの へんが 9cmと 5cmの 長方形の 紙を 3まい かさねました。まわりの 長さは 何cmですか。（へんと へんは、直角に 交じわって います。）

☆が 2つ のこっている!!　9−5−1=3

しき たて 5+4+1+1=11　よこ 5+6+5=16
まわりの 長さは 11+11+16+16+3+3=60
答え 60cm

3 2つの へんが 10cmと 6cmの 長方形の 紙を 3まい かさねました。まわりの 長さは 何cmですか。（へんと へんは、直角に 交じわって います。）（40点）

★たて 11cm よこ 21cmの 1つの 長方形の まわりの 長さを もとめてから、2cm×2を たしても よいです。

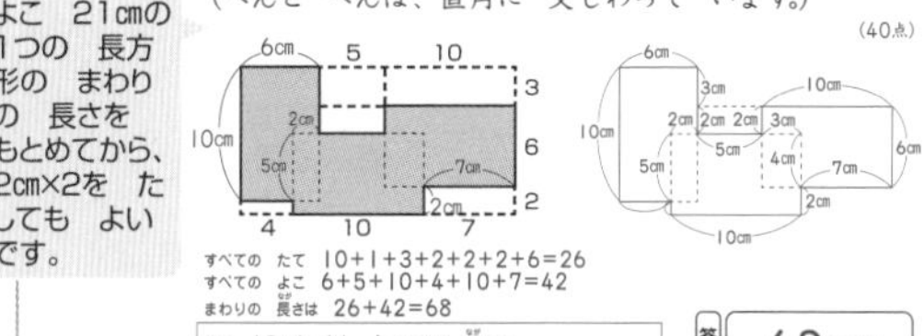

すべての たて 10+1+3+2+2+2+6=26
すべての よこ 6+5+10+4+10+7=42
まわりの 長さは 26+42=68
べつの とき方
たて 10+1=11
よこ 4+10+7=21
まわりの 長さは 11+11+21+21+2×2=68
答え 68cm

テスト88 最高レベル ㉒ 図形の まわりの 長さ　最高レベルにチャレンジ!!　じかん10ぷん　ごうかく50てん

● 1辺の 長さが それぞれ 7cm、3cmの 正方形の 紙を、下の 図のように、大、小、大、小、大、小…の じゅんに、きそく 正しく ならべて いきました。

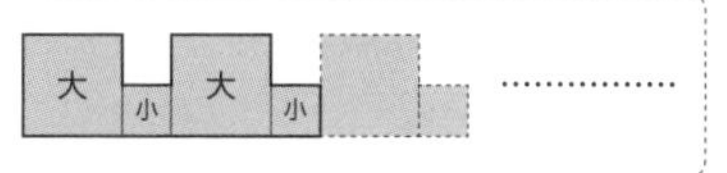

❶ 2まい ならべると、右の図のように なります。この 図形の まわりの 長さは 何cmですか。（50点）

しき
たて 7cm
よこ 7+3=10cm
まわりの 長さは
7+7+10+10=34
答え 34cm

❷ 6まい ならべると、下の図のように なります。この 図形の まわりの 長さは 何cmですか。（50点）

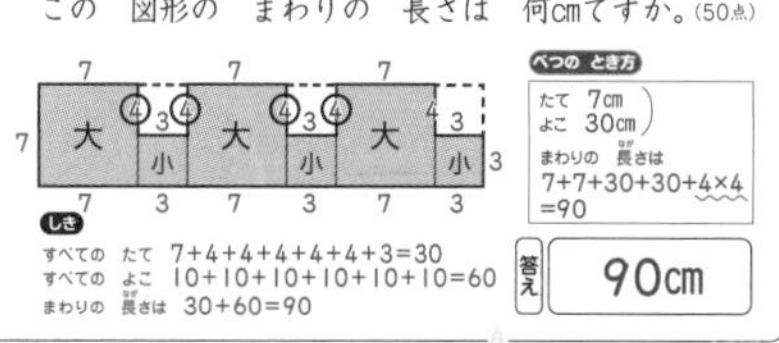

しき
すべての たて 7+4+4+4+4+4+3=30
すべての よこ 10+10+10+10+10+10=60
まわりの 長さは 30+60=90
べつの とき方
たて 7cm
よこ 30cm
まわりの 長さは
7+7+30+30+4×4
=90
答え 90cm

★4cmが 4つ 足りない。

れい 今、お兄さんと お姉さんの としを たすと、23才です。5年前、お兄さんは 8才でした。では、お姉さんは 3年前 何才でしたか。

❶ 今、お兄さんの としは 何才ですか。 しき 8+5=13 答え 13才

❷ 今、お姉さんの としは 何才ですか。 しき 23−13=10 答え 10才

❸ 3年前の お姉さんの としは 何才ですか。 しき 10−3=7 答え 7才

1 今、まさのりさんと ももかさんの としを たすと、25才です。5年前、まさのりさんは 9才でした。では、ももかさんは 3年前 何才でしたか。

❶ 今の まさのりさんの としは 何才ですか。(15点) しき 9+5=14 答え 14才

❷ 今の ももかさんの としは 何才ですか。(15点) しき 25−14=11 答え 11才

❸ 3年前の ももかさんの としは 何才ですか。(20点) しき 11−3=8 答え 8才

★ももかさんの としは 今の 2人分の としから ひきます。

れい 今、はるおさんと なつおさんと あきおさんの としを たすと、32才です。4年前、はるおさんは 9才、なつおさんは 7才でした。では、あきおさんは 4年前 何才でしたか。

❶ 今の はるおさんの としと なつおさんの としは、それぞれ 何才ですか。 しき 9+4=13 しき 7+4=11 答え はるお…13才 なつお…11才

❷ 今の あきおさんの としは 何才ですか。 しき 32−13−11=8 答え 8才

❸ 4年前の あきおさんの としは 何才ですか。 しき 8−4=4 答え 4才

2 今、はるこさんと なつこさんと あきこさんの としを たすと、35才です。3年前、はるこさんは 12才、なつこさんは 8才でした。では、あきこさんは 3年前 何才でしたか。

❶ 今の はるこさんと なつこさんの としは 何才ですか。(15点) しき 12+3=15（はるこ） 8+3=11（なつこ） 答え はるこ 15才 なつこ 11才

❷ 今の あきこさんの としは 何才ですか。(15点) しき 35−15−11=9 答え 9才

❸ 3年前の あきこさんの としは 何才ですか。(20点) しき 9−3=6 答え 6才

★あきこさんの としは 今の 3人分の としから ひきます。

テスト 90 標準 レベル2 ㉓ 年れい算（算術特訓） 10 50

れい 今、まさのりさんは 7才、よしあきさんは 5才で、お姉さんは 15才です。あと 何年 たつと、まさのりさんと よしあきさんの としを たした 数が、お姉さんの としと 同じに なりますか。 答え 3年

●下の ひょうに 数を 書いて 答えを 見つけなさい。

	今	1年後	2年後	3年後	4年後	5年後	6年後
㋐お姉さんの とし	15	16	17	18	19	20	21
㋑2人の としを あわせた 数	7+5 =12	8+6 =14	9+7 =16	10+8 =18	11+9 =20	12+10 =22	13+11 =24
㋐と ㋑の ちがい	3	2	1	0			

1 今、わたしは 8才、妹は 4才で、お兄さんは 17才です。あと 何年 たつと、わたしと 妹の としを たした 数が、お兄さんの としと 同じに なりますか。(50点)

●下の ひょうに 数を 書いて 答えを 見つけなさい。

	今	1年後	2年後	3年後	4年後	5年後	6年後
㋐お兄さんの とし	17	18	19	20	21	22	23
㋑2人の としを あわせた 数	8+4 =12	9+5 =14	10+6 =16	11+7 =18	12+8 =20	13+9 =22	
㋐と ㋑の ちがい	5	4	3	2	1	0	

★ちがいが 0に なるまで ひょうの 中に 数を 入れます。

答え 5年

れい 今、えりさんは 5才、ももさんは 7才、まきさんは 9才で、先生は 29才です。あと 何年 たつと、えりさんと ももさんと まきさんの としを たした 数が、先生の としと 同じに なりますか。 答え 4年

●下の ひょうに 数を 書いて 答えを 見つけなさい。

	今	1年後	2年後	3年後	4年後	5年後	6年後
㋐先生の とし	29	30	31	32	33	34	35
㋑3人の としを あわせた 数	5+7+9 =21	6+8+10 =24	7+9+11 =27	8+10+12 =30	9+11+13 =33		
㋐と ㋑の ちがい	8	6	4	2	0		

2 今、かずおさんは 4才、ゆうきさんは 8才、ひろとさんは 11才で、先生は 33才です。あと 何年 たつと、かずおさんと ゆうきさんと ひろとさんの としを たした 数が、先生の としと 同じに なりますか。(50点)

●下の ひょうに 数を 書いて 答えを 見つけなさい。

	今	1年後	2年後	3年後	4年後	5年後	6年後
㋐先生の とし	33	34	35	36	37	38	39
㋑3人の としを あわせた 数	4+8+11 =23	5+9+12 =26	6+10+13 =29	7+11+14 =32	8+12+15 =35	9+13+16 =38	
㋐と ㋑の ちがい	10	8	6	4	2	0	

答え 5年

テスト 91 ハイレベル ㉓ 100この つみ木 15 50

れい 同じ 大きさの つみ木を へやの すみに つみました。つみ木は ぜんぶで なんこ ありますか。

2だん目からは（1つ 上の だんの つみ木の 数）+（その だんの つみ木の 数）を 計算します。

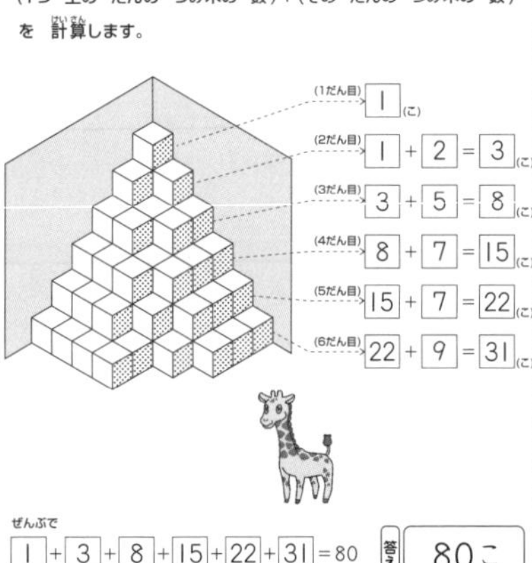

ぜんぶで 1 + 3 + 8 + 15 + 22 + 31 = 80 答え 80こ

1 同じ 大きさの つみ木を へやの すみに つみました。つみ木は ぜんぶで なんこ ありますか。

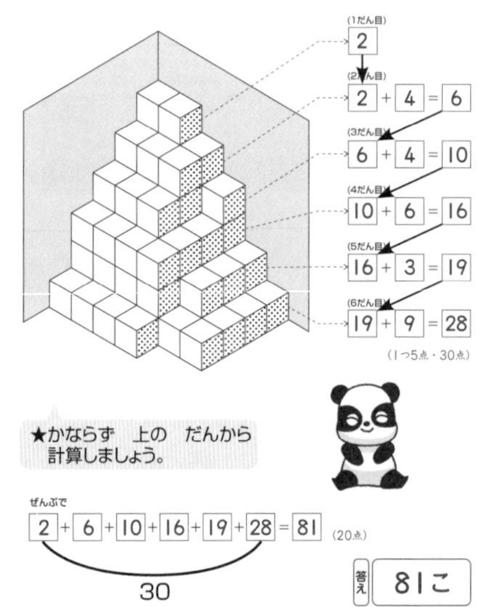

★かならず 上の だんから 計算しましょう。

ぜんぶで 2 + 6 + 10 + 16 + 19 + 28 = 81 (20点)

30

答え 81こ

2 同じ 大きさの つみ木を へやの すみに つみました。つみ木は ぜんぶで なんこ ありますか。

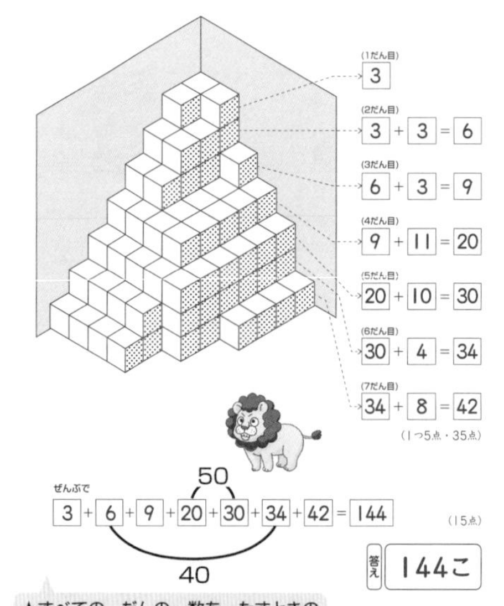

ぜんぶで 3 + 6 + 9 + 20 + 30 + 34 + 42 = 144 (15点)

50 40

答え 144こ

★すべての だんの 数を たすときの たし算は くふうしましょう。

テスト 92 最レベ 最高レベルにチャレンジ!! ㉓ 100この つみ木 10 50

● 同じ 大きさの つみ木を へやの すみに つみました。つみ木は ぜんぶで なんこ ありますか。

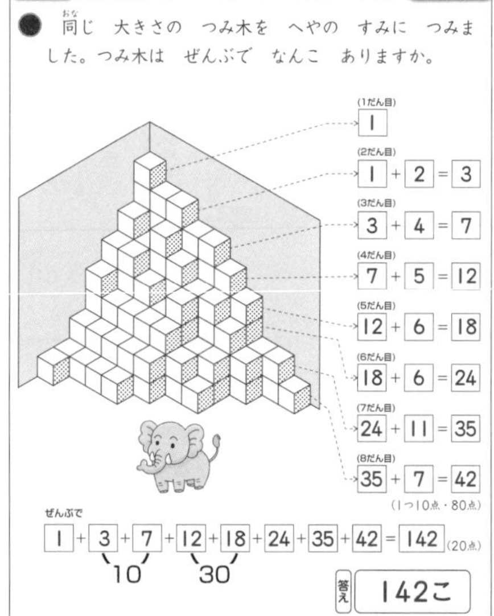

ぜんぶで 1 + 3 + 7 + 12 + 18 + 24 + 35 + 42 = 142 (20点)

10 30

答え 142こ

〈きりとり線〉

テスト93 標準レベル1 ㉔ 日暦算（算術特訓）

じかん10ぷん ごうかく60てん

大の 月・小の 月を おぼえよう!!

1か月は 31日 ある 月と、30日 ある 月が あります。
31日 まで ある月…大の 月と いいます。
30日 までの 月…小の 月と いいます。

大の 月 1月・3月・5月・7月・8月・10月・12月

小の 月 2月・4月・6月・9月・11月

（2月は 28日 あります。4年に 1ど 29日 まで あります。その 年を うるう年と いいます。）

小の 月 を 2・4・6・9・11と おぼえましょう。

れい 日数の けいさんを しなさい。

❶ 4月1日から 4月4日までは、何日間 ありますか。
しき 4－1＋1＝4　答え 4日間

❷ 7月5日から 7月23日までは、何日間 ありますか。
しき 23－5＋1＝19　答え 19日間

★はじめの 日も 入れるので 1を たします。気を つけましょう。

1 10月18日から 10月26日までは、何日間 ありますか。(30点)
しき 26－18＋1＝9　答え 9日間

れい みどりさんは 2月4日から 2月21日まで 毎日 ピアノの れんしゅうを する つもりです。

❶ みどりさんは 何日間 ピアノを れんしゅう する つもりですか。
しき 21－4＋1＝18　答え 18日間

❷ みどりさんは 2月8日から 2月13日まで かぜを ひいて、れんしゅうを 休みました。れんしゅうを したのは 何日間ですか
しき 13－8＋1＝6（れんしゅうを休んだ 日数）
18－6＝12　答え 12日間

2 たかしさんは 6月18日から 6月30日まで 毎日 サッカーの れんしゅうを する つもりです。

❶ たかしさんは 何日間 サッカーの れんしゅうを する つもりですか。(30点)
しき 30－18＋1＝13　答え 13日間

★＋1に 気を つけましょう。

❷ 6月20日から 6月24日まで 雨で サッカーの れんしゅうが できませんでした。たかしさんは 何日間 サッカーの れんしゅうを しましたか。(40点)
しき 24－20＋1＝5　13－5＝8　答え 8日間

テスト94 標準レベル2 ㉔ 日暦算（算術特訓）

じかん10ぷん ごうかく50てん

上手に 日数の 計算を しよう。

● 4月20日の 30日後は 何月何日ですか。
4月20日の 30日後は 20＋30＝50 だから 4月50日として 考えます。
4月は 30日 までなので 4月30日＋20日となり 5月20日に なります。

● 4月20日の 30日前は 何月何日ですか。
3月は 31日 までなので 4月20日は 31＋20で 3月51日と 考えます。
30日前は 51－30＝21 3月21日に なります。

れい 8月10日の 30日後は、何月何日ですか。
しき 10＋30＝40 （8月40日）
8月は31日まで だから
40－31＝9　答え 9月9日

1 10月15日の 40日後は、何月何日ですか。(20点)
しき 15＋40＝55 （10月55日）
10月は 31日まで だから、
55－31＝24　答え 11月24日

★10月55日の ような あらわし方に なれて いきましょう。

2 4月20日の 50日後は、何月何日ですか。(20点)
しき 20＋50＝70 (4月70日)
4月は 30日まで だから 70－30＝40
5月は 31日までだから
40－31＝9　答え 6月9日

れい 7月7日の 20日前は、何月何日ですか。
しき 6月は30日まで だから、7月7日は
30＋7＝37 （6月37日と 考える。）
37－20＝17　答え 6月17日

★～日前は ひき算です。

3 12月10日の 14日前は、何月何日ですか。(30点)
しき （12月10日は 11月40日と 考える。）
30＋10＝40 （11月40日）
40－14＝26　答え 11月26日

4 4月15日の 26日前は、何月何日ですか。(30点)
しき
3月は 31日まで だから
4月15日は 31＋15＝46 (3月46日)
26日前は
46－26＝20 (3月20日)　答え 3月20日

テスト95 ハイレベル ㉔ 旅人算（算術特訓）

じかん15ぷん ごうかく60てん

れい たろうさんと 花子さんは、500m はなれた ところから 右へ すすみます。たろうさんは 1分で 120m、花子さんは 1分で 150m すすみます。3分後、2人は 何m はなれて いますか。

❶ （たろうさんが 左、花子さんが 右に いるとき。）
（右の 人の 方が はやいので、2人が はなれて いく ばあい。）

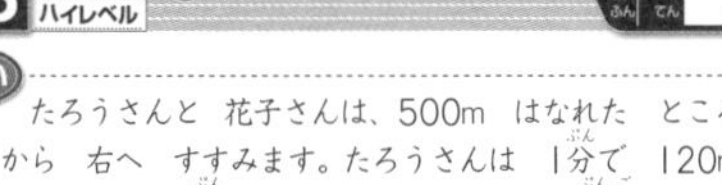

☆1分で 何m はなれるかを 考えます。
1分で、150m－120m＝30m はなれる。
3分では、30m＋30m＋30m＝90m はなれる。
はじめから 500m はなれて いるから
3分後は、500m＋90m＝590m　答え 590m

❷ （花子さんが 左、たろうさんが 右に いるとき。）
（左の 人の 方が はやいので、2人が 近づく ばあい。）

☆1分で 何m 近づくかを 考えます。
1分で、150m－120m＝30m 近づく。
3分では、30m＋30m＋30m＝90m 近づく。
はじめは 500m はなれて いるから、
3分後は、500m－90m＝410m　答え 410m

★2人が 近づいて いくのか、はなれて いくのかを よく 考えましょう。

1 さちおさんと みきさんは、300m はなれた ところから 右へ すすみます。さちおさんは 1分で 150m、みきさんは 1分で 130m すすみます。5分後、2人は 何m はなれて いますか。

❶ みきさんが 左、さちおさんが 右に いるとき
（右の 人の 方が はやいので、2人が はなれて いく ばあい。）(30点)

☆1分で 何m はなれるかを 考えます。
1分で、150m－130m＝20m はなれる。
5分では、20m＋20m＋20m＋20m＋20m＝100m
はじめから 300m はなれて いるから、
5分後は、300m＋100m＝400m　答え 400m

❷ さちおさんが 左、みきさんが 右に いるとき
（左の 人の 方が はやいので、2人が 近づく ばあい。）(30点)

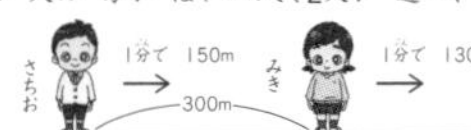

☆1分で 何m 近づくかを 考えます。
1分で、150m－130m＝20m 近づく。
5分では、20m＋20m＋20m＋20m＋20m＝100m 近づく。
はじめは 300m はなれて いるから、
5分後は、300m－100m＝200m　答え 200m

れい まさのりさんと ももかさんは、900m はなれた ところに います。まさのりさんは 1分で 150m ももかさんの 方へ、ももかさんは 1分で 120m まさのりさんの 方へ すすみます。3分後に 2人は 何m はなれて いますか。

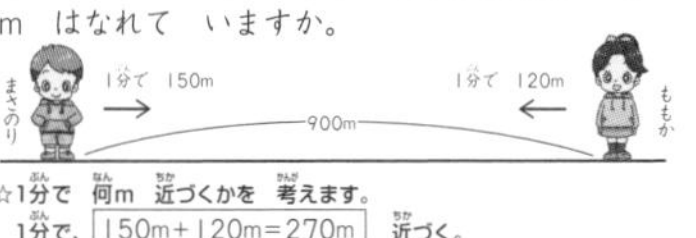

☆1分で 何m 近づくかを 考えます。
1分で、150m＋120m＝270m 近づく。
3分では、270m＋270m＋270m＝810m 近づく。
はじめは 900m はなれて いたから、
900m－810m＝90m　答え 90m

2 かずおさんと まきさんは、1200m はなれた ところに います。かずおさんは 1分で 150m まきさんの 方へ、まきさんは 1分で 200m かずおさんの 方へ すすみます。3分後 2人は 何m はなれていますか。(40点)

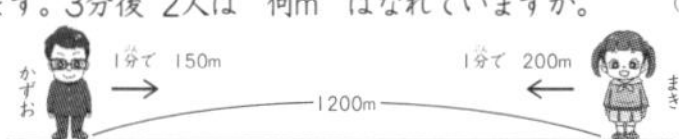

☆1分で 何m 近づくかを 考えます。
1分で、150m＋200m＝350m 近づく。
3分では、350m＋350m＋350m＝1050m
はじめは 1200m はなれて いたから、
1200m－1050m＝150m　答え 150m

テスト96 最レベ 最高レベルにチャレンジ!! ㉔ 日暦算（算術特訓）

じかん10ぷん ごうかく50てん

れい

❶ 5月5日の 100日後は 何月何日ですか。
5＋100＝105 5月105日と 考えます。
ふつうの 日暦に します。
5月は 31日 だから 105－31＝74 6月74日
6月は 30日 だから 74－30＝44 7月44日
7月は 31日 だから 44－31＝13　答え 8月13日

❷ 10月10日の 100日前は 何月何日ですか。
9月は 30日 だから、10月10日は 10＋30＝40 9月40日
8月は 31日 だから、9月40日は 40＋31＝71 8月71日
7月は 31日 だから、8月71日は 71＋31＝102 7月102日
7月102日の 100日前は、102－100＝2　答え 7月2日

1 4月10日の 100日後は 何月何日ですか。(50点)
4月は 30日 だから 110－30＝80 5月80日
5月は 31日 だから 80－31＝49 6月49日
6月は 30日 だから 49－30＝19 7月19日　答え 7月19日

2 9月20日の 100日前は 何月何日ですか。(50点)
8月は 31日 だから 9月20日は 20＋31＝51 8月51日
7月は 31日 だから 8月51日は 51＋31＝82 7月82日
6月は 30日 だから 7月82日は 82＋30＝112 6月112日
6月112日の 100日前は 112－100＝12
6月12日　答え 6月12日

㉕ 魔方陣（算数特訓）

じかん 10ぷん ごうかく 70てん

魔方陣とは 下の 図の ように たて よこ ななめの どの れつの 3つの 数字を たしても、どれも 同じ 数に なるものです。

2	9	4
7	5	3
6	1	8

たて：2+7+6=15　9+5+1=15　4+3+8=15
よこ：2+9+4=15　7+5+3=15　6+1+8=15
ななめ：2+5+8=15　4+5+6=15

★はじめから たてと よこと ななめの 3つの れつの 数を たした 数が わかっている とき

れい つぎの □に 1から 9までの 数を 1つずつ 入れて、たて よこ ななめの どの れつの 3つの 数を たしても、どれも 15に なるように しなさい。

ア	エ	6
オ	5	イ
ウ	カ	8

ア 15−5−8=2　イ 15−6−8=1
ウ 15−6−5=4　エ 15−2−6=7
オ 15−5−1=9　カ 15−7−5=3

答え ア 2　イ 1　ウ 4　エ 7　オ 9　カ 3

1 たて よこ ななめの どの れつの 3つの 数を たしても、どれも 18に なるように します。□に あてはまる 数を 書きなさい。（40てん）

9	ア	7
エ	6	オ
イ	カ	ウ

ア 18−9−7=2　エ 18−7−6=5
ウ 18−9−6=3　オ 18−9−5=4
イ 18−7−3=8　カ 18−2−6=10

答え ア 2　イ 5　ウ 3　エ 4　オ 8　カ 10

2 たて よこ ななめの どの れつの 3つの 数を たしても、どれも 同じ 数に なるように します。あいて いる ところに あてはまる 数を 書きなさい。

❶

ア	5	ウ
オ	7	エ
イ	9	4

3つの 数を たすと、5+7+9=21
ア 21−7−4=10　イ 21−9−4=8
ウ 21−10−5=6　エ 21−6−4=11
オ 21−10−8=3

（30点）答え ア 10　イ 8　ウ 6　エ 11　オ 3

❷

イ	35	ウ
エ	ア	オ
20	15	40

20+15+40=75
ア 75−35−15=25　イ 75−25−40=10
ウ 75−25−20=30　エ 75−10−20=45
オ 75−30−40=5

（30点）答え ア 25　イ 10　ウ 30　エ 45　オ 5

★1れつの 数の 合計を はじめに 計算します。

テスト 98 標準 レベル2

㉕ 魔方陣（算数特訓）

じかん 10ぷん ごうかく 70てん

★たて よこ ななめの 3つの れつの 数を たした 数が わからない とき

れい たて よこ ななめの どの れつの 3つの 数を たしても、どれも 同じ 数に なるように します。ア～カに あてはまる 数を 書きなさい。

ア	エ	6
オ	5	ウ
イ	カ	8

魔方陣では
まん中の 5を とおる たて よこ ななめの どの れつの 3つの 数を たしても、まん中の 数の 5の 3ばいに なります。

だから、3つの 数を たした 数は、5×3=15

ア 15−5−8=2　イ 15−6−5=4
ウ 15−6−8=1　エ 15−2−6=7
オ 15−5−1=9　カ 15−7−5=3

答え ア 2　イ 4　ウ 1　エ 7　オ 9　カ 3

● たて よこ ななめの どの れつの 3つの 数を たしても、どれも 同じ 数に なるように します。あてはまる 数を かきなさい。

❶

5	エ	ア
イ	6	オ
3	カ	ウ

6×3=18
ア 18−6−3=9　イ 18−5−3=10
ウ 18−5−6=7　エ 18−5−9=4
オ 18−9−7=2　カ 18−4−6=8

（30点）答え ア 9　イ 10　ウ 7　エ 4　オ 2　カ 8

❷

11	ア	9
エ	8	オ
イ	カ	ウ

8×3=24
ア 24−11−9=4　イ 24−9−8=7
ウ 24−11−8=5　エ 24−11−7=6
オ 24−9−5=10　カ 24−4−8=12

（30点）答え ア 4　イ 7　ウ 5　エ 6　オ 10　カ 12

❸

ア	エ	イ
オ	9	カ
10	ウ	6

9×3=27
ア 27−9−6=12　イ 27−10−9=8
ウ 27−10−6=11　エ 27−12−8=7
オ 27−12−10=5　カ 27−8−6=13

（40点）答え ア 12　イ 8　ウ 11　エ 7　オ 5　カ 13

テスト 99 ハイレベ ハイレベル

㉕ 魔方陣（算数特訓）

じかん 15ぷん ごうかく 60てん

れい たて よこ ななめの どの れつの 3つの 数を たしても、どれも 同じ 数に なるように します。あの 数を かきなさい。

4		
	あ	
2		6

魔方陣では
まん中の 数あの 3ばいの 数が、あを とおる 1れつの 3つの 数を たした 数と 同じ 数に なります。

だから、まん中の 数あは、その りょうはしの 2つの 数を たした 数の 半分です。

あ+あ+あ=4+あ+6
あ+あ=4+6
（あ×2=10）
あ=5

答え あ=5

1 たて よこ ななめの どの れつの 3つの 数を たしても、どれも 同じ 数に なるように します。あの 数と 1れつの 3つの 数を たした 数を 答えなさい。（1つ15点・30点）

❶

7		9
	あ	
3		

9+3=12
12の 半分は 6
答え あ=6
1れつの 3つの 数を たした 数は、
答え 6×3=18

❷

10	9	
	あ	
	6	

10+6=16
16の 半分は 8
答え あ=8
1れつの 3つの 数を たした 数は、
答え 8×3=24

★なぜ あの 2ばいに なるのかを わかるまで 考えましょう。

れい たて よこ ななめの どの れつの 3つの 数を たしても、どれも 同じ 数に なるように します。1れつの 3つの 数を たした 数を 答えなさい。

5	い	1
	あ	
	2	

1れつの 3つの 数を たすと どれも 同じ 数だから、
い+あ+2=5+い+1
いは どちらにも あるので、
あ+2=5+1
あ+2=6　あ=4　4×3=12

答え 12

2 たて よこ ななめの どの れつの 3つの 数を たしても、どれも 同じ 数に なるように します。あの 数と 1れつの 3つの 数を たした 数を 答えなさい。（1つ15点・30点）

❶

		4
5	あ	い
		8

1れつの 3つの 数を たすと どれも 同じ 数だから、
5+あ+い=4+い+8
5+あ=4+8　5+あ=12
答え あ=7
1れつを たした 数は、7×3=21
答え 21

❷

	5	
	あ	
8	い	6

5+あ+い=8+い+6
5+あ=8+6　5+あ=14
答え あ=9
1れつを たした 数は、9×3=27
答え 27

3 たて よこ ななめの どの れつの 3つの 数を たしても、どれも 同じ 数に なるように します。あいて いる ところに 数や しきを 書きなさい。（1つ20点・40点）

❶

う	お	7
4	あ	い
え	か	5

4+あ+い=7+い+5
4+あ=7+5　4+あ=12
答え あ=8
1れつを たした 数は、8×3=24

い 24−7−5=12　う 24−8−5=11
え 24−7−8=9　お 24−11−7=6
か 24−9−5=10

❷

12	い	10
お	あ	か
う	13	え

い+あ+13=12+い+10
あ+13=12+10　あ+13=22
答え あ=9
1れつを たした 数は、9×3=27

い 27−12−10=5　う 27−10−9=8
え 27−12−9=6　お 27−12−8=7
か 27−10−6=11

★はじめに まん中の 数を もとめましょう。

テスト 100 最レベ　最高レベルにチャレンジ!!

㉕ 魔方陣（算数特訓）

じかん 10ぷん ごうかく 50てん

● たて よこ ななめの どの れつの 3つの かずを たしても、どれも 同じ 数に なるように します。あいて いる ところに 数を 書きなさい。

❶

う	18	え
お	あ	か
12	い	16

18+あ+い=12+い+16
18+あ=12+16　18+あ=28
答え あ=10
1れつを たした 数は、10×3=30

（50点）
い 30−12−16=2　う 30−10−16=4
え 30−10−12=8　お 30−4−12=14
か 30−8−16=6

❷

5	い	13
お	あ	3
う	か	え

5+あ+え=13+3+え
5+あ=13+3　5+あ=16
答え あ=11
1れつを たした 数は、11×3=33

（50点）
い 33−5−13=15　う 33−13−11=9
え 33−5−11=17　お 33−11−3=19
か 33−15−11=7

〈きりとり線〉

総合実力テスト（1）

じかん 10 ぷん　ごうかくてん 70 てん

1 左の ひょうは、今日 学校を 休んだ 人の 数です。右の グラフに まとめて、もんだいに 答えなさい。

★1つの ○は、1人を あらわして います。

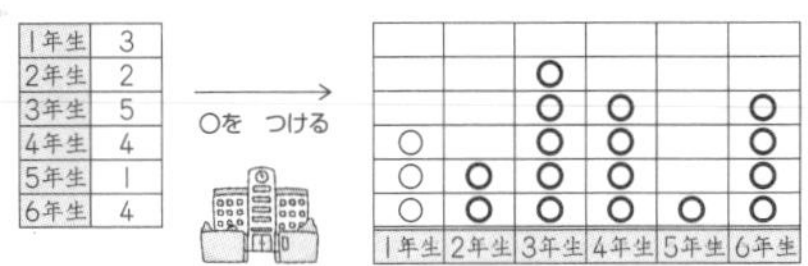

学年	人数
1年生	3
2年生	2
3年生	5
4年生	4
5年生	1
6年生	4

○を つける

❶ 上の グラフに 休んだ 人の 数だけ ○を かきなさい。（1つ2点・10点）

❷ 一番 たくさん 休んだのは 何年生ですか。（10点）

答え 3年生

❸ 休んだ 数が 同じなのは、何年生と 何年生ですか。（10点）

答え 4年生 と 6年生

2 ひかりさんが テーブルの よこの 長さを はかると、30cmの ものさしで 4つ分と 10cm ありました。テーブルの よこの 長さは 何m何cmですか。（10点）

しき 30cm＋30cm＋30cm＋30cm＋10cm＝130cm
130cm＝1m30cm

答え 1m30cm

3 みかんが 50こ あります。8人の 友だちに 6こずつ くばると、何こ あまりますか。（15点）

★「かける数」と「かけられる数」に 気を つけて しきを たてましょう。

しき 6×8＝48
50－48＝2　（50－6×8＝2）

答え 2こ

4 2Lの 水が あります。このうち わたしと 弟で 300mLずつ のむと、何L何mL のこりますか。（15点）

しき 300mL＋300mL＝600mL
2L＝2000mL
2000mL－600mL＝1400mL
1400mL＝1L400mL

答え 1L400mL

5 トラック 1台で みかんを 2850こ はこべます。この トラック 3台では、みかんを 何こ はこぶことが できますか。（15点）

しき
2850＋2850＋2850＝8550

ひっ算
```
 2850
 2850
+2850
 8550
```

答え 8550こ

6 ひろとさんの 町には 女の人が 1963人 すんで います。男の人は 女の人より 319人 多いです。ひろとさんの 町に すんでいる 人は、みんなで 何人ですか。（15点）

しき
1963＋319＝2282
2282＋1963＝4245

ひっ算
```
 1963      2282
+ 319     +1963
 2282      4245
```

答え 4245人

総合実力テスト（2）

じかん 10 ぷん　ごうかくてん 70 てん

1 つぎの 時こくを 答えなさい。（1つ5点・20点）

★時計の 時こくは、3時50分と 9時10分です。

❶ から ㋐30分後は 4時20分　㋑30分前は 3時20分

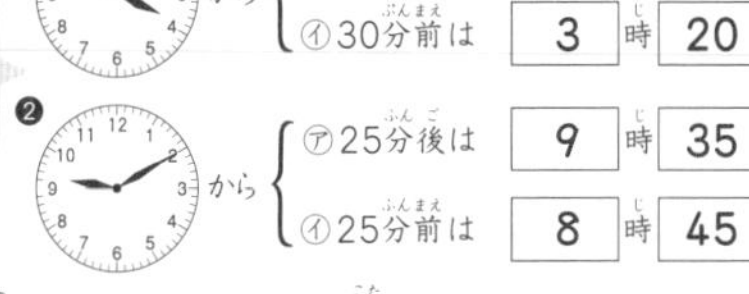

❷ から ㋐25分後は 9時35分　㋑25分前は 8時45分

2 つぎの もんだいに 答えなさい。（1つ10点・30点）

7143・7002・7135・7232・7201・7155

❶ ちがいが いちばん 大きい 2つの 数を 書きなさい。

答え 7232　7002

❷ 7140 より 大きく 7160より 小さい 数を ぜんぶ 書きなさい。

答え 7143，7155

❸ 十の くらいの 数字が 百の くらいの 数字より 大きい 数は 何こ ありますか。

7143，7135，7232，7155

答え 4こ

3 わたしの 水とうに 500mLの 水が 入って います。弟と 妹の 水とうには 300mLずつ 水が 入って います。3人の 水とうの 水を 合わせると、何L何mLに なりますか。（15点）

しき 500mL＋300mL＋300mL＝1100mL
1100mL＝1L100mL

答え 1L100mL

4 つぎの もんだいに ㋐～㋓で 答えなさい。（1つ10点・20点）

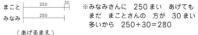

㋐1m40cm　㋑1m30cm　㋒1m60cm　㋓1m45cm

❶ 長い じゅんに 書きなさい。

答え ㋒→㋓→㋐→㋑

❷ たすと 3mに なるのは、どれと どれですか。

答え ㋐ と ㋒

5 まことさんは みなみさんに カードを 250まい あげました。でも、まだ まことさんの 方が 30まい 多い そうです。はじめに まことさんは、みなみさんより 何まい 多く カードを もって いましたか。（15点）

しき（あげたあと）

まこと 250 30
みなみ 250

※みなみさんに 250まい あげても まだ まことさんの 方が 30まい 多いから 250＋30＝280

（あげるまえ）

まこと 250 30 250

250＋30＋250＝530

答え 530まい

★はじめの 数ではなく 多い分 だけを もとめます。

総合実力テスト（3）

じかん 10 ぷん　ごうかくてん 70 てん

1 つぎの □に あてはまる 数を 書きなさい。（1つ5点・20点）

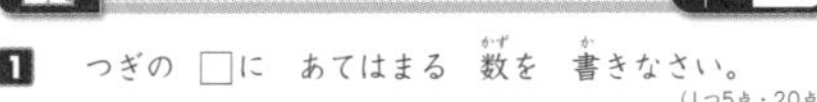

❶ $\frac{1}{3}$を 3こ あつめると、1に なります。

❷ $\frac{1}{8}$を 8こ あつめると、1に なります。

❸ $\frac{1}{5}$を 5こ あつめると、1に なります。

❹ $\frac{1}{10}$を 10こ あつめると、1に なります。

2 1mの リボンから 8cmの リボンを 7本 切りとりました。リボンは 何cm のこって いますか。（10点）

しき 8×7＝56
1m＝100cmだから
100－56＝44

答え 44cm

3 男の子 4人と 女の子 5人に 色紙を 7まいずつ くばろうと しましたが、5まい たりません。色紙は 何まい ありますか。（15点）

しき 4＋5＝9
7×9＝63
63－5＝58

べつの とき方
7×4＝28
7×5＝35
28＋35＝63
63－5＝58

答え 58まい

★2通りの 考え方の しきを たててみましょう。

★❶と ❷で 1目もりの 数が かわります。

4 下の 図を 見て 答えなさい。（1つ10点・20点）

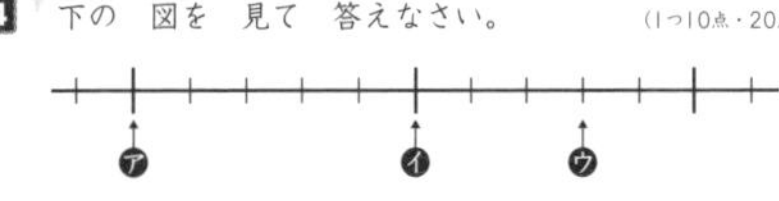

❶ ㋐が 1000、㋑が 1500の とき、㋒は いくつですか。

答え 1800

❷ ㋐が 3000、㋑が 4000の とき、㋒は いくつですか。

答え 4600

5 つぎの 数を 書きなさい。（1つ10点・20点）

❶ 9999より 1 大きい 数

答え 10000

❷ 10000より 1 小さい 数

答え 9999

6 3000人が マラソンを して います。てつやさんは 前から 1850番目を 走って いましたが、350人に ぬかれました。今、てつやさんは 後ろから 何番目ですか。（15点）

しき 1850＋350＝2200（前から 2200番目）
3000－2200＝800（後ろに いる人）
800＋1＝801

ひっ算
```
 1850      3000
+ 350     -2200
 2200       800
```

答え 801番目

テスト 8 最レベ 最高レベルにチャレンジ!! ❷ 時こくと 時間

じかん 10 ぷん　ごうかくてん 50 てん

1

㋐（すすんで いるとき）8分…（2時48分）　7分…（2時49分）　2分…（2時54分）

㋑（すすんで いるとき）8分…（3時3分）　7分…（3時4分）　2分…（3時9分）

㋒（すすんで いるとき）8分…（2時57分）　7分…（2時58分）　2分…（3時3分）

㋐（おくれて いるとき）8分…（3時4分）　7分…（3時3分）　2分…（2時58分）

㋑（おくれて いるとき）8分…（3時19分）　7分…（3時18分）　2分…（3時13分）

㋒（おくれて いるとき）8分…（3時13分）　7分…（3時12分）　2分…（3時7分）

㋐，㋑，㋒の時計に うまく
あてはまった 時こくは 3時3分です。

★もっと 上手な とき方が あると 思います。 考えて みましょう。

答え 3時3分

2

㋐（すすんで いるとき）2分…（7時7分）　13分…（6時56分）　16分…（6時53分）

㋑（すすんで いるとき）2分…（7時22分）　13分…（7時11分）　16分…（7時8分）

㋒（すすんで いるとき）2分…（6時53分）　13分…（6時42分）　16分…（6時39分）

㋐（おくれて いるとき）2分…（7時11分）　13分…（7時22分）　16分…（7時25分）

㋑（おくれて いるとき）2分…（7時26分）　13分…（7時37分）　16分…（7時40分）

㋒（おくれて いるとき）2分…（6時57分）　13分…（7時8分）　16分…（7時11分）

㋐，㋑，㋒の時計に うまく
あてはまった 時こくは 7時11分です。

★もっと 上手な とき方が あると 思います。 考えて みましょう。

答え 7時11分